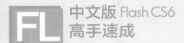
中文版 Flash CS6
高手速成

◀◀◀ Flash动画广告

Flash动画在
应用程序领域
◀◀◀ 中的应用

第4章　在Flash中绘制图形

93 ～ 122

水晶球

荷塘月色

第5章　使用元件、实例和库

123 ~ 150

导入视频效果

沙滩遮阳伞

第7章　Flash高级动画制作

174 ~ 194

储钱罐

"小球"引导动画

"落叶"动画

"蝴蝶飞"动画

IK形状动画

机器人跳舞动画

"飞机飞"动画

"自然风光"动画

"圣诞老人"动画

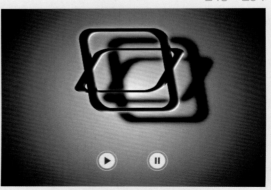

"3D旋转"动画

第12章　Flash动画的导出与发布

341～356

"中秋贺卡"动画

"风中的荷花"动画

第14章　Flash动画制作综合实战

337～340

◀◀◀ 网站Flash广告

房地产片头动画 ▶▶▶

高手速成
QUICK TO MASTER

中文版 Flash CS6高手速成

朱玉莲　庞少召　张绍博　编著　飞思数字创意出版中心　监制

电子工业出版社
Publishing House of Electronics Industry
北京·BEIJING

内容简介

本书由经验丰富的设计师执笔编写，以通俗易懂的语言和翔实生动的实例，全面介绍了中文版Flash CS6的使用方法和技巧。本书分为入门篇、进阶篇、提高篇和高级篇4大篇，共4章，内容包括Flash CS6轻松入门，Flash CS6基本操作、Flash CS6工具的使用，在Flash中绘制图形，使用元件、实例和库，Flash基本动画制作，Flash高级动画制作，3D动画与骨骼动画，应用声音与视频，ActionScript语言基础，Flash组件的应用，Flash动画的导出与发布，按钮、导航菜单动画制作，以及Flash动画制作综合实战等。

本书适合喜爱Flash的初、中级读者作为自学参考书，也可供网页制作人员、动画制作从业人员和Flash动画爱好者使用，还可供从事多媒体课件制作的人员阅读学习。

未经许可，不得以任何方式复制或抄袭本书之部分或全部内容。
版权所有，侵权必究。

图书在版编目（CIP）数据

中文版Flash CS6高手速成 / 朱玉莲, 庞少召, 张绍博编著. -- 北京：电子工业出版社，2013.4
（高手速成）
ISBN 978-7-121-19469-6

Ⅰ. ①中… Ⅱ. ①朱… ②庞… ③张… Ⅲ. ①动画制作软件 Ⅳ. ①TP391.41

中国版本图书馆CIP数据核字(2013)第015752号

责任编辑：侯琦婧
特约编辑：陈晓婕　张艳钗
印　　刷：中国电影出版社印刷厂
装　　订：三河市鹏成印业有限公司
出版发行：电子工业出版社
　　　　　北京市海淀区万寿路173信箱　邮编：100036
开　　本：787×1092　1/16　印张：28.5　字数：729.6千字　彩插：2
印　　次：2013年4月第1次印刷
定　　价：89.00元（含光盘1张）

PREFACE

◎ 内容导读

Flash是Adobe公司出品的一款专业动画制作软件，具有强大的矢量制作功能和灵活的交互功能，其功能强大，操作简单，作品广泛应用于网页、影视、动漫和游戏等各种领域，是同类软件中的佼佼者，受到众多动画制作爱好者的一致好评与青睐。

本书从基本的动画知识开始，全面介绍了Flash软件的最新版本Flash CS6中文版的功能及动画制作技巧，并穿插大量的典型实例，详尽说明了使用Flash CS6的方法和技巧。全书分为入门篇、进阶篇、提高篇和高级篇4大篇，共14章，内容包括Flash CS6轻松入门，Flash CS6基本操作，Flash CS6工具的使用，在Flash中绘制图形，使用元件、实例和库，Flash基本动画制作，Flash高级动画制作，3D动画与骨骼动画，应用声音与视频，ActionScript语言基础，Flash组件的应用，Flash动画的导出与发布，按钮、导航菜单动画制作，以及Flash动画制作综合实战等。

◎ 主要特色

每个学习Flash的新手都想通过最行之有效的学习方法、最简洁易懂的讲解方式尽可能多地掌握Flash操作知识和技巧，本书将会成为这些人的最佳选择。本书由资深动画设计师以初学者的学习需求为切入点，采用理论与实践相结合、经验与技巧并举的手法，精心策划编写而成，主要具有以下特色。

- 以新手入门为切入点：从知识讲解、应用技巧和实例演示等多个阶段帮助初学者全方位地掌握Flash动画制作技能，即使是零基础的新手也能一学即会。
- 丰富全面的知识讲解：知识讲解涵盖Flash应用的方方面面，包括软件基本操作、工具的使用、图形的绘制、动画元素的使用、各种动画的制作、声音与视频的应用、使用ActionScript语言创建编程动画，以及动画作品的导出与发布等。
- 全新的图解视频模式：采用"全程图解教学+多媒体视频讲解"的模式，并以图解标注突出讲解关键性操作步骤，使新手读者也能轻松完成难易程度不同的Flash操作技能，即学即用。

- 别具匠心的栏目设计：开设"高手指点"等特色栏目，不仅方便读者阅读学习，而且特别注重实际技能的掌握和实践。

◎ 光盘说明

本书随书赠送一张20小时超长播放的多媒体DVD视听教学光盘，由专业人员精心录制了本书所有操作实例的操作视频，并伴有语音讲解，读者可以边学边练，即学即会。

光盘中还提供了全书实例所涉及的所有素材和效果文件，方便读者上机练习实践，达到举一反三、融会贯通的学习效果。

◎ 适用读者

本书适合喜爱Flash的初、中级读者作为自学参考书，也可供网页制作人员、动画制作从业人员和Flash动画爱好者使用，还可供从事多媒体课件制作的人员阅读学习。

希望本书能对广大读者朋友提高学习和工作效率有所帮助，由于编者水平有限，书中难免存在不足之处，欢迎读者朋友提出宝贵意见，我们将加以改进，在此深表谢意！

编著者

𝑒 联系方式

咨询电话：(010) 88254160　88254161-67
电子邮件：support@fecit.com.cn
服务网址：http://www.fecit.com.cn　http://www.fecit.net

Contents

目录

「入门篇」

「进阶篇」

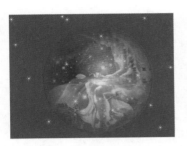

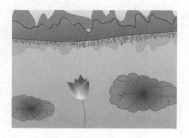

「提高篇」

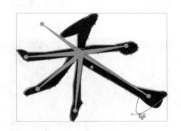

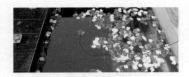

「高级篇」

第 11 章　Flash组件的应用 ⋯⋯⋯⋯⋯⋯ 297

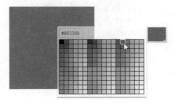

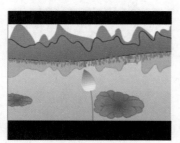

入门篇

第1章　Flash CS6轻松
入门

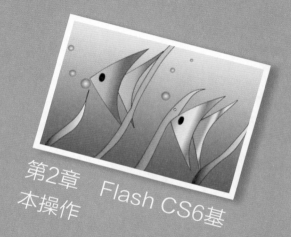

第2章　Flash CS6基
本操作

第3章　Flash CS6工具的
使用

第1章

Flash CS6轻松入门

Flash CS6用于动画制作、多媒体创作，以及交互式网站的强大创作平台，是目前最为流行的动画制作软件之一。软件内包含强大的工具集，具有排版精确、版面保真和丰富的动画编辑功能，能够帮助用户清晰地传达创作构思，轻松地制作出优秀的动画作品。

1.1 Flash CS6概述

本节将详细介绍Flash软件的发展、Flash动画的特点，以及Flash CS6的各种新增功能，引领读者走进Flash的天地，充分体验Flash带来的无限乐趣。

1.1.1 Flash软件的发展

Flash最早期的版本称为Future Splash Animator，1996年11月被Macromedia收购，同时改名为Flash 1.0。Macromedia公司在1997年6月推出了Flash 2.0，引入了"库"的概念。1998年5月31日推出了Flash 3.0，支持影片剪辑、JavaScript插件、透明度和独立播放器。但是，这些早期版本的Flash所使用的都是Shockwave播放器。

1999年推出的Flash 4.0支持变量、文本输入框、增强的ActionScript和媒体MP3。Flash 4.0开始拥有自己专用的播放器，称为Flash Player。2000年，Macromedia公司推出了具有里程碑意义的Flash 5.0。在Flash 5.0中，首次引入了完整的脚本语言——ActionScript 1.0，这是Flash迈向面向对象的开发环境领域的第一步。

2006年，Macromedia公司被Adobe公司收购，Flash 8也成为Macromedia公司推出的最后一个Flash版本。Adobe公司在2007年推出了新的版本Flash CS3，它以最新的ActionScript 3.0编程语言替换原来的ActionScript 2.0编程语言。Flash CS3的功能更加强大，如下图（左）所示为其启动界面。其后，又陆续推出了Flash CS4和Flash CS5版本，功能更加强大。

2012年，Adobe公司推出了全新版本Flash CS6。Flash CS6中增加了许多强大功能，新增生成Sprite表单、HTML 5的支持和3D转换等，如下图（右）所示为其启动界面。

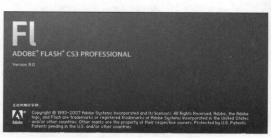 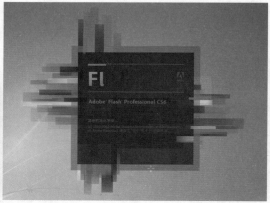

1.1.2 Flash动画的特点

Flash作为最优秀的二维动画制作软件之一，和它自身的鲜明特点息息相关。Flash既吸收了传统动画制作上的技巧和精髓，又利用了计算机强大的计算能力，对动画制作流程进行了简化，从而提高了工作效率，在短短几年内就风靡全球。Flash动画具有以下特点。

1. 文件数据量小

Flash动画主要使用的是矢量图，数据量只有位图的几千分之一，从而使得其文件较小，但图像细腻。

2. 融合音乐等多媒体元素

Flash可以将音乐、动画和声音融合在一起，创作出许多令人叹为观止的动画效果。

3. 图像画面品质高

Flash动画使用矢量图，矢量图可以无限放大，但不会影响画面的图像质量。一般的位图一旦被放大，就会出现锯齿状的色块。

4. 适用于网络传播

Flash动画可以上传到网络，供浏览者欣赏和下载，其体积小、传输和下载速度快，非常适合在网络上使用。

5. 交互性强

交互性强是Flash风靡全球最主要的原因之一，通过交互功能，观赏者不仅能够欣赏动画，还能置身其中，借助鼠标触发交互功能，从而实现人机交互。

6. 制作流程简单

Flash动画采用"流式技术"的播放形式，制作流程像流水线一样清晰、简单，一目了然。

7. 功能强大

Flash动画拥有自己的脚本语言，通过使用ActionScript语言能够简易地创建高度复杂的应用程序，并在应用程序中包含大型的数据集和面向对象的可重用代码集。

8. 应用领域广泛

Flash动画不仅可以在网络上进行传播，同时也可以在电视、电影和手机上播放，大大扩展了它的应用领域。

1.1.3　Flash CS6的新增功能

Flash CS6是Adobe公司推出的Flash最新版本，相对于以前的版本，Flash CS6拥有更为强大的功能，可将其归纳为以下几个方面。

1. 生成Sprite表单

导出元件和动画序列，以快速生成Sprite表单，协助改善游戏体验、工作流程和性能，如下图（左）所示。

2. 对HTML 5新支持

以Flash Professional核心动画和绘图功能为基础，利用新的扩展功能（单独提供）创建交互式HTML内容。导出JavaScript以针对CreateJS开源架构进行开发，如下图（右）所示。

3. 锁定3D场景

使用直接模式作用于针对硬件加速的2D内容的开源Starling Framework，从而增强渲染效果，如下图（左）所示。

4. 高级文本引擎

通过"文本版面框架"获得全球双向语言支持和先进的印刷质量排版规则API。从其他Adobe应用程序中导入内容时，仍可保持较高的保真度。

5. 行业领先的动画工具

使用时间轴和动画编辑器创建和编辑补间动画，使用反向运动为人物动画创建自然的动画，如下图（右）所示。

6. 专业视频工具

借助附带的Adobe Media Encoder应用程序，将视频轻松导入项目中并高效转换视频剪辑。

7．滤镜和混合效果

为文本、按钮和影片剪辑添加有趣的视觉效果，创建出具有表现力的内容，如下图（左）所示。

8．3D转换

借助3D转换和旋转工具，将2D对象在3D空间中转换为动画，让对象沿X轴、Y轴和Z轴运动。将本地或全局转换应用于任何对象，如下图（右）所示。

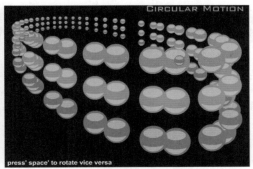

9．装饰绘图画笔

借助装饰工具的一整套画笔添加高级动画效果。制作颗粒现象的移动（如云彩或雨水），并且绘出特殊样式的线条或多种对象图案，如下图（左）所示。

10．Creative Suite集成

使用Adobe Photoshop CS6软件对位图图像进行往返编辑，然后与Adobe Flash Builder 4.6软件紧密集成。

11．广泛的平台和设备支持

锁定最新的Adobe Flash Player和AIR运行时，使用户能针对Android和iOS平台进行设计，如下图（右）所示。

12．Adobe AIR移动设备模拟

模拟屏幕方向、触控手势和加速计等常用的移动设备应用互动来加速测试流程。

1.2 Flash动画的应用领域

使用Flash制作动画并不困难，只要掌握了基本的制作方法和技巧，就可以制作出丰富多彩的动画效果。Flash应用非常广泛，如网站、娱乐短片、广告和MTV等，都有Flash动画的踪影。

1．娱乐短片领域

娱乐短片当下最火爆，也是广大Flash爱好者（闪客）最热衷应用的一个领域。其中，最典型的代表作有《绿豆蛙》、《大话三国》等，如下图所示。

2．网络领域

由于Flash具有强大的交互功能，所以一些公司都用其在网络上展示商品。浏览者可以先选择性地观看所需商品，再详细观看产品的功能、外观等。交互展示比传统展示更胜一筹，大大促进了商品销售。如下图所示为某国外公司在网上展示其家居产品。

Flash可以应用于网页中的导航按钮，通过鼠标的各种动作来实现动画、声音等多种多媒体效果。如下图所示为网站Flash导航。

3．广告领域

在广告领域，越来越多的企业均通过Flash动画广告获得很好的宣传效果。如下图所示为Flash动画在广告领域中的应用。

4．MTV领域

Flash MTV是一种既能保证质量，又能降低成本的有效推广途径，能够在网络上快速成功推广。在一些使用Flash制作的网站中，如"闪客帝国"、"闪吧"等网站，几乎每天都有新的MTV作品产生。如下图所示为Flash动画在MTV领域中的应用。

5．贺卡领域

随着网络的快速发展，也为贺卡带来了商机，越来越多的人通过网络把生动有趣的Flash动画贺卡发送给亲戚朋友来表达感情。如下图所示为Flash动画在贺卡领域中的应用。

6. 游戏领域

由于Flash强大的交互功能，使它在游戏领域占有一席之地。Flash能减少游戏软件中的数据容量，更容易被用户下载和安装。一些知名公司把游戏和广告结合起来，让受众参与其中，还增强了广告效果。如下图所示为Flash动画在游戏领域中的应用。

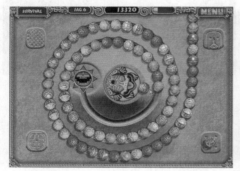 

7. 应用程序领域

传统的应用程序界面都是静止的，由于任何支持ActiveX的程序设计系统都可以使用Flash动画，所以越来越多的应用程序界面应用了Flash动画。

目前，Flash已经大大增强了其网络功能，可以直接通过XML读取数据，又加强了与ColdFusion、ASP、JSP和Generator的整合，Flash开发网络应用程序越来越广泛。如下图所示为Flash动画在应用程序领域中的应用。

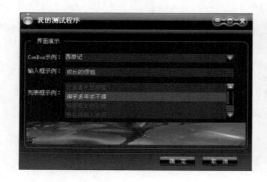 

8. 手机领域

手机的技术发展越来越强大，这为Flash的传播提供了有利的保证，而Flash动画本身的亲和力也为Flash动画的传播提供了保障，这会带来巨大的商业空间。如下图所示为Flash动画在手机领域中的应用。

9. 教学领域

Flash在网络广播、教学课件及多媒体光盘等方面也发挥着强大的作用。如下图所示为Flash动画在教学领域中的应用。

1.3 Flash动画制作流程

本节将简要介绍动画制作的主要流程。Flash动画与传统动画有很多相似的地方，只是由于应用领域略有不同，制作的要求和流程也就不尽相同。

1.3.1 传统动画的制作流程

传统动画是由美术动画电影传统的制作方法移植而来的，它利用了电影原理，即人眼的视觉暂留现象，将一张张逐渐变化的，并能清楚地反映一个连续动态过程的静止画面，经过摄像机逐张逐帧地拍摄编辑，再通过电视的播放系统使其在屏幕上活动起来。传统动画有着一系列的制作工序，可以分为前期筹备、绘制和后期制作3个阶段，而每个阶段又可以分为几个具体的步骤。如下图所示为简单的传统动画作品。

1. 前期筹备

前期筹备包括脚本、人物设定、背景、脚本设定和设计稿等步骤。

2. 绘制

绘制包括原画、动画、复制、描线、着色和摄影等步骤。

3. 后期制作

后期制作包括剪辑、配音、特效、监督和音响效果等步骤。

1.3.2 Flash 动画的制作流程

Flash动画的制作如同拍摄电影一样，无论是何种规模和类型，都可以分为4个步骤：前期策划、创作动画、后期测试和发布动画。

1. 前期策划

前期策划主要是进行一些准备工作，关系到一部动画的成败。首先要给动画设计"脚本"，其次就是搜集素材，如图像、视频、音频和文字等。另外，还要考虑到一些画面的效果，如镜头转换、色调变化、光阴效果、音效及时间设定等。

2．创作动画

当前期的准备工作完成后，就可以开始动手创作动画了。首先要创建一个新文档，然后对其属性进行必要的设置。其次，将在前期策划中准备的素材导入到舞台中，然后对动画的各个元素进行造型设计。最后，可以为动画添加一些效果，使其变得更加生动，如图形滤镜、混合和其他特殊效果等。

3．后期测试

后期测试可以说是动画的再创作，影响着动画的最终效果，需要设计人员细心、严格地进行把关。当一部动画创作完成后，应该多次对其进行测试，以验证动画是否按预期设想进行工作，查找并解决所遇到的问题和错误。在整个创作过程中，需要不断地进行测试。若动画需要在网络上进行发布，还需要对其进行优化，减小动画文件的体积，以缩短动画在网上的下载时间。

4．发布动画

动画制作的最后一个阶段即为发布动画，当完成Flash动画的创作和编辑工作之后，需要将其进行发布，以便在网络或其他媒体中使用。通过发布设置，可以将动画导出为Flash、HTML、GIF、JPEG、PNG、EXE、Macintosh和QuickTime等格式。

1.3.3　Flash 动画的设计要素

Flash动画的设计要素是Flash动画的重要组成部分，下面将简要介绍Flash动画在设计过程中的主要设计要素。

1．预载动画（Loading动画）

一个完美的Loading动画会给Flash动画增色不少，好的开始是一个动画的关键。如果网友在欣赏动画时，由于网速比较慢使得动画经常间断，就需要为动画添加一个Loading动画，使动画在播放过程中更加流畅。

2．图形

图形贯穿于整个Flash动画，只要制作Flash动画就必然会用到图形，并且导入的元件最好是矢量图形。在帧与元素的运用上尽量少用关键帧，尽可能重复使用已有的各项元素，这样会使Flash动画导出后的文件小一些，缩短了网络下载时间。

3．按钮

在Flash动画的开头和结尾各加一个按钮，可以使Flash动画的播放具有完整性和规律性，使观众有选择的余地。按钮只是一个辅助工具，不能滥用。在Flash动画播放过程中也不是不可以添加按钮，这就要看整个动画是怎么规范的，灵活运用就能达到意想不到的效果。

4．ActionScript脚本语言

在设计动画之前就应该规划好在什么地方添加脚本语言，希望达到什么样的效果，再添加什么语言。特别需要注意的是，ActionScript只是一个辅助工具，在需要时才去运用，只要是Flash基本操作能够实现的效果就尽量用Flash来实现，不要随便使用脚本语言。在编写完ActionScript语言之后，需要检查其正确性。

5．音乐、音效

Flash动画中的视觉效果再配上音乐，能够增强动画的感染力，使Flash动画更加生动、有趣，更能吸引观众。但是添加音乐和音效时要恰如其分，否则会画蛇添足。

第 2 章

Flash CS6基本操作

Flash CS6的工作界面相对于以前的版本进行了许多改进，图像处理区域更加开阔，
文档的切换也更加快捷，这些改进为用户提供了一个更加方便人性化的工作环境。
本章将详细介绍Flash CS6的基本操作知识，其中包括Flash CS6的工作界面，以及
Flash CS6文档的基本操作等。

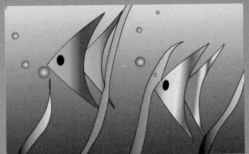

2.1 Flash CS6的工作界面

要想熟练地使用Flash CS6软件，首先必须要熟悉其工作界面，然后深入学习其他的软件功能和创作技巧。下面将介绍Flash CS6的初始界面和工作界面，以及主菜单和常用面板的功能等知识。

2.1.1 Flash CS6初始界面

第一次启动Flash CS6时，默认显示如下图所示的初始界面。下面将详细介绍初始界面中的各个组成部分及其功能。

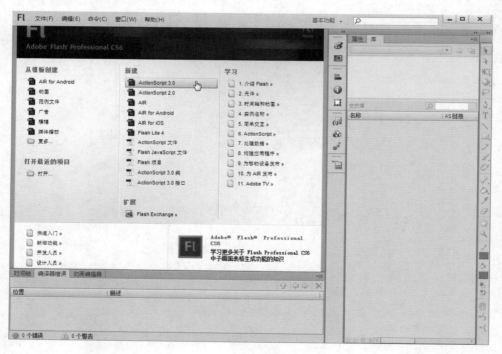

1. 从模板创建

在该选项组中是已保存的动画文档，可以选择某一个文档作为模板进行编辑和发布，可以提高工作效率。

2. 打开最近的项目

在该选项组中显示最近打开过的文档，以方便用户快速打开。

3. 新建

在该选项组中可以根据需要快速新建不同类型的Flash文档。

4．扩展

单击该选项，将在浏览器中打开Flash Exchange页面，该页面提供了下载Adobe公司的扩展程序、动作文件、脚本、模板，以及其他可扩展Adobe应用程序功能的项目。

5．学习

在该选项组中选择"学习"的相关选项，可在浏览器中查看由Adobe公司提供的Flash学习课程。

6．相关链接

在该选项组中Flash提供了"快速入门"、"新增功能"、"开发人员"和"设计人员"的网页超链接，用户可以使用这些资源进一步了解Flash软件。

2.1.2　Flash CS6工作界面组成

Flash CS6的工作界面与Flash CS5的工作界面相似，如下图所示。下面将详细介绍各区域的名称及其功能。

1．应用程序栏

单击应用程序栏右侧的"基本功能"下拉按钮，打开如下图（左）所示的下拉列表框。其中提供了多种默认的工作区预设，选择不同的选项，即可在需要的工作区中进行预设。

在该下拉列表框最后提供了"重置'工作区名称'"、"新建工作区"和"管理工作区"3个选项，其中"重置'工作区名称'"用于恢复工作区默认状态，"新建工作区"用于创建个人喜好的工作区配置，"管理工作区"用于管理个人创建的的工作区配置，可以执行重命名和删除操作，如下图（右）所示。

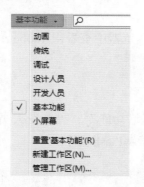

2．菜单栏

菜单栏提供了Flash的命令集合，几乎所有的可执行命令都可以在菜单栏中直接或间接找到相应的操作选项。

3．窗口选项卡

显示文档名称，提示了有无保存文档的提示。如果用户修改了文档，但没有保存则显示"*"。如果不需要，则可以关闭文档。

4．编辑栏

在编辑栏左侧显示了当前场景或元件，单击右侧的"编辑场景"按钮 ，可以选择需要编辑的场景；单击"编辑元件"按钮 ，可以选择需要切换编辑的元件。单击右侧的 100% 下拉按钮，可以选择所需要的舞台大小。

5．舞台/工作区

舞台是放置和显示动画内容的区域，内容包括矢量插图、文本框、按钮、导入的位图图形或视频剪辑等，用于修改和编辑动画。

6．时间轴面板

时间轴面板用于组织和控制文档内容在一定时间内播放的图层数和帧数。

7．面板

面板用于配合场景和元件的编辑，以及Flash的功能设置。

8．工具箱

在工具箱中可以选择其中的各种工具，即可进行相应的操作。

2.1.3　Flash CS6主菜单

和其他软件一样，Flash菜单栏中集合了软件的绝大多数命令。如下图所示为Flash CS6的主菜单栏，其中包括"文件"、"编辑"、"视图"、"插入"、"修改"、"文本"、"命令"、"控制"、"调试"、"窗口"和"帮助"等。

文件(F)　编辑(E)　视图(V)　插入(I)　修改(M)　文本(T)　命令(C)　控制(O)　调试(D)　窗口(W)　帮助(H)

- 文件：包含最常用的命令，如"新建"、"打开"、"关闭"、"保存文档"、"导入"、"导出"、"发布"和"退出"等命令。
- 编辑：用于对帧的复制与粘贴，编辑时的参数设置，以及自定义工具面板、字体映射等。
- 视图：用于快速设置屏幕上显示的内容，如浮动面板、时间轴和网格标尺等。
- 插入：该菜单中的命令利用率非常高，如"新建元件"、"时间轴"等。
- 修改：用于修改文档的属性和对象的形状等。
- 文本：用于设置文本属性。
- 命令：Flash CS6允许用户使用JSFL文件创建自己的命令，在"命令"菜单中可以运行、管理这些命令，或使用Flash默认提供的命令。
- 控制：用于测试影片，以符合自己的设想等。
- 调试：用于导出SWF格式来播放动画影片。
- 窗口：用于控制各个面板的打开与关闭，Flash的面板有助于使用舞台中的对象、整个文档、时间轴和动作等。
- 帮助：该菜单中含有Flash官方帮助文档，用户在遇到困难时可以按【F1】键来寻求帮助。

2.1.4　Flash CS6中的常用面板

在Flash CS6中提供了各类面板，用于观察、组织和修改Flash动画中的各种对象元素，如形状、颜色、文字、实例和帧等。默认情况下，面板组停靠在工作界面的右侧。下面将详细介绍几种常用的面板。

1．"颜色/样本"面板组

默认情况下，"颜色"面板和"样本"面板组合为一个面板组。"颜色"面板用来设置笔触颜色、填充颜色及透明度等，如下图（左）所示。"样本"面板中存放了Flash中所有的颜色，单击"样本"面板右侧的 按钮，在打开的下拉菜单中可以对其进行管理，如下图（右）所示。

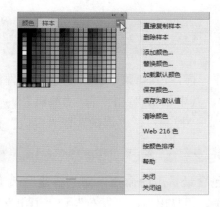

2. "库/属性"面板

默认情况下，"库"面板和"属性"面板组合为一个面板组。"库"面板用于存储和组织在 Flash 中创建的各种元件，它还用于存储和组织导入的文件，包括位图图形、声音文件和视频剪辑等，如下图（左）所示。"属性"面板用于显示和修改所选对象的参数，它随所选对象的不同而不同，当不选择任何对象时，"属性"面板中显示的是文档的属性，如下图（右）所示。

3. "动作"面板

"动作"面板用于编辑脚本。"动作"面板由3个窗格构成：动作工具箱、脚本导航器和脚本窗格，如下图所示。

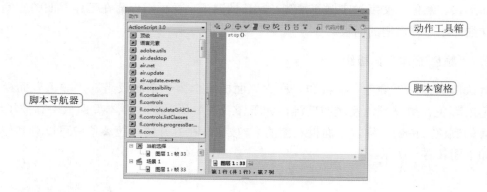

4．"对齐/信息/变形"面板

默认情况下，"对齐"面板、"信息"面板和"变形"面板组合为一个面板组。其中，"对齐"面板主要用于对齐同一个场景中选中的多个对象，如下图（左）所示；"信息"面板主要用于查看所选对象的坐标、颜色、宽度和高度，还可以对其参数进行调整，如下图（中）所示；"变形"面板用于对所选对象进行大小、旋转和倾斜等变形处理，如下图（右）所示。

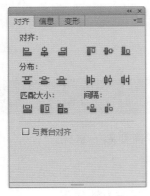

若工作区中没有这些面板，在菜单栏的"窗口"菜单下都可以找到，选择其中的命令即可显示相应的面板。

5．"代码片断"面板

在"代码片断"面板中含有Flash CS6为用户提供的多组常用事件，如下图（左）所示。选择一个元件后，可在"代码片断"面板中双击所需要的代码片断，Flash将该代码片断插入到动画中。这个过程可能需要用户手动进行少量代码的修改，在打开的"动作"面板中都会有详细的修改说明。

也可以单击"显示说明"或"显示代码"按钮，在弹出的对话框中单击"插入"按钮，即可在动画中插入代码片断，如下图（右）所示。在"代码片断"面板中，也可以自行添加、编辑或者删除代码片断。

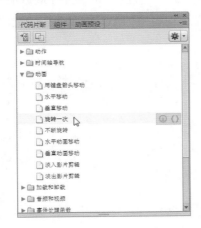

除了上述面板外，Flash CS6还有许多其他的面板，如"行为"面板、"调试控制台"面板和"辅助功能"面板等，其功能和特点在此不再一一介绍。在后面的章节中将会对其进行详细介绍，这些面板在"窗口"菜单中都可以找到，选择相应的命令即可将其打开。

2.2 Flash文档的基本操作

本节将详细介绍在Flash CS6中如何进行文档操作，其中包括启动与退出Flash CS6软件、Flash文件的管理、面板的操作、舞台的设置，以及使用标尺、网格和辅助线等。

2.2.1 启动与退出Flash CS6

下面将简要介绍启动与退出Flash CS6的各种方法，读者需要熟练掌握。

1. 启动Flash CS6

在成功安装了Flash CS6后，便可以启动Flash CS6，具体操作方法如下。

选择"开始"|"Adobe"|"Adobe Flash Professional CS6"命令，如下图（左）所示。此时，即可进入Flash CS6的初始界面，如下图（右）所示。

在初始界面中，用户可以在"从模板创建"、"新建"和"打开最近的项目"3个选项组中进行所需的操作。例如，选择"新建"选项组中的ActionScript 3.0选项，便可进入其文档编辑界面，如下图所示。

2. 退出Flash CS6

如果需要退出Flash CS6程序，可以通过以下几种方法进行操作。

（1）使用菜单命令退出

选择"文件"|"退出"命令，如下图（左）所示，即可退出Flash CS6。

（2）单击"关闭"按钮退出

单击应用程序栏中的"关闭"按钮 ，即可退出Flash CS6。

（3）通过Flash图标退出

单击应用程序栏左上角的Flash图标 **Fl** ，在打开的下拉菜单中选择"关闭"命令，如下图（右）所示。或者双击Flash图标 **Fl** ，也可退出Flash CS6程序。

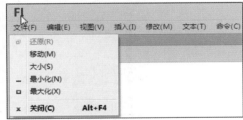

注意，若Flash文档在退出时没有进行保存，系统会弹出提示对话框，询问是否要保存文档，如下图（左）所示。

如果单击"否"按钮，表示不进行保存而直接退出程序；如果单击"是"按钮，则弹出"另存为"对话框，如下图（右）所示。选择要保存的位置，并在"文件名"文本框中输入文件名称，然后单击"保存"按钮，即可保存Flash文档。如果单击"取消"按钮或单击对话框右上角的"关闭"按钮，则表示取消保存操作。

2.2.2　Flash文件的管理

下面将详细介绍如何对Flash文件进行管理，如新建文件、保存文件、打开文件和关闭文件等。

1. 新建文件

新建Flash文件的操作方法如下。

选择"文件"|"新建"命令或按【Ctrl+N】组合键，弹出"新建文档"对话框，如下图所示。在"常规"选项卡中可以创建各种常规文件，可以对选中的文件进行宽度、高度和背景颜色等设置，在"描述"列表框中显示了对该文件类型的简单介绍。单击"确定"按钮，即可创建相应类型的文档。

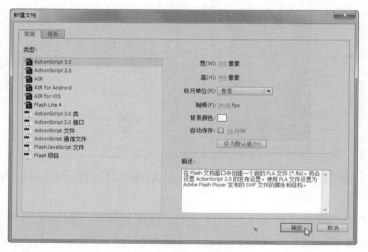

用户也可以使用模板来创建新文档，具体操作方法如下。

在"新建文档"对话框中选择"模板"选项卡，然后在"类别"列表框中选择一种类别，在其右侧会显示出与其对应的模板、预览效果及相关描述信息，如下图（左）所示。单击"确定"按钮，即可创建一个模板文件，如下图（右）所示。

当启动Flash CS6后，会显示其初始界面，用户也可以从初始界面的"新建"和"从模板创建"选项组中根据自己的需要来创建新文件。

2．保存文件

当动画制作好后，需要对文件进行保存。通常有4种保存文件的方法，分别为保存文件、另存文件、另存为模板文件和全部保存文件。

（1）保存文件

如果是第一次保存文件，则选择"文件"|"保存"命令，如下图（左）所示，弹出"另存为"对话框，其中有6种保存类型，如下图（右）所示。如果文件原来已经保存过，则直接选择"保存"命令或按【Ctrl+S】组合键即可。

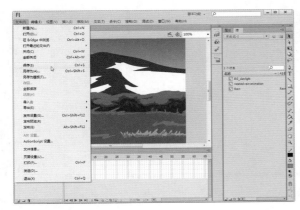 

（2）另存文件

选择"文件"|"另存为"命令，可以将已经保存的文件以另一个名称或在另一个位置进行保存。在弹出的"另存为"对话框中可以对文件进行重命名，也可以修改保存类型。

（3）另存为模板

选择"文件"|"另存为模板"命令，可以将文件保存为模板，这样就可以将该文件中的格式直接应用到其他文件中，从而形成统一的文件格式。在弹出的"另存为模板"对话框中可以填写模板名称、选择其类别，以及对模板进行描述等，如下图所示。

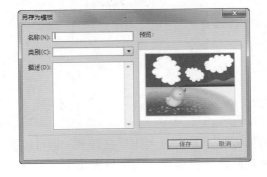

（4）全部保存文件

"全部保存"命令用于同时保存多个文档，若这些文档曾经保存过，选择该命令后系统会对所有打开的文档再次进行保存；若没有保存过，则系统会弹出"另存为"对话框，然后再逐个对其进行保存即可。

3．打开文件

选择"文件"|"打开"命令或按【Ctrl+O】组合键，弹出"打开"对话框。选择要打开文件的路径，选中要打开的文件，单击"打开"按钮即可，如下图所示。

4．关闭文件

选择"文件"|"关闭"命令或按【Ctrl+W】组合键，即可关闭文档；选择"文件"|"全部关闭"命令或按【Ctrl+Alt+W】组合键，可以一次关闭所有文档，如下图所示。

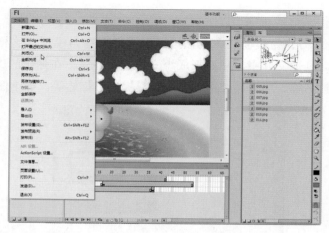

另外，在打开文档的标题栏上单击"关闭"按钮✕，也可以关闭文件，如下图所示。在关闭文件时，若文件未被修改或已保存，则可以直接关闭当前文件；若文件经过修改后

尚未保存，则会弹出询问是否保存的提示信息框。

2.2.3　面板的操作

下面将详细介绍在Flash CS6中如何进行面板操作，其中包括展开与折叠面板，打开与关闭面板，折叠为图标与展开面板，将面板拖动为浮动状态，以及放大与缩小面板等。

1．展开与折叠面板

双击要折叠面板的标签，可以将面板从展开状态更改为折叠状态，如下图（左）所示。再次双击面板标签，即可将面板从折叠状态更改为展开状态。

在面板标签上单击鼠标右键，在弹出的快捷菜单中选择"最小化组"命令，如下图（右）所示，可以将面板从展开状态更改为折叠状态；若选择"恢复组"命令，则可以将面板从折叠状态更改为展开状态。

2．打开与关闭面板

单击"窗口"菜单，在打开的下拉菜单中将显示面板命令，在每个面板命令后都跟有快捷键，按此快捷键也可以打开相应的面板，如下图所示。例如，按【Alt+Shift+F9】组

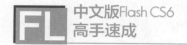
合键，即可打开"颜色"面板。

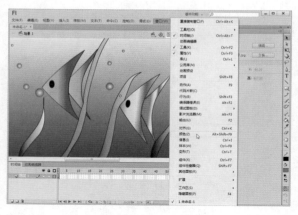

当打开某个面板后，在"窗口"菜单中相应的命令前会出现"√"标记，表示当前工作区中该面板处于打开状态，再次选择该命令即可将其关闭。在打开的面板中单击其右上角的"关闭"按钮×，或者在其标签栏或面板标签上单击鼠标右键，在弹出的快捷菜单中选择"关闭"或"关闭组"命令，也可以关闭面板，如下图（左）所示。

3. 折叠为图标与展开面板

双击面板顶部区域，即可将此面板折叠为图标或展开面板，如下图（右）所示。

单击面板组右侧的"折叠"按钮▶▶或"展开"按钮◀◀，即可将相应的面板折叠为图标或展开面板，如下图（左）所示。

在某个面板上单击鼠标右键，在弹出的快捷菜单中选择"折叠为图标"或"展开面板"命令，即可将面板折叠为图标或展开面板，如下图（右）所示。

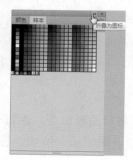

4. 将面板拖动为浮动状态

将鼠标指针指向面板顶部区域或面板标签上，然后单击并拖动鼠标，在合适的位置松开鼠标，即可将面板拖动为浮动状态，如下图（左）所示。用户可以把面板拖到工作界面的任意位置，也可以拖至其他面板上，使其成为一个面板组，如下图（右）所示。

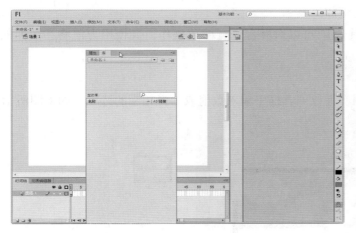

5. 放大与缩小面板

当面板显示不够大或者过大时，可以将其进行放大或缩小操作。将鼠标指针指向面板边缘处，当鼠标指针变为双向箭头时拖动鼠标，即可放大或缩小面板，如下图所示。

2.2.4　舞台的设置

在Flash CS6窗口中，可以对舞台进行缩放和平移操作，下面将分别对其进行介绍。

1. 缩放舞台

当舞台中的对象过大或过小时，就很难对这些对象进行精确编辑，这时可以对舞台进行缩放，以便于编辑这些对象。

在Flash CS6中，缩放舞台的方法主要有以下两种。

方法一：使用工具箱中的缩放工具 🔍。

使用工具箱中的缩放工具 🔍，可以对舞台进行缩放操作。其使用方法将在后面的章节中进行详细介绍。

方法二：设置显示比例。

在舞台上方的"显示比例"下拉列表框中输入数值或选择相应的选项，如下图所示。

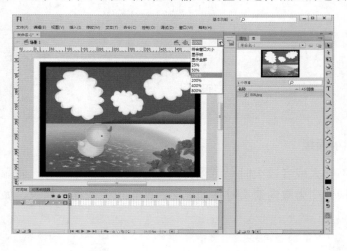

2. 平移舞台

有时舞台中的图形对象过大而无法完全显示，如下图所示。但由于要进行精确编辑，又不希望将图像缩小，这时可以通过平移舞台来将图形原来看不到的区域显示出来，然后再进行编辑。

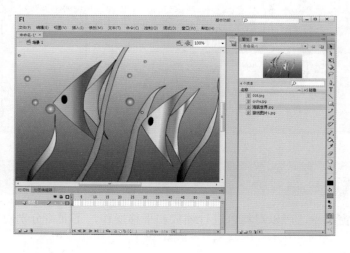

平移舞台的方法主要有以下3种。

- 方法一：直接用鼠标拖动舞台两侧的水平滚动条和垂直的滚动条进行移动。
- 方法二：使用工具箱中的手形工具🖐进行平移，其使用方法将在后面的章节中进行详细介绍。
- 方法三：使用鼠标上的滑轮对舞台进行上下移动。

2.2.5　使用标尺、网格和辅助线

在Flash CS6中，标尺、网格和辅助线可以帮助用户精确地绘制对象。用户可以在文档中显示辅助线，然后使对象贴紧至辅助线；也可以显示网格，然后使对象贴紧至网格，大大提升了设计师的工作效率和作品品质。

1．使用标尺

在Flash CS6中，若要显示标尺，可以选择"视图"|"标尺"命令或按【Ctrl+Alt+Shift+R】组合键，此时在舞台的上方和左侧将显示标尺，如下图（左）所示。另外，在舞台的空白处单击鼠标右键，在弹出的快捷菜单中选择"标尺"命令，也可以将标尺显示出来，如下图（右）所示。

默认情况下，标尺的度量单位为"像素"，用户可以对其进行更改，具体操作方法如下。

选择"修改"|"文档"命令或按【Ctrl+J】组合键，弹出"文档设置"对话框，在"标尺单位"下拉列表框中选择一种单位，然后单击"确定"按钮即可，如下图所示。

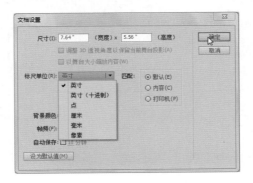

2．使用网格

选择"视图"|"网格"|"显示网格"命令或按【Ctrl+'】组合键，舞台中将会显示出网格，如下图所示。

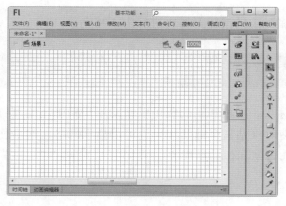

另外，用户还可以根据需要对网格的颜色和大小进行修改，而且还可以设置贴紧至网格及贴紧精确度。选择"视图"|"网格"|"编辑网格"命令，在弹出的"网格"对话框中进行相应的设置即可，如下图所示。

3．使用辅助线

在显示标尺的情况下，将鼠标指针移至水平或垂直标尺上，然后单击，当鼠标指针下方出现一个小三角时，按住鼠标左键并向下或向右拖动，移至合适的位置后松开鼠标，即可绘制出一条辅助线，如下图所示。

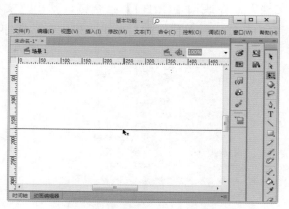

默认情况下，辅助线是呈显示状态的。若辅助线没有显示出来，可以通过选择"视图"|"辅助线"|"显示辅助线"命令或按【Ctrl+;】组合键使其显示出来。

用户还可以移动、锁定和清除辅助线，具体操作方法如下。

（1）移动辅助线

将鼠标指针移至辅助线上，当指针下方出现小三角时，按住鼠标左键并拖动即可对辅助线进行移动，如下图所示。若将辅助线拖到场景以外，则可以删除辅助线。

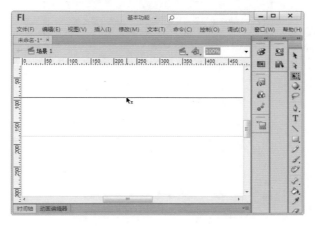

（2）锁定辅助线

选择"视图"|"辅助线"|"锁定辅助线"命令，或在舞台空白区域单击鼠标右键，在弹出的快捷菜单中选择"辅助线"|"锁定辅助线"命令，如下图所示，可将当前文档中的所有辅助线锁定。

（3）清除辅助线

选择"视图"|"辅助线"|"清除辅助线"命令，可将当前文档中的辅助线全部清除。

选择"视图"|"辅助线"|"编辑辅助线"命令或按【Ctrl+Alt+Shift+G】组合键，弹出"辅助线"对话框，如下图所示。取消选择"锁定辅助线"复选框或单击"全部清除"

按钮，然后单击"确定"按钮，即可将辅助线锁定或全部清除。在该对话框中，还可以根据需要对辅助线的颜色等进行设置。

第 3 章

Flash CS6工具的使用

Flash CS6的功能非常强大，实现其强大功能的基础就是软件所带的各种工具。通过这些工具可以制作出具有专业水准的Flash动画。本章将详细介绍Flash CS6的使用方法和技巧，读者需要熟练掌握。

3.1 Flash基本工具

在Flash CS6中将工具箱划分了5个区域，分别放置了各种类型的工具。第一个区域中放置了基本工具，这是Flash CS6中使用最多的工具。

基本工具组包括选择工具、部分选择工具、任意变形工具、3D旋转工具和套索工具等，如下图所示。

 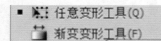 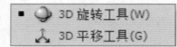

3.1.1 选择工具

选择工具是Flash软件中使用频率最高的工具之一，用于选择舞台中的一个或多个对象，也可以移动对象，修改未选择的线条和填充图形。

选择工具箱中的选择工具 ▶ 或按【V】键，即可调用该工具。选择工具有多种用法，下面将逐一进行介绍。

1. 选择单个对象

在Flash CS6中绘制了一个图形后，若要进行选择，可以进行如下操作。

◎光盘：素材文件\第3章\花.fla

01 **打开素材文件**

打开"光盘：素材文件\第3章\ 花.fla"文件。

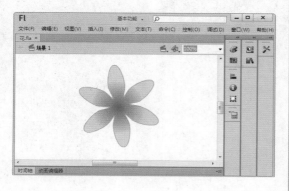

02 **选择图形部分线条**

①在工具箱中选择工具箱中的选择工具。②在图形边缘线条上单击，选择图形的部分线条。

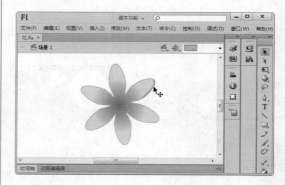

03 **选择图形所有线条**

①在舞台空白处单击，取消选中。②在图形边缘线条上双击，选择与其相邻及颜色相同的所有线条。

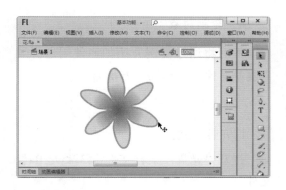

填充和线条。

04 选择图形填充部分

单击图形填充处，即可选择图形的填充部分。

05 选择图形填充和线条

双击图形填充处，即可同时选择图形

若所选择的对象为文本、元件、组合或位图等，使用选择工具直接单击该对象即可将其全部选择，如下图所示。

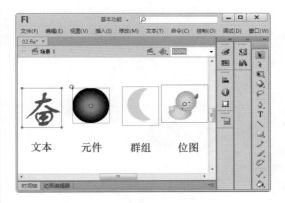

文本　　　元件　　　群组　　　位图

高手指点

细心的读者会发现，在选择上述类型的对象时，其四周都会出现一个外边框，通过这些外边框可以很轻松地知道所选择对象的类型。

2．选择多个对象

若要选择舞台中的全部对象，可以选择"编辑"|"全选"命令或按【Ctrl+A】组合键。若要选择舞台中的部分对象可以通过单击和框选的方法来进行选择。下面将简单介绍如何使用选择工具选择多个对象，具体操作方法如下。

01 点选对象

①选择工具箱中的选择工具。②按住【Shift】键的同时逐个选择对象。③若要取消选择对象，则再次单击该对象。

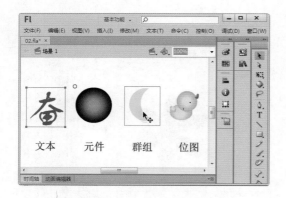

02 框选对象

①选择工具箱中的选择工具，将其移至舞台上。②当鼠标指针变为 形状时，按住鼠标左键并拖动出一个选框。③位于该选框中的对象将全部被选择。

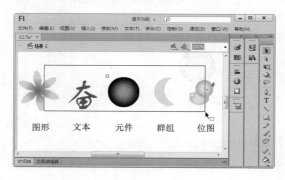

3. 移动对象

使用选择工具可以移动对象，将鼠标指针移至对象上，当指针变为 形状时按住鼠标左键并拖动，拖到目标位置后松开鼠标即可，如下图所示。

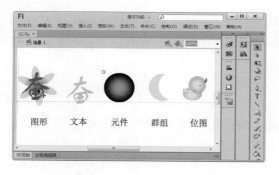

4. 复制对象

下面将通过实例介绍如何使用选择工具复制对象，具体操作方法如下。

◎ 光盘：素材文件\第3章\龙.fla

01 打开素材文件

打开"光盘：素材文件\第3章\龙.fla"文件。

02 选中对象

选择工具箱中的选择工具，然后在该对象上单击即可将其选中。

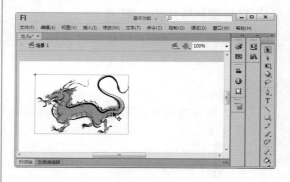

03 按住【Ctrl】键拖动鼠标

①按住【Ctrl】键的同时拖动所选的对象，此时鼠标指针下方将出现"+"号。②拖到目标位置后松开鼠标和【Ctrl】键，即可复制出一个对象。

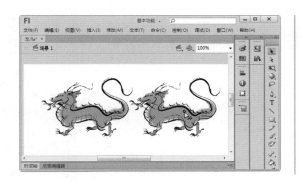

高手
指点

　　一定要先松开鼠标后再松开
【Ctrl】键，两者顺序不可颠倒，
否则只是单纯地移动对象。按住
【Alt】键的同时选择并拖动对象，
也可以对其进行复制操作。

5. 修改对象

　　使用选择工具也可以修改图形的边框及填充。选择工具箱中的选择工具，在没有选择图形的情况下，将鼠标指针移至图形的边缘，待指针变为 ↖ 或 ↘ 形状时拖动鼠标，拖到目标位置后松开鼠标即可，如下图所示。

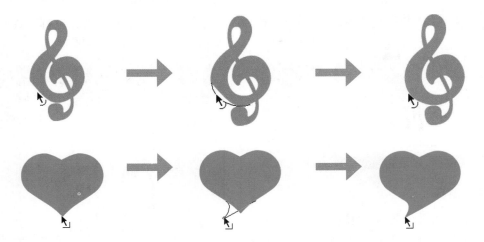

6. 选择工具功能按钮

　　选择工具中有3个功能按钮，分别为"贴紧至对象"、"平滑"和"伸直"按钮，如右图所示。

　　（1）贴紧至对象

　　在工具箱中单击"贴紧至对象"按钮，使其呈按下状态，在移动或修改对象时可以对对象进行自动捕捉，从而起到辅助的作用。下面将通过实例介绍如何使用"贴紧至对象"工具，具体操作方法如下。

◎ 光盘：素材文件\第3章\树.fla

01 打开素材文件

　　打开"光盘：素材文件\第3章\树.fla"文件。

02 使用选择工具

①选择工具箱中的选择工具，单击"贴紧至对象"按钮，使其呈按下状态。②将鼠标指针移至右侧叶子的中心点。

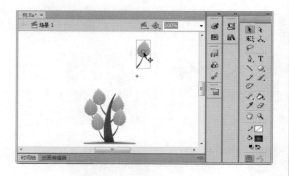

03 拖动鼠标

待鼠标指针变为 ♦ 形状时，按住鼠标左键并拖动，在其中心点出现了一个小圆圈，拖动鼠标。

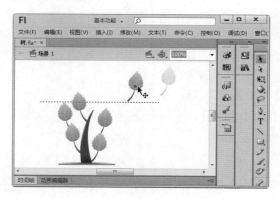

04 捕捉树干

当捕捉到树干的边或顶点时，小圆圈会变粗变大。

05 贴紧至对象

到达目标位置后松开鼠标，在舞台的空白处单击，取消选择即可。

（2）平滑图形

使用"平滑"按钮可以使线条和填充图形的边缘接近于弧线。用选择工具选择图形后，多次单击"平滑"按钮 ⁺S，可以使图形接近于圆形，如下图（左）所示。

（3）伸直图形

使用"伸直"按钮可以使线条或填充的边缘接近于折线。用选择工具选择图形后，多次单击"伸直"按钮 ⁻ᑕ，可以使弧线变成折线，如下图（右）所示。

3.1.2 部分选择工具

部分选择工具主要用于修改和调整对象的路径，它可以使对象以锚点的形式进行显示，然后通过移动锚点或方向线来修改图形的形状。选择部分选择工具 ▶ 或按【A】键，即可调用该工具。

下面将通过实例介绍如何使用部分选择工具选择对象，具体操作方法如下。

◎ 光盘：素材文件\第3章\伞.fla

01 打开素材文件

打开"光盘：素材文件\第3章\伞.fla"文件。为了便于观察，可以改变舞台的颜色。

02 设置舞台颜色

①在右侧面板区中展开"属性"面板。②单击"舞台"颜色块。③在打开的调色板中选择黑色。

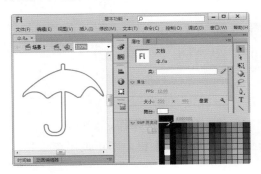

03 单击图形边缘处

①选择部分选择工具。②将鼠标指针移至图形边缘处，当其变为 ▶。形状时单击，这时图形周围出现了一系列锚点。

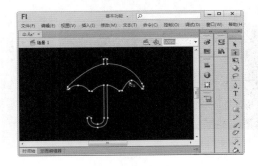

04 移动锚点位置

将鼠标指针移至所需修改的锚点上，当指针变为 ▶。形状时按住鼠标左键并向下拖动，移动锚点的位置。

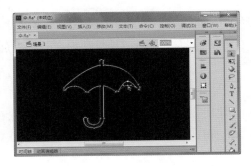

05 单击锚点

单击锚点，出现该锚点的切线方向。

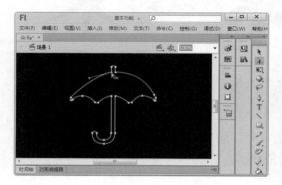

06 改变曲率

将鼠标指针移至方向线的左端点上，当指针变为 ▶ 形状时按住鼠标左键并向上拖动，即可改变曲线的曲率，使其与右侧弧形相对称。

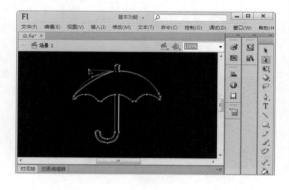

07 取消选择

拖到目标位置后，松开鼠标。在舞台的空白处单击，取消选择。

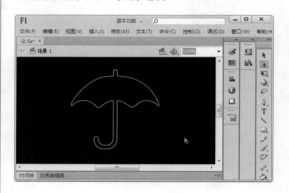

> **高手指点**
>
> 使用部分选择工具单击图形的边缘后，移动鼠标指针，当其变为 ▶. 形状后，按住鼠标左键并拖动可以移动图形；若同时按住【Alt】键并拖动鼠标，则可以复制对象。另外，使用部分选择工具也可以对对象的锚点进行框选或点选，按【Delete】键可以将选择的锚点删除。

3.1.3　变形工具组

变形工具组中包括任意变形工具和渐变变形工具两种，如下图所示。

1. 任意变形工具

使用任意变形工具可以对选择的一个或多个对象进行各种变形操作，如旋转、缩放、倾斜、扭曲和封套等。选择工具箱中的任意变形工具 或按【Q】键，即可调用该工具。

（1）旋转对象

下面将通过实例介绍如何使用任意变形工具旋转对象，具体操作方法如下。

◎光盘：素材文件\第3章\小鹿.fla

01 打开素材文件

打开"光盘：素材文件\第3章\小鹿.fla"文件。

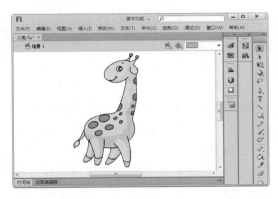

02 选择任意变形工具

①使用选择工具选择舞台中的对象。②在工具箱中选择任意变形工具，对象的四周将出现黑色的边框和8个控制点。

03 旋转对象

将鼠标指针移至对象四周的控制点上，当指针变为 ↻ 形状时拖动鼠标进行旋转。

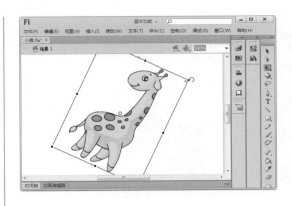

04 取消选择

在舞台空白处单击取消选择，完成旋转操作。

对对象进行的各种变形操作都是以对象的中心点为基点进行的，中心点的位置一般位于对象的重心位置。使用鼠标可以移动中心点的位置，当改变中心点的位置后，对象的变形操作将依据新中心点进行变形。

下面将介绍变换中心点后的旋转操作，具体操作方法如下。

01 移动中心点

将鼠标指针移至对象的中心点上，待指针变为 ↖ 形状时，按住鼠标左键并向下拖动鼠标，将中心点移至右下方。

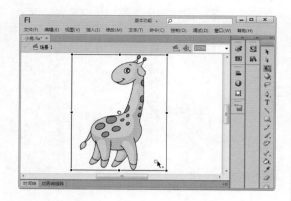

02 旋转对象

对对象进行旋转操作，则对象是围绕着新中心点进行旋转的。

03 以对角顶点为基点旋转

按住【Alt】键对对象进行旋转操作时，对象以对角的顶点为基点进行旋转。

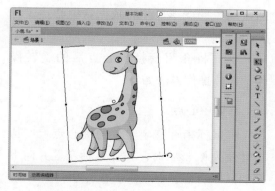

在使用任意变形工具时，有两种选择模式：一是先选择对象，然后再选择任意

变形工具变形；另一种是先选择工具箱中的任意变形工具变形，然后再选择对象。用户可以根据实际需要进行操作。

> **高手指点**
>
> 按【Ctrl+Shift+9】组合键，可以将所选的对象顺时针旋转90°；按【Ctrl+Shift+7】组合键，可以将所选的对象逆时针旋转90°。

（2）缩放对象

当使用任意变形工具选择对象后，将鼠标指针移至其四周的8个控制点上，待指针变为双向箭头时，按住鼠标左键并拖动可以缩放对象。

下面将通过实例介绍如何使用任意变形工具缩放对象，具体操作方法如下。

01 拖动边缘控制点

拖动边缘的控制点，在水平和垂直方向上缩放对象。把对象右侧的控制点向左拖动，可使对象变窄。

02 水平翻转对象

把右侧的控制点拖至超过左侧控制点时，可使对象水平翻转。

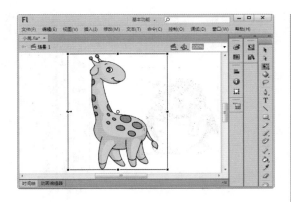

03 以中心点为基点缩放对象

按住【Shift】键的同时进行缩放操作，可以使对象以中心点为基点进行缩放。

04 等比例缩放对象

拖动四角的控制点，可以对对象在整体上进行缩放。按住【Shift】键的同时拖动对象四角的控制点，可以进行等比例缩放。

05 在水平和垂直方向上缩放对象

按住【Alt】键的同时拖动对象四角的控制点，将以中心点为基点在水平或垂直方向上缩放对象。

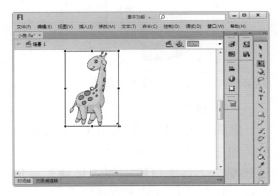

（3）倾斜对象

下面将通过实例介绍如何使用任意变形工具倾斜对象，具体操作方法如下。

◎光盘：素材文件\第3章\船1.fla

01 打开素材文件

打开"光盘：素材文件\第3章\船1.fla"文件。

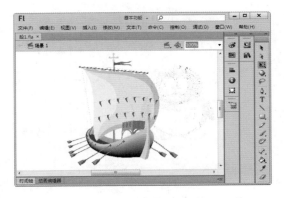

02 倾斜对象

使用任意变形工具选择对象，将鼠标指针移至其四周的8个控制点之间的连线上。待指针变为 ⇌ 形状时，按住鼠标左键并拖动，即可倾斜对象。

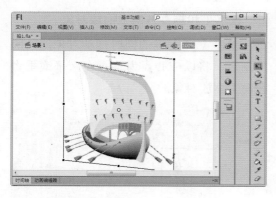

（4）扭曲对象

扭曲对象可以造成很好的透视效果，但它只适用于矢量图形，必须配合任意变形工具选项组中的"扭曲"按钮 进行操作。

下面将通过实例介绍如何使用任意变形工具扭曲对象，具体操作方法如下。

◎光盘：素材文件\第3章\企鹅.fla

01 打开素材文件

打开"光盘：素材文件\第3章\企鹅.fla"文件。

02 单击"扭曲"按钮

①使用选择工具框选整个图形。②选择任意变形工具，调出控制框。③在任意变形工具选项组中单击"扭曲"按钮，使其呈按下状态。

03 扭曲对象

将鼠标指针移至控制框的一个控制点上，当指针变为 ▷ 形状时，按住鼠标左键并拖动即可扭曲对象。

04 等比例扭曲对象

按住【Shift】键的同时扭曲对象，可以对其进行等比例扭曲。

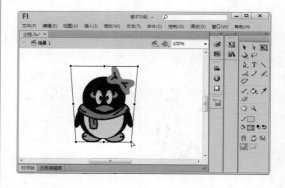

05 倾斜或缩放对象

在对象上、下方或左、右侧的控制点

上进行扭曲操作，可以倾斜或缩放对象。

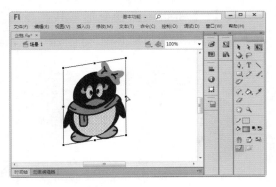

（5）封套对象

单击"封套"按钮后，图形四周出现许多控制点，可用于对图形进行复杂的变形操作。下面将通过实例介绍如何使用任意变形工具封套对象，具体操作方法如下。

◎光盘：素材文件\第3章\钟.fla

01 单击"封套"按钮

①打开"光盘：素材文件\第3章\钟.fla"文件。②使用任意变形工具框选对象。③单击"封套"按钮，使其呈按下状态，对象四周出现了许多控制点。

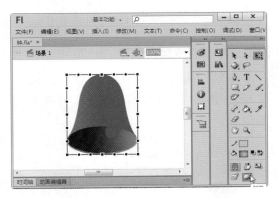

02 拖动控制点

单击并拖动鼠标控制点，改变图形的形状。

2. 渐变变形工具

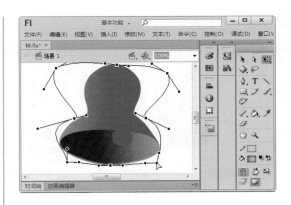

渐变变形工具主要用于调整渐变色的范围、方向和位置等，而且可以用来调整位图填充的大小和方向。单击工具箱中的任意变形工具不放，在打开的下拉工具列表框中选择渐变变形工具或按【F】键，即可调用该工具。

（1）调整线性渐变

下面将介绍如何调整线性渐变，具体操作方法如下。

01 调用渐变变形工具

按【F】键调用渐变变形工具，将鼠标指针移至图形上，当其变为形状时单击，在图形上出现控制柄和旋转中心。

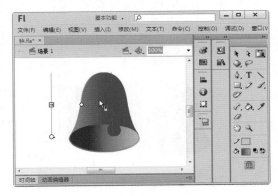

02 改变渐变位置

将鼠标指针移至中心点○上，按住鼠标左键并向右拖动，改变渐变位置。

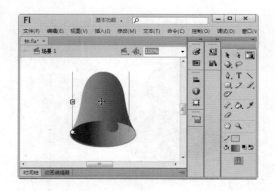

03 改变渐变方向

将鼠标指针移至控制柄 ↻ 上，按住鼠标左键并沿顺时针方向旋转180°，改变渐变方向。

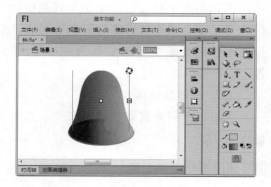

04 改变渐变填充范围

将鼠标指针移至控制柄 ⊟ 上，按住鼠标左键并向内拖动，改变渐变填充的范围。

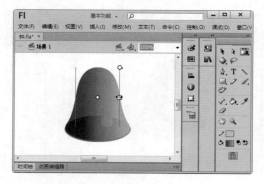

（2）调整放射状渐变

下面将介绍如何调整放射状渐变，具体操作方法如下。

01 调用渐变变形工具

按【F】键调用渐变变形工具，在图形下方单击，出现放射状渐变控制柄。

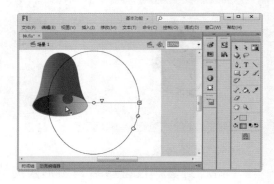

02 缩小渐变填充范围

将鼠标指针移至控制柄 ⊙ 上，按住鼠标左键并向内拖动，缩小渐变填充的范围。

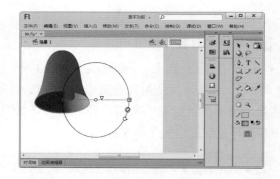

03 调整渐变放射点位置

将鼠标指针移至放射点 ▽ 上，按住鼠标左键并向左拖动，调整渐变放射点的位置。

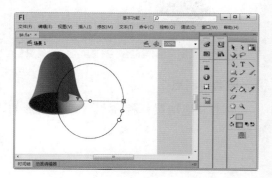

04　改变渐变方向

　　将鼠标指针移至控制柄⟳上，按住鼠标左键并沿逆时针方向旋转90°，改变渐变的方向。

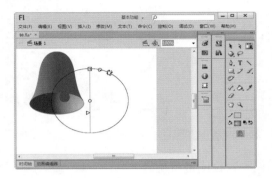

05　减小渐变宽度

　　将鼠标指针移至控制柄⊟上，按住鼠标左键并向下拖动，减小渐变的宽度。

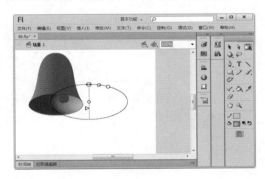

06　改变渐变填充位置

　　将鼠标指针移至中心点○上，按住鼠标左键并向下拖动，即可改变渐变填充的位置。

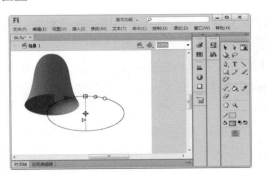

（3）调整位图填充

　　下面将介绍如何调整位图填充，具体操作方法如下。

◎光盘：素材文件\第3章\04.fla

01　打开素材文件

　　打开"光盘：素材文件\第3章\04.fla"文件。

02　使用渐变变形工具

　　按【F】键调用渐变变形工具，在图形上单击，图形四周将出现控制柄。

03　移动位图填充位置

　　使用鼠标拖动中心的圆圈，可以移动位图填充位置。

04 对位图进行水平翻转

　　将左侧的控制柄向右拖动并超出右边缘，即可对位图进行水平翻转。

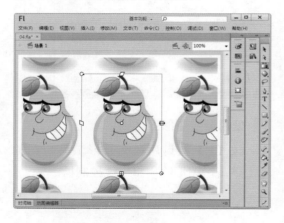

05 对位图进行等比例缩放

　　拖动控制柄 ⟳，可以对位图进行等比

例缩放。

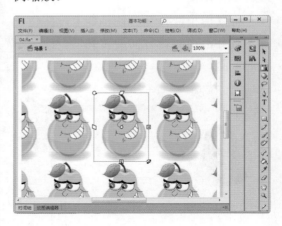

06 对位图进行旋转

　　拖动控制柄 ↻，可以对位图进行旋转操作。

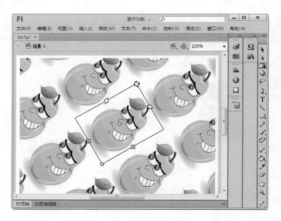

3.1.4　3D工具

　　Flash CS6没有3ds Max等3D软件强大的建模工具，但它提供了一个Z轴的概念，在Flash这个开发环境下就从原来的二维环境拓展到一个有限的三维环境。

　　在Flash CS6中，可以使用3D工具在舞台的3D空间中移动和旋转影片剪辑来创建3D效果。使用3D平移工具和3D旋转工具，使其沿X轴或Y轴移动和旋转。3D平移和3D旋转工具都允许在全局3D空间或局部3D空间中操作对象。

- 全局3D空间。全局3D空间就是舞台空间，变形和平移与舞台有关。3D平移和旋转工具的默认模式是全局3D空间，如下图所示。

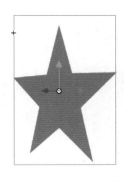

- 局部3D空间。局部3D空间就是影片剪辑空间，局部变形和平移与影片剪辑空间有关。在选项组中单击"全局转换"按钮，切换为局部模式，如下图所示。

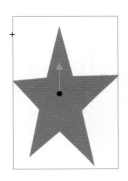

1．3D平移对象

在3D空间中移动对象称之为平移对象，使用3D平移工具选中影片剪辑后，影片剪辑X、Y、Z 3个轴将显示在舞台对象的顶部，X轴为红色，Y轴为绿色，Z轴为蓝色，如下图所示。在使用3D平移工具时，默认模式是全局模式。

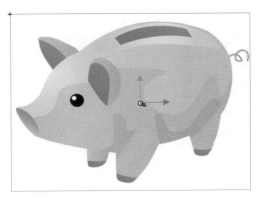

（1）X轴平移

选择3D平移工具，将鼠标指针移到红色控件上，当指针变成▶×形状时进行拖动，在X轴方向平移影片剪辑元件，如下图所示。

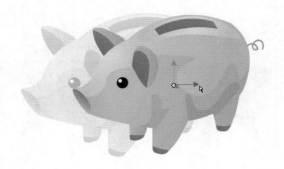

（2）*Y*轴平移

选择3D平移工具，将鼠标指针移到绿色控件上，当指针变成▶y形状时进行拖动，在*Y*轴方向平移影片剪辑元件，如下图所示。

（3）*Z*轴平移

选择3D平移工具，将鼠标指针移到蓝色控件上，当指针变成▶z形状时进行拖动，在*Z*轴方向平移影片剪辑元件，如下图所示。

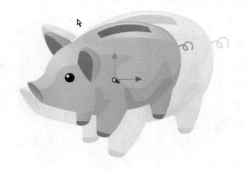

2．3D旋转对象

使用3D旋转工具🔘，其默认模式是全局模式。3D旋转控件将出现在舞台上的选定对象上，*X*轴控件为红色，*Y*轴控件为绿色，*Z*轴控件为蓝色，如下图所示。使用橙色的自由旋转控件可以同时绕*X*、*Y*和*Z*轴旋转。

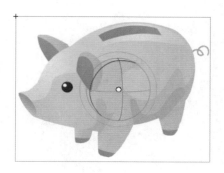

　　（1） *X*轴旋转

　　选择3D旋转工具，将鼠标指针移到红色控件上，当指针变成▶×形状时进行拖动，以*X*轴为对称轴旋转影片剪辑元件，如下图所示。

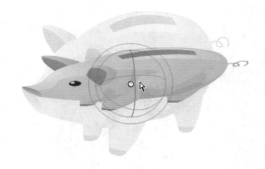

　　（2） *Y*轴旋转

　　选择3D旋转工具，将鼠标指针移到绿色控件上，当指针变成▶ɣ形状时进行拖动，以*Y*轴为对称轴旋转影片剪辑元件，如下图所示。

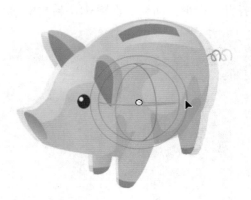

　　（3） *Z*轴旋转

　　选择3D旋转工具，将鼠标指针移到蓝色控件上，当指针变成▶z形状时进行拖动，以*Z*轴为对称轴旋转影片剪辑元件，如下图所示。

（4）自由旋转

选择3D旋转工具，将鼠标指针移到最外圈的橙色控件上，当指针变成➤形状时进行拖动，一次性选中X、Y和Z轴，如下图所示。

（5）使用"变形"面板

使用选择工具➤，打开"变形"面板，设置3D旋转栏中的X、Y和Z值，如下图所示。

3.1.5 套索工具

若要选择某个图形的一部分不规则区域，使用选择工具或部分选择工具就显得无能为力了，这时可以使用套索工具进行选择。选择套索工具或按【L】键，即可调用该工具。套索工具有3种模式，下面将分别进行详细介绍。

1. 套索工具模式

下面将通过实例介绍如何使用套索工具模式，具体操作方法如下。

◎光盘：素材文件\第3章\梨子.fla

01 打开素材文件

打开"光盘：素材文件\第3章\梨子.fla"文件。

02 绘制选择区域

按【L】键，调用套索工具，舞台中的鼠标指针变成了♀形状。按住鼠标左键并拖动，绘制选择区域。

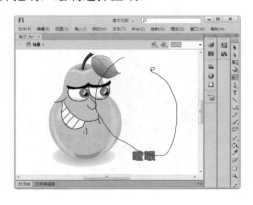

03 松开鼠标

松开鼠标后，选择区域中的矢量图形将被选中。

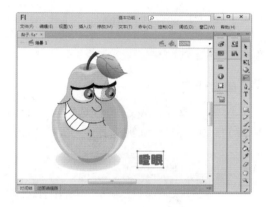

高手指点

对于组合、实例、位图或文字，只要有部分在该区域内即可将其选中。如果使用套索工具绘制的不是封闭的区域，Flash将自动使用直线连接起点和终点，从而形成一个封闭的区域。

2. 多边形模式

选择套索工具后，在其选项组中单击"多边形模式"按钮，使其呈按下状态，即可切换到多边形模式。下面将通过实例介绍如何使用套索工具的多边形模式，具体操作方法如下。

01 使用多边形模式

①选择套索工具。②在其选项组中单

击"多边形模式"按钮。③在舞台中通过
单击来绘制选区。

02 闭合选区

绘制完成后，双击闭合选区，在该区
域内的对象就会全部被选择。

3. 魔术棒模式

魔术棒模式一般用于选择位图中相邻及
相近的像素颜色，且可以对魔术棒进行参数
设置。下面将通过实例介绍如何使用套索工
具的魔术棒模式，具体操作方法如下。

◎ 光盘：素材文件\第3章\玫瑰花.fla

01 打开素材文件

打开"光盘：素材文件\第3章\玫瑰
花.fla"文件。

02 选择"分离"命令

①使用选择工具选择位图。②选择
"修改"|"分离"命令。

03 分离对象

①按【Ctrl+B】组合键，将位图进行
分离（必须先将位图进行分离后，才可以
使用魔术棒工具）。②在工具箱中选择套
索工具。

04　魔术棒设置

①在"套索"选项组中单击"魔术棒设置"按钮 。②弹出"魔术棒设置"对话框，设置"阈值"为20，"平滑"为"一般"。③单击"确定"按钮。

05　选择区域

①应用魔术棒设置，单击"魔术棒"按钮 。②将鼠标指针移至分离的位图上并单击，选中与单击位置颜色相同或相似的区域。

06　删除选中区域

单击需要删除的区域，直至全部选中。按【Delete】键，删除选中的区域。

07　绘制删除区域

使用套索工具，绘制需要删除的区域。

08　删除选中区域

按【Delete】键，删除选中的区域。重复操作，即可得到想要的效果。

在"魔术棒设置"对话框中，各个选项的含义如下。

- 阈值：在该数值框中输入数值，可以定义选择范围内相邻或相近像素颜色值的相近程度。数值越大，选择的范围就越大。
- 平滑：该下拉列表框用于设置选择区域的边缘平滑程度。

3.2 绘图工具

在Flash CS6中，绘图工具是一种非常重要的工具，主要用来绘制图形。

在工具箱的绘图工具组中有7个工具，分别为钢笔工具组、文本工具、线条工具、矩形工具组、铅笔工具、刷子工具组和Deco工具，如右图所示。

3.2.1 钢笔工具组

钢笔工具组可以用来精确地绘制直线和平滑的曲线，通过设置其特性，可以绘制出很多不规则的图形，如右图所示为钢笔工具组。

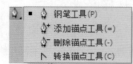

1. 设置钢笔工具

选择"编辑"｜"首选参数"命令，弹出"首选参数"对话框，在"类别"列表框中选择"绘画"选项，这时在其右侧将显示有关钢笔工具的3个参数设置，如下图所示。其含义分别如下。

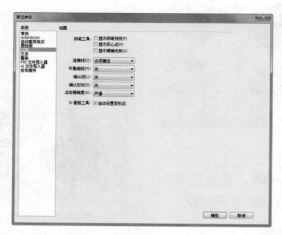

- 显示钢笔预览：若选择该复选框，在未确定下一个锚点位置时，随着鼠标指针的移动可以直接预览线段，如下图（左）所示。

- 显示实心点：若选择该复选框，则未选择的锚点显示为实心点，选择的锚点显示为空心点，如下图（中）所示。
- 显示精确光标：若选择该复选框后，则鼠标指针变为 ✕ 形状，这样可以提高线条的精确性；取消选择该复选框，鼠标指针将变为 ♠ 形状。按【Caps Lock】键可以在这两种鼠标指针形状之间进行切换，如下图（右）所示。

2．使用钢笔工具

选择钢笔工具 ♠.或按【P】键，即可调用该工具，下面对它的使用方法进行详细介绍。

（1）使用钢笔工具绘制直线段

下面将通过实例介绍如何使用钢笔工具绘制直线段，具体操作方法如下。

01 设置舞台背景

为了便于演示，将舞台的背景颜色设置为黑色。

02 设置钢笔工具属性

在工具栏中选择钢笔工具，打开"属性"面板，对其属性进行设置。

03 绘制线段

①在舞台中单击，确定第一个锚点的位置。②随着鼠标指针的移动将出现一条线段，单击确定第二个锚点。

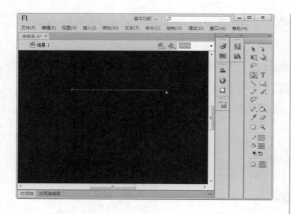

04 绘制闭合路径

①重复以上操作，绘制多条连续的线段。②当将鼠标指针移至第一个锚点的位置时，指针右侧会出现一个小圆圈，单击即可绘制一个闭合路径。

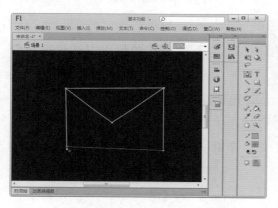

以上绘制的是一个闭合路径，这样的路径可以为其填充颜色。若要绘制一个开放的路径，可以通过以下方式来结束路径的绘制。

- 在绘制多条线段最后一个锚点时。
- 再次在工具箱中选择钢笔工具，或按【P】键。
- 按住【Ctrl】键的同时在舞台的空白处单击。

另外，在绘制过程中选择"编辑"|"取消全选"命令，或在工具箱中选择其他工具，也可以结束绘制工作。

若在绘制结束后想要在原有的路径上继续进行绘制，可将鼠标指针指向原路径的起始点或结束点，当指针变为形状时单击，就可以继续绘制路径了。

（2）使用钢笔工具绘制曲线

下面将介绍如何使用钢笔工具绘制曲线段，具体操作方法如下。

01 绘制曲线

使用钢笔工具绘制曲线的方法和绘制直线的方法类似，唯一不同的是，在确定线段的锚点时，需要按住鼠标左键并拖动，而不是单击。

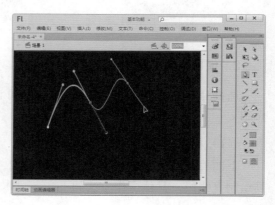

02 绘制直线

若在绘制曲线的过程中想要绘制直线，则将鼠标指针移至最近一个锚点处，待指针变为形状时单击并拖动鼠标，再在舞台的其他位置单击即可。

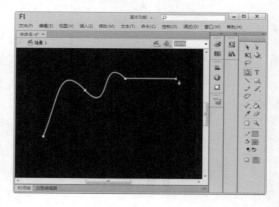

3．调整锚点

（1）添加和删除锚点

下面将通过实例介绍如何使用钢笔工具添加和删除锚点，具体操作方法如下。

01 添加锚点

①在钢笔工具上按住鼠标左键不放，在打开的工具列表框中选择添加锚点工具 或按【=】键，调用该工具。②将鼠标指针移至舞台上，待其右侧出现"+"号时单击，即可添加一个锚点。

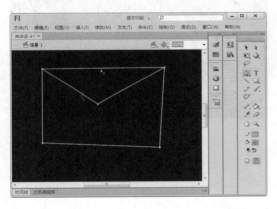

02 删除锚点

①在钢笔工具列表框中选择删除锚点工具或按【-】键，调用该工具。②将鼠标指针移至已有的锚点上，待其右侧出现一个"-"号时单击，即可删除一个锚点。

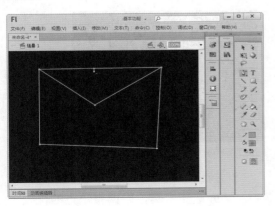

（2）使用转换锚点工具

在介绍转换锚点工具之前，先来认识Flash中都有哪些锚点。在Flash中有3种类型的锚点：无曲率调杆的锚点（角点），两侧曲率一同调节的锚点（平滑点）和两侧曲率分别调节的锚点（平滑点）。锚点之间的线段被称为片段，如下图所示。

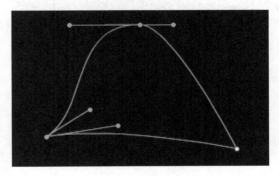

在钢笔工具列表框中选择转换锚点工具 或按【C】键，即可调用该工具。使用转换锚点工具，可以在3种锚点之间进行相互转换。

- 无曲率调杆锚点：又称角点，使用部分选择工具只能移动其位置，无法调节曲率。

- 两侧曲率一同调节的锚点：使用部分选择工具拖动其控制杆上的一个控制点时，另一个控制点也会随之移动，它可以调节曲线的曲率，但这种节点一般很难控制。

- 两侧曲率分别调节的锚点：这种锚点两侧的控制杆可以分别进行调整，可以灵活地控制曲线的曲率。

01 平滑点转换为角点

①选择转换锚点工具。②单击两侧曲率一同调节或两侧曲率分别调节的方式，使其转换为无曲率的锚点。

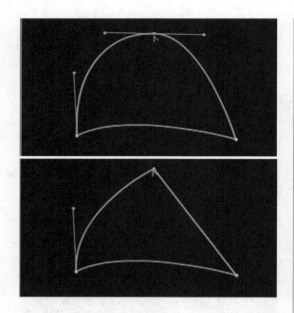

02 角点转化为平滑点

①单击无曲率的锚点。②按住鼠标左键并拖动，将其转换为两侧曲率一同调节的锚点，角点转换为两侧曲率统一调节的平滑点。

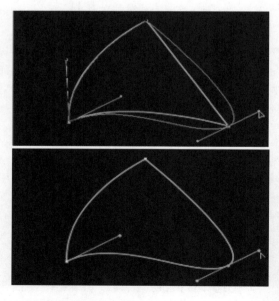

03 平滑点的转换

①使用转换锚点工具拖动两侧曲率一同调节的锚点的控制杆，将其转换为两侧

曲率分别调节的锚点，两侧曲率一同调节的平滑点转换为两侧曲率分别调节的平滑点。

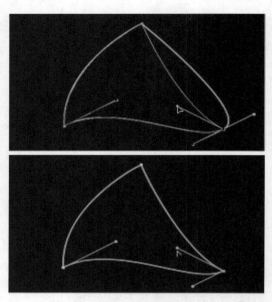

4．钢笔工具组的交互用法

（1）钢笔工具的交互

在使用钢笔工具进行绘图的过程中，可以使用其交互用法以提高绘图效率。下面将介绍其具体应用。

● 按住【Alt】键，可以将其转换为转换锚点工具，以调整曲率和转换锚点，如下图所示。

● 按住【Ctrl】键，可以将其转换为部分选择工具，以调整锚点的位置和

曲线的曲率，如下图所示。

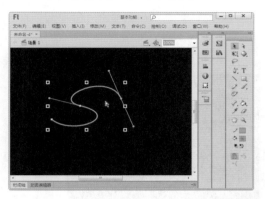

- 按【Ctrl+Alt】组合键，可以进行添加和删除锚点的操作，如下图所示。

（2）添加锚点工具/删除锚点工具的交互

在工具箱中选择添加锚点工具后，也可以对其进行交互使用，下面将介绍其具体应用。

- 按住【Alt】键，添加锚点的操作将变为删除锚点。
- 按住【Ctrl】键，可以将其转换为部分选择工具，以调整锚点的位置和曲线的曲率。
- 按住【Ctrl+Alt】组合键，可以进行添加或删除锚点操作。

删除锚点工具的交互和添加锚点工具类似，只是在按住【Alt】键时，删除锚点的操作将变为添加锚点。

（3）转换锚点工具的交互

在工具箱中选择转换锚点工具后，也可以对其进行交互使用，下面将介绍其具体应用。

- 按住【Alt】键，可以对锚点进行复制操作，如下图所示。

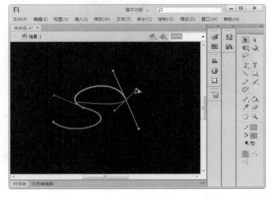

- 按住【Ctrl】键，可以将其转换为部分选择工具，以调整锚点的位置和曲线的曲率。
- 按【Ctrl+Alt】组合键，可以进行添加或删除锚点的操作。

下面根据钢笔工具的交互用法来绘制心形，具体操作方法如下。

01 确定第一个锚点

①在工具栏中选择钢笔工具。②在舞台中单击并向左上方拖动鼠标，确定第一个锚点。

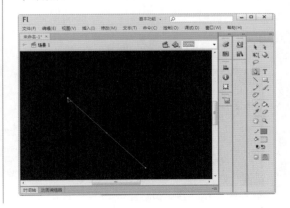

02 拖动鼠标

在舞台的合适位置单击，并向右下方拖动鼠标。

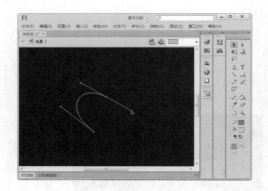

03 转换锚点

①按住【Alt】键并向右上方拖动鼠标。②将两侧曲率一同调节的锚点转换为两侧曲率分别调节的锚点。

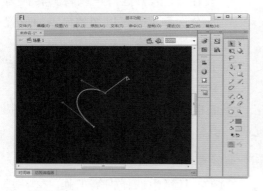

04 闭合图形

将鼠标指针指向起始点，待其下方出现一个小圆圈时，单击并向左下方拖动鼠标。

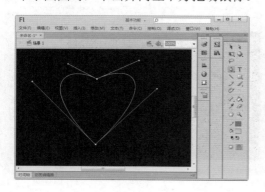

05 调节节点位置

按住【Ctrl】键，调节下方节点的位置。

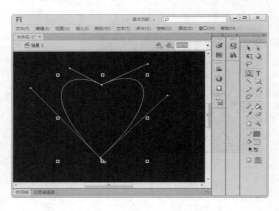

06 调整曲线曲率

按住【Alt】键，调节每个锚点的控制杆，改变曲线的曲率。

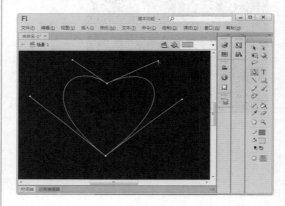

07 查看调整效果

整体调节完毕后，查看调整效果。

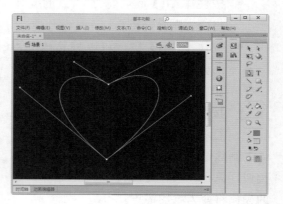

08　查看图形效果

在工具栏中选择选择工具，在舞台空白处单击取消选择，查看图形效果。

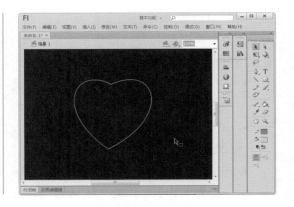

3.2.2　文本工具

在Flash CS6中，使用文本工具可以制作出特定的文字动画效果。选择工具箱中的文本工具 **T** 或按【T】键，即可调用该工具。文本工具的属性面板如右图所示。在"属性"面板中单击"文本引擎"下拉按钮，在打开的下拉列表框中也可以选择所需要的文本类型，也可以通过文本属性对文本进行相应的设置。

1．Flash文本的类型

在Flash中包括两种文本引擎：传统文本和TLF文本。这两种文本引擎又分别包含不同的文本类型，其中传统文本有3种文本类型：静态文本、动态文本和输入文本。TLF文本也包含3种类型：只读、可选和可编辑。

（1）传统文本

传统文本是Flash中的早期文本引擎，在Flash CS6中仍然可用，但随着用户的需要，其将会被TLF文本引擎替代。传统文本包含以下几种文本类型，如右图所示。

- 静态文本：只能通过Flash创作工具来创建，在某种意义上是一幅图片。无法使用ActionScript创建静态文本实例，不具备对象的基本特征，没有自己的属性和方法，也无法对其命名，所以也无法通过编程制作动画。
- 动态文本：包含外部源（如文本文件、XML文件及远程Web服务）加载的内容。动态文本足够强大，但并不完美，只允许动态显示，不允许动态输入。
- 输入文本：指用户输入的任何文本或用户可以编辑的动态文本。

（2）TLF文本

TLF文本引擎具有比传统文本引擎更加强大的功能，包含以下几个文本类型，如右图所示。

- 只读：当作为SWF文件发布时，此文本无法选中或编辑。
- 可选：当作为SWF文件发布时，此文本可以选中并可以复制到剪贴板中，但不可以编辑。
- 可编辑：当作为SWF文件发布时，此文本可以选中并编辑。

TLF文本支持更多丰富的文本布局功能和对文本属性的精细控制，加强了对文本的控制。如下图所示即为TLF文本。

TLF文本与传统文本相比，其增强了以下几种功能。

- 更多字符样式：包括行距、连字、加亮颜色、下画线、删除线、大小写和数字格式等。
- 更多段落样式：包括通过栏间距支持多列、末行对齐选项、边距、缩进、段落间距和容器填充值等。
- 控制更多亚洲字体属性：包括直排内横排、标点挤压、避头尾法则类型和行距模型等。
- 应用多种其他属性：可以为TLF文本应用3D旋转、色彩效果及混合模式等属性，而无须将TLF文本放置在影片剪辑元件中。
- 文本可按顺序排列在多个文本容器中：这些容器称为串接文本容器或链接文本容器，创建后文本可以在容器中进行流动。
- 支持双向文本：其中从右到左的文本可以包含从左到右文本的元素。当遇到在阿拉伯语或希伯来语文本中嵌入英语单词或阿拉伯数字等情况时，此功能必不可少。

2. Flash文本的方向

根据用户不同的需要，所输入的文本方向也是不一样的。TLF文本和传统文本的方向选项是大同小异的。

（1）传统文本

传统文本的方向选项如右图所示，各选项的
含义如下。

- 水平：选择此选项，输入的文本是按水平方向显示的，如下图所示。

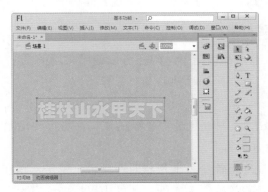

- 垂直：选择此选项，输入的文本是按垂直方向显示的，如下图所示。

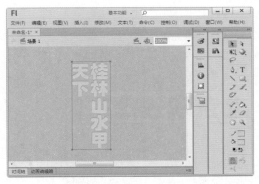

- 垂直，从左向右：选择此选项，输入的文本是按垂直居左方向显示的，如下图
  所示。

（2）TLF文本

TLF文本的方向选项如下图所示，各选项的含义如下。

- 水平：选择此选项，输入的文本是按水平方向显示的。
- 垂直：选择此选项，输入的文本是按垂直方向显示的。

3．Flash文本的创建与编辑

Flash文本的创建与编辑都很简单，同样可以使用常用的文字处理方法来编辑Flash中的文本，如"剪切"、"复制"和"粘贴"命令等。

（1）创建文本

创建文本有两种方法，一种是创建可扩展的文本，另一种是限制范围的文本。

- 创建扩展文本的方法如下。

选择文本工具，当鼠标指针变为 ⁺ₜ 形状时在舞台上单击，将在该位置出现一个右上角带有圆圈的文本输入框，直接输入文本即可。使用鼠标拖动右上角的圆圈可以调整文本字段的宽度，圆圈变为方框，如下图所示。

- 创建限制范围文本的方法如下。

选择文本工具，在舞台上单击并拖动鼠标，出现一个右上角带有方框的文本输入框，直接输入文本即可。输入的文本将位于文本框设定范围内，并且会自动换行。拖动右上角的方框，可以调整文本字段的宽度，如下图所示。

（2）编辑文本

双击文本对象，文本对象上将出现一个实线黑框，如下图（左）所示。此时文本被选中，可以对文本进行添加和删除操作。

编辑完成后，单击舞台空白处，即可退出文本内容编辑模式，文本外的黑色实线框消失，如下图（右）所示。

3.2.3　线条工具

线条工具用于绘制直线，选择工具箱中的线条工具￥或按【N】键，即可调用该工具。调用线条工具后鼠标指针变为十形状，单击并拖动鼠标即可绘制出一条直线，如下图（左）所示。

此时绘制出的直线笔触颜色和笔触高度为系统默认值，通过"属性"面板可以对线条工具的相应属性进行设置，如下图（右）所示。

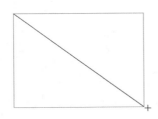 

3.2.4　矩形工具组

在工具箱中单击矩形工具组并按住鼠标左键不放，便会弹出工具列表框。其中包含5个常用工具，分别为矩形工具、椭圆工具、基本矩形工具、基本椭圆工具和多角星形工

具，如右图所示。这些工具主要用于绘制一些基本几何
图形，如圆形、长方形、扇形和多边形等。下面对其使
用方法分别进行介绍。

1．矩形工具

在工具箱中选择矩形工具▢或按【R】键，即可调用该工具。将鼠标指针置于舞台
中，光标就会变为十字形状，单击并拖动鼠标即可以单击处为一个角点绘制出一个矩形，
如下图（左）所示。

按住【Shift】键的同时拖动鼠标，可以绘制正方形。按住【Alt】键的同时拖动鼠
标，可以以单击处为中心进行绘制。按住【Shift+Alt】组合键的同时拖动鼠标，则可以以
单击处为中心绘制正方形，如下图（右）所示。

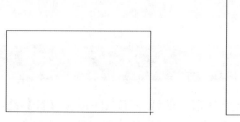

在绘制矩形前，可以对矩形工具的参数进行设置，以绘制出自己需要的图形。下面将
通过实例来介绍如何设置矩形工具的属性，具体操作方法如下。

01 打开属性面板

①设置舞台背景颜色。②按【R】键
调用矩形工具，然后打开"属性"面板。

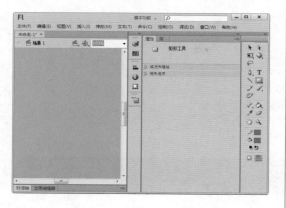

02 设置填充与笔触

①设置笔触颜色和填充颜色均为紫

色。②设置"笔触"高度数值为1。③设
置笔触"样式"为"点刻线"。

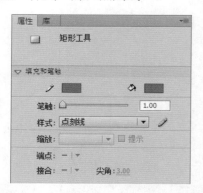

03 设置矩形选项

①单击"解锁"按钮🔗，分别对矩形
的4个边角半径进行调整。②在4个"矩形
边角半径"文本框中分别输入数值。

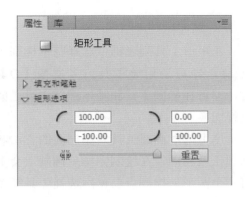

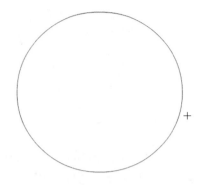

04 绘制形状

将鼠标指针移至舞台中,当其变为十字形状时,按住【Shift】键的同时单击并拖动鼠标。松开鼠标左键和【Shift】键,查看绘制的形状。

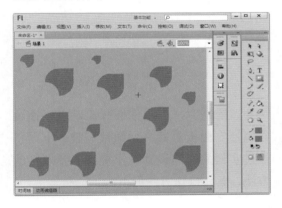

2. 椭圆工具

在矩形工具列表框中选择椭圆工具⊙或按【O】键,即可调用该工具。绘制椭圆的方法和绘制矩形的方法类似,选择椭圆工具后,将鼠标指针移至舞台中,单击并拖动鼠标即可绘制出一个椭圆。

若在绘制时按住【Shift】键不放,还可以绘制出一个正圆;若在绘制时按住【Alt】键不放,则可以以单击处为圆心进行绘制;若在绘制时按住【Alt+Shift】组合键不放,则可以以单击处为圆心绘制正圆,如下图所示。

椭圆工具对应的"属性"面板和矩形工具的类似,选择椭圆工具后,可在"属性"面板中进行相关设置,包括起始角度、结束角度、内径及闭合路径等参数,如下图所示。

3. 基本矩形工具

在矩形工具列表框中选择基本矩形工具,即可调用该工具。多次按【R】键,可以在矩形工具和基本矩形工具之间进行切换。

使用基本矩形工具绘制矩形的方法和矩形工具相同,只是在绘制完毕后矩形的4个角上会出现4个圆形的控制点,使用选择工具拖动控制点可以调整矩形的圆角半径,如下图所示。

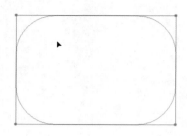

当绘制完一个基本矩形后，可以通过其"属性"面板对基本矩形的圆角半径进行调整。下面将通过实例来介绍设置基本矩形工具属性的方法。

01 绘制矩形

连续按两次【R】键，调用基本矩形工具，然后在舞台中拖动鼠标绘制出一个基本矩形。

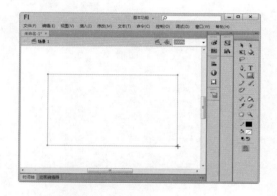

02 设置属性参数

选择绘制的基本矩形，然后打开"属性"面板，在其中可以进行参数设置。

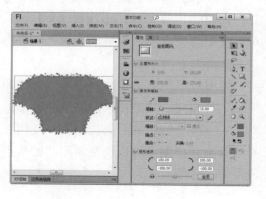

4．基本椭圆工具

在矩形工具列表框中选择基本椭圆工具 ，即可调用该工具。多次按【O】键，即可在椭圆工具和基本椭圆工具之间进行切换。

使用基本椭圆工具绘制椭圆的方法和椭圆工具相同，在绘制完毕后椭圆上会多出几个圆形的控制点。使用选择工具拖动控制点可以对椭圆的起始角度、结束角度和内径分别进行调整，如下图所示。

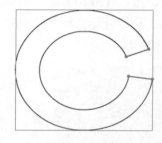

当绘制完一个基本椭圆后，可以通过"属性"面板对其进行细致调整。下面将通过实例来介绍设置基本椭圆工具属性的方法，具体操作方法如下。

01 绘制基本椭圆

①连续按两次【O】键，调用基本椭圆工具。②在舞台中按住鼠标左键并拖动，绘制出一个基本椭圆。

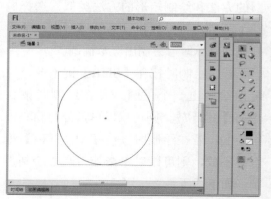

02 设置参数

①使用选择工具选择绘制的基本椭圆。
②打开"属性"面板,进行参数设置。

03 查看图形效果

在舞台的空白处单击,即可取消选择,查看绘制的图形效果。

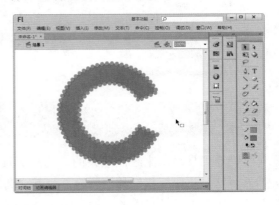

5. 多角形工具

多角星形工具用来绘制规则的多边形和星形,在使用该工具前需要对其属性进行相关设置,以绘制出自己需要的形状。在矩形工具列表框中选择多角星形工具 ○,即可调用该工具。

选择矩形工具列表框中的多角星形工具 ○,在舞台中单击并拖动鼠标,然后松开鼠标,即可绘制出一个多角星形,如下图(左)所示。

打开"属性"面板,可以对其中的参数直接进行修改,如下图(中)所示。按住【Alt】键的同时单击并拖动鼠标,可以中心的方式进行绘制;按住【Shift】键的同时向下或向上拖动鼠标,可将多边形的边置于水平或垂直方向上,如下图(右)所示。

  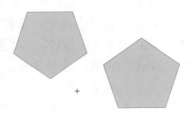

调用多角形工具,打开其"属性"面板,单击"选项"按钮,弹出"工具设置"对话框。在"样式"下拉列表框中选择"星形"选项,如下图(左)所示。将鼠标指针移至舞台中,单击并拖动鼠标,即可绘制出一个五角星,如下图(中)所示。

在"工具设置"对话框中,"星形顶点大小"参数的取值范围为0~1,数值越大,顶点的角度就越大。当输入的数值超过其取值范围时,系统自动会以0或1来取代超出的数值,如下图(右)所示。

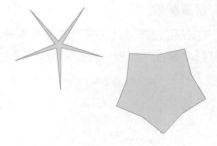

3.2.5 铅笔工具

铅笔工具是用来绘制线条的。选择工具箱中的铅笔工具 或按【V】键，即可调用该工具，这时将鼠标指针移至舞台，当其变为 形状时即可绘制线条。它所对应的"属性"面板和线条工具是相同的，如下图（左）所示。

铅笔工具有3种模式，选择铅笔工具后，在其选项组中单击"铅笔模式"按钮，将弹出工具列表，如下图（右）所示。下面分别对这3种模式进行简要介绍。

- "伸直"模式：选择该模式，绘制出的线条将转化为直线，即降低线条的平滑度。选择铅笔工具后，在舞台中单击并拖动鼠标绘制图形，松开鼠标后曲线部分将转化为连续的线段，如下图（左）所示。
- "平滑"模式：选择该模式，可以将绘制的线条自动平滑，即增加平滑度，如下图（中）所示。
- "墨水"模式：选择该模式，绘制出的线条基本上不做任何处理，即不会有任何变化，如下图（右）所示。

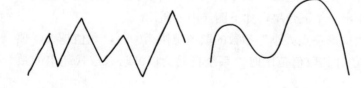
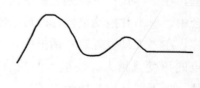

3.2.6 刷子工具组

在Flash CS6中，刷子工具组也是经常使用的，其中包含两种工具，分别是刷子工具和喷涂刷工具，如右图所示。

1. 刷子工具

使用刷子工具绘制的图形是被填充的，利用这一特性可以绘制出具有书法效果的图形。选择刷子工具 ✎ ，即可调用该工具。在使用它之前，需要对其属性进行设置，打开"属性"面板，可以调整其平滑度、填充和笔触，如下图（左）所示。

在刷子工具的选项组中，可以设置刷子的模式、大小和形状。单击"刷子模式"按钮 ⊘ 、"刷子大小"按钮 ·. 或"刷子形状"按钮 ● ，即可弹出其下拉列表，如下图（右）所示。

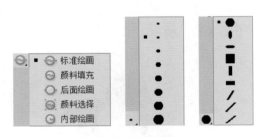

在Flash CS6中提供8种刷子大小和9种刷子形状，通过刷子大小和刷子形状的巧妙组合，就可以得到各种各样的刷子效果，如下图所示。

单击选项组中的"刷子模式"按钮 ⊘ ，在打开的下拉列表框中包含了"标准绘画"、"颜料填充"、"后面绘画"、"颜料选择"和"内部绘画"5种模式。选择不同的模式，可以绘制出不同的图形效果。各种模式的含义如下。

- "标准绘画"模式：选择该模式，使用刷子工具绘制出的图形将完全覆盖矢量图形的线条和填充，如下图（左）所示。

- "颜料填充"模式：选择该模式，使用刷子工具绘制出的图形只覆盖矢量图形的填充部分，而不会覆盖线条部分，如下图（中）所示。
- "后面绘画"模式：选择该模式，使用刷子工具绘制出的图形将从矢量图形的后面穿过，而不会对原矢量图形造成任何影响，如下图（右）所示。

- "颜料选择"模式：选择该模式，只有在选择了矢量图形的填充区域后才能使用刷子工具，如果没有选择任何区域，将无法使用刷子工具在矢量图形上进行绘画，如下图（左）所示。
- "内部绘画"模式：选择该模式后，使用刷子工具只能在封闭的区域内绘画，如下图（右）所示。

2. 喷涂刷工具

喷涂刷工具可以用来创建一些喷涂的效果。可以使用库中已有的影片剪辑元件来作为喷枪的图案。如右图所示为其"属性"面板。各选项的含义如下。

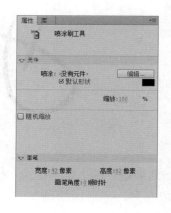

- 颜色选取器：位于"编辑"按钮下方的颜色块，用于喷涂刷喷涂粒子的填充色设置。当使用库中的元件图案喷涂时，将禁用颜色选取器。
- 缩放宽度：表示喷涂笔触（当选用喷涂刷工具并且第一次单击编辑舞台时的笔触形状）的宽度

值，比如设置为10%，表示按默认笔触宽度尺寸的10%来设置；设置为200%，表示按默认笔触宽度的200%喷涂。

- 随机缩放：将基于元件或默认形态的喷涂粒子喷在画面中，其笔触的颗粒大小呈随机大小出现。简单来说就是有大有小不规则地出现。
- 画笔角度：调整旋转画笔的角度。

下面将通过实例来介绍如何使用喷涂刷工具，具体操作方法如下。

01 制作天空背景

①使用矩形工具绘制一个大于舞台的矩形。②设置渐变填充，由灰色到白色，制作出天空的背景。

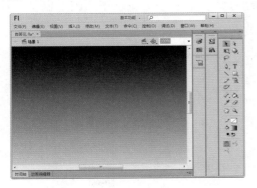

02 设置工具属性

选择喷涂刷工具，打开其"属性"面板，设置颜色为白色，选择"随机缩放"复选框。

03 创建喷涂图形

按下鼠标左键并拖动，在舞台上创建喷涂图形。

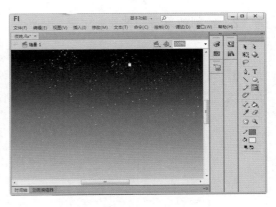

04 添加背景图片

①选择"文件"|"导入"|"导入到舞台"命令，添加其他背景图片，如楼房、恒星等。②用椭圆工具绘制一轮明月，查看最终效果。

3.2.7　Deco工具

Deco工具是Flash CS6中一种类似"喷涂刷"的填充工具。使用Deco工具可以快速完成大量相同元素的绘制，也可以使用它制作出很多复杂的动画效果。将其与图形元件和影片剪辑元件配合，可以制作出效果更加丰富的动画效果。

选择Deco工具，打开其"属性"面板，高级选项会随着选择的不同绘制的效果也不同。下面将简要介绍Deco工具的两个属性。

1. 高级选项

通过设置高级选项，可以实现不同的绘制效果，如下图（左）所示为"绘制效果"选择"藤蔓式填充"的高级选项。

2. 绘制效果

在Flash CS6中，一共提供了13种绘制效果，其中包括藤蔓式填充、网格填充、对称刷子、3D刷子、建筑物刷子、装饰性刷子、火焰动画、火焰刷子、花刷子、闪电刷子、粒子系统、烟动画和树刷子，如下图（右）所示。

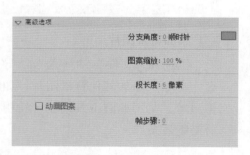
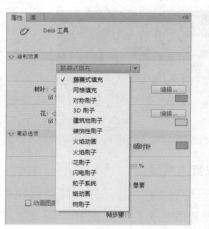

- 藤蔓式填充：使用藤蔓式填充，可以用藤蔓式图案填充舞台、元件或封闭区域。通过从库中选择元件，可以替换叶子和花朵的插图。生成的图案将包含在影片剪辑中，而影片剪辑本身包含组成图案的元件，如下图（左）所示。
- 网格填充：使用网格填充可以把基本图形元素进行复制，并有序地排列到整个舞台上，产生类似壁纸的效果，如下图（右）所示。

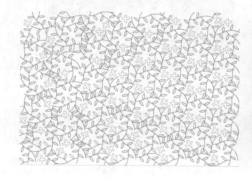

- 对称刷子：使用对称刷子可以围绕中心点对称排列元件。在舞台上绘制元件时，将显示手柄，使用手柄增加元件数、添加对称内容或修改效果来控制对称效果。使用对称刷子可以创建圆形用户界面元素（如模拟钟面或刻度盘仪表）和漩涡图案，如下图（左）所示。
- 3D刷子：使用3D刷子可以在舞台上对某个元件的多个实例涂色，使其具有3D透视效果，如下图（右）所示。

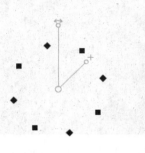

- 建筑物刷子：使用建筑物刷子可以在舞台上绘制建筑物，建筑物的外观取决于建筑物属性选择的值，如下图（左）所示。
- 装饰性刷子：使用装饰性刷子可以绘制装饰线，如点线、波浪线及其他线条，如下图（右）所示。

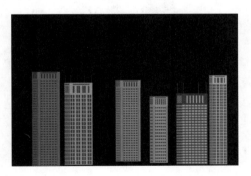

- 火焰动画和烟动画：应用火焰动画和烟动画都可以创建程序化的逐帧动画，如下图（左）所示。
- 火焰刷子：借助火焰刷子，可以在时间轴的当前帧中的舞台上绘制火焰，如下图（右）所示。

- 花刷子：使用花刷子，可以在时间轴的当前帧中绘制程式化的花，如下图（左）所示。
- 闪电刷子：使用闪电刷子，可以创建闪电效果，还可以创建具有动画效果的闪电，如下图（右）所示。

 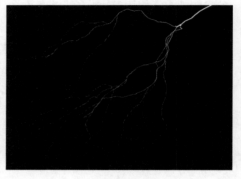

- 粒子系统：使用粒子系统，可以创建火、烟、水、气泡及其他效果的粒子动画，如下图（左）所示。
- 树刷子：通过树刷子，可以快速创建树状插图，如下图（右）所示。

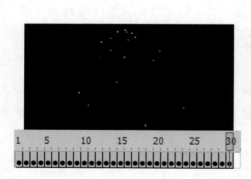 

3.3 填充工具

在Flash CS6中，填充工具主要是给绘制完成的图形填充颜色，使其更加生动，丰富多彩。

在工具箱的填充工具组中有4个工具，分别为骨骼工具组、颜料桶工具组、滴管工具和橡皮擦工具，如右图所示。

3.3.1 骨骼工具

骨骼工具用来制作反向运动动画，使用它可以将元件连接起来，形成父子关系。也可以使用骨骼工具在形状内部绘制骨骼，使用骨骼工具组中的绑定工具来调整骨骼与形状控制点间的连接，以获得满意的动画效果。如右图所示为骨骼工具组。

有关骨骼工具的使用方法将在后面的动画章节中进行详细介绍，在此不再赘述。

3.3.2　颜料桶工具组

颜料桶工具组包含颜料桶工具和墨水瓶工具，如右图所示。下面将分别介绍这两个工具的使用方法。

1．颜料桶工具

使用颜料桶工具可以对封闭的区域填充颜色，也可以对已有的填充区域进行修改。选择工具箱中的颜料桶工具 或按【K】键，即可调用该工具。打开其"属性"面板，只有"填充颜色"可以修改，如下图（左）所示。

选择颜料桶工具，单击其选项组中的"空隙大小"下拉按钮，在打开的下拉列表框中选择不同的选项，可以对封闭区域或带有缝隙的区域进行填充，如下图（右）所示。其中各选项的含义如下。

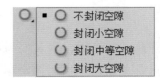

- 不封闭空隙：默认情况下选择的是该选项，表示只能对完全封闭的区域填充颜色。
- 封闭小空隙：表示可以对有极小空隙的未封闭区域填充颜色。
- 封闭中等空隙：表示可以对有比上一种模式略大的空隙的未封闭区域填充颜色。
- 封闭大空隙：表示可以对有较大空隙的未封闭区域填充颜色。

（1）填充颜色

下面将通过实例介绍如何使用颜料桶工具填充颜色，具体操作方法如下。

◎光盘：素材文件\第3章\06.fla

01 打开素材文件

打开"光盘：素材文件\第3章\06.fla"文件。

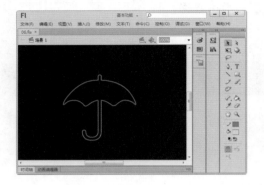

02 选择填充颜色

①按【K】键调用颜料桶工具，打开"属性"面板，单击"填充颜色"按钮。②在打开的调色板中选择一种颜色。

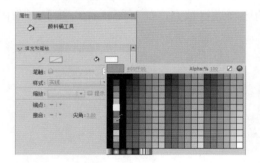

03 填充颜色

将鼠标指针移至舞台中，当其变为 ◊ 形状时在图形内部单击，即可为图形填充纯色。

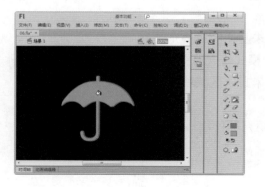

（2）填充位图

◎ 光盘：素材文件\第3章\06.jpg

下面将通过实例介绍如何使用颜料桶工具填充位图，具体操作方法如下。

01 选择"导入到库"命令

选择"文件"|"导入"|"导入到库"命令。

02 导入素材

①弹出"导入到库"对话框，选择素材文件。②单击"打开"按钮。

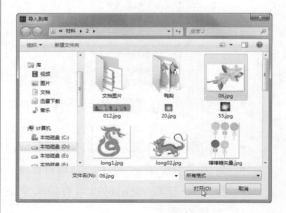

03 选择位图填充

按【Shift+F9】组合键，打开"颜色"面板，在"类型"下拉列表框中选择

"位图填充"选项，在面板下方显示该位图图像。

04 选择填充位图

选择颜料桶工具，将鼠标指针移至"颜色"面板中，选择要使用的位图。

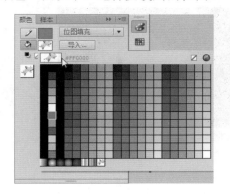

05 填充位图

将鼠标指针移至舞台上要填充的区域并单击，查看填充位图效果。

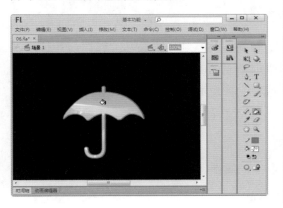

2．墨水瓶工具

墨水瓶工具可以用来改变线条颜色、宽度和类型，还可以为只有填充的图形添加边缘线条。选择工具箱中的墨水瓶工具 或按【S】键，即可调用该工具。在其"属性"面板中可以进行相关设置，如右图所示。

下面将通过实例介绍如何使用墨水瓶工具进行填充，具体操作方法如下。

01 设置参数

选择多角星形工具，打开其"属性"面板，设置"笔触颜色"为没有颜色，"填充颜色"为红色，"笔触"为2.5。

02 工具设置

①单击"属性"面板中的"选项"按钮，弹出"工具设置"对话框，设置相关

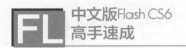
参数。②单击"确定"按钮。

03 绘制星形

在舞台中单击并拖动鼠标，即可绘制出一个星形形状。

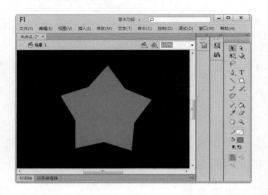

04 设置参数

按【S】键调用墨水瓶工具，在其"属性"面板中设置相关参数。

05 添加线条

将鼠标指针移至舞台中，并在所绘制图形的内部或边缘处单击，为其添加线条。

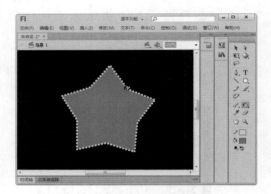

> **高手指点** 使用墨水瓶工具修改线条颜色的方法与使用颜料桶工具修改填充颜色的方法相似，在此不再赘述。

3.3.3 滴管工具

使用滴管工具可以吸取线条的笔触颜色、笔触高度及笔触样式等基本属性，并且可以将其应用于其他图形的笔触。同样，它也可以吸取填充的颜色或位图等信息，并将其应用于其他图形的填充。该工具没有与其对应的"属性"面板和功能选项区。选择工具箱中的滴管工具 或按【I】键，即可调用该工具。

1. 吸取笔触属性

下面将通过实例介绍如何使用滴管工具吸取笔触属性，具体操作方法如下。

◎ 光盘：素材文件\第3章\07.fla

01 打开素材文件

打开"光盘：素材文件\第3章\07.fla"文件。

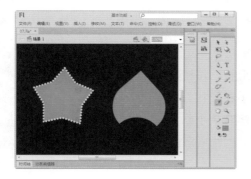

02 使用滴管工具

①选择滴管工具。②将鼠标指针移至星形边缘，当其变为 形状时单击。

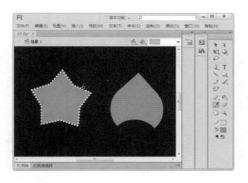

03 使用墨水瓶工具

滴管工具自动转换为墨水瓶工具，鼠标指针变成墨水瓶的形状。将鼠标指针移至圆形的边缘处单击，即可将星形的笔触样式应用到圆形的笔触上。

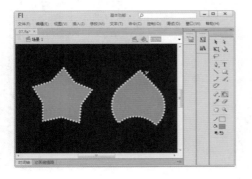

高手指点

也可以在圆形的填充部分单击，为其添加线条。滴管工具可以吸取形状、位图，以及绘制对象等对象的笔触和填充属性，但不可以吸取实例的笔触和填充属性。

2．吸取填充属性

下面将通过实例介绍如何使用滴管工具吸取填充属性，具体操作方法如下。

01 吸取填充颜色

①选择滴管工具。②将鼠标指针移至星形的填充区域，当其变为 形状时单击。

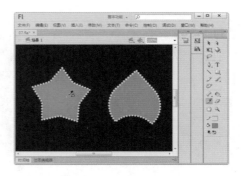

02 填充颜色

滴管工具自动转换为颜料桶工具，鼠标指针变为 形状时，将鼠标指针移至需要填充的区域并单击，将星形的填充样式应用到另一图形中。

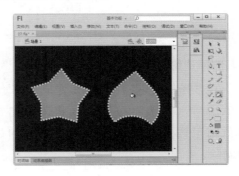

3.3.4 橡皮擦工具

橡皮擦工具就像现实中的橡皮擦一样，用于擦除舞台中的矢量图形。选择工具箱中的橡皮擦工具❨或按【E】键，即可调用该工具。

1．修改橡皮擦形状

在橡皮擦工具的功能选项组中单击"橡皮擦形状"按钮，在打开的下拉列表框中可以修改橡皮擦工具的大小和形状。系统预设了圆形和正方形两种形状，而且每种形状都有从小到大5种尺寸，如右图所示。

2．水龙头功能

在橡皮擦工具的功能选项组中单击"水龙头"按钮，将鼠标指针移至舞台上，当其变为❨形状时，在图形线条或填充上单击，即可将整个线条或填充删除。

下面将通过实例介绍如何使用橡皮擦工具的水龙头功能，具体操作方法如下。

◎ 光盘：素材文件\第3章\08.fla

01 打开素材文件

打开"光盘：素材文件\第3章\08.fla"文件。

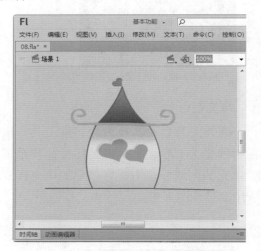

02 删除边缘

①选择橡皮擦工具。②在其选项组中单击"水龙头"按钮。③将鼠标指针移至图形边缘处单击，即可将图形的边缘删除。

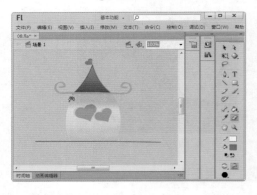

03 删除填充

将鼠标指针移至图形的填充区域后单击，即可将图形的填充部分删除。

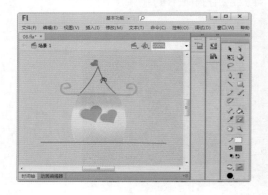

如果先选择要删除的线条和填充，再使用"水龙头"工具单击，也可以将所选的对象删除。

3．橡皮擦模式

单击橡皮擦工具选项组中的"橡皮擦模式"按钮 🖲，在打开的下拉列表框中包含了5种橡皮擦模式，分别为"标准擦除"、"擦除填色"、"擦除线条"、"擦除所选填充"和"内部擦除"模式。选择不同的模式擦除图形，就会得到不同的效果，如右图所示。

- 标准擦除：该模式为默认的模式，可以擦除橡皮擦经过的所有矢量图形，单击并拖动鼠标即可，如下图所示。

- 擦除填色：选择该模式后，只擦除图形中的填充部分而保留线条，如下图所示。

- 擦除线条：该模式和"擦除填色"模式的效果相反，保留填充而擦除线条，如下图所示。

● 擦除所选填充：选择该模式后，只擦除选区内的填充部分，如下图所示。

● 内部擦除：选择该模式后，只擦除橡皮擦落点所在的填充部分，如下图所示。

3.4 辅助工具

　　在Flash CS6中，使用其提供的辅助工具可以更方便地绘制和制作动画。下面详细介绍辅助工具的使用方法与技巧。

在工具箱的辅助工具组中有4个工具，分别为手形工具、缩放工具、笔触颜色和填充颜色，如右图所示。

3.4.1　手形工具

当舞台的空间不够大或所要编辑的图形对象过大时，可以使用手形工具移动舞台，将需要编辑的区域显示在舞台中。选择工具箱中的手形工具 或按【H】键，即可调用该工具，当鼠标指针变为 形状时按住鼠标左键并拖动，即可移动舞台，如下图所示。

在选择其他工具的情况下，按住空格键可以临时切换到手形工具，当松开空格键后又将还原为原来的状态。双击手形工具后，舞台将以适合窗口大小显示舞台。

3.4.2　缩放工具

缩放工具用于对舞台进行放大或缩小控制，选择工具箱中的缩放工具 或按【Z】键，即可调用该工具。在其选项组中有"放大" 和"缩小" 两个功能按钮，可用于放大和缩小舞台。缩放工具有3种模式，分别为"放大"、"缩小"和"局部放大"，下面将分别进行介绍。

1. 放大

选择缩放工具后，在其选项组中单击"放大"按钮 ，在舞台上单击，即可将舞台放大两倍，如下图所示。

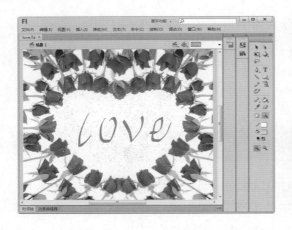

2．缩小

选择缩放工具后，在其选项组中单击"缩小"按钮🔍，在舞台上单击，即可将舞台缩小两倍，如下图（左）所示。

3．局部放大

选择缩放工具后，无论是在放大模式还是在缩小模式下，将鼠标指针移至舞台上，按住鼠标左键并拖动出一个方框，松开鼠标后即可将方框中的对象进行放大，如下图（右）所示。

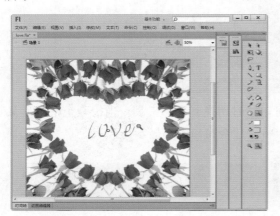

> **高手指点**
>
> 双击工具箱中的"缩放工具"按钮🔍，可以将舞台以100%显示。在对舞台进行缩放操作时，按住【Alt】键可以在放大模式和缩小模式之间临时进行切换。按【Ctrl+＋】组合键，可以将舞台放大为原来的2倍。按【Ctrl+－】组合键，可以将舞台缩小2倍。

3.4.3　笔触颜色和填充颜色

"笔触颜色"按钮 ∥■和"填充颜色"按钮 ◇□主要用于设置图形的笔触和填充颜色，单击这两个按钮即可打开调色板，从中可以选择要使用的颜色，还可以调整颜色的透明度，如下图（左）所示。

若调色板中没有所需要的颜色，可以单击其右上角的"颜色拾取"按钮 ⬤，弹出"颜色"对话框，从中选择所需的颜色，如下图（右）所示。

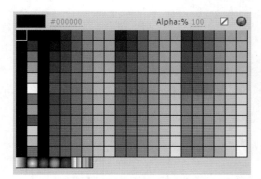
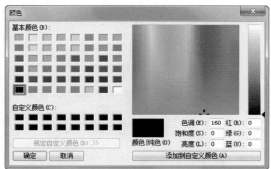

在辅助工具组中还有两个功能按钮，分别为"黑白"和"交换颜色"按钮，下面分别进行详细介绍。

- "黑白"按钮■：单击该按钮，可以使笔触颜色和填充颜色恢复为默认，即笔触颜色为黑色，填充颜色为白色。
- "交换颜色"按钮 ⬔：单击该按钮，可以将笔触颜色和填充颜色进行互换。

> **高手指点**
>
> "笔触颜色"和"填充颜色"按钮还常被用来对图形的笔触和填充颜色进行修改。首先选择要修改的笔触或填充，然后单击"笔触颜色"或"填充颜色"按钮，在打开的调色板中选择一种颜色即可。

3.5　举一反三——绘制"夜晚"图

前面已经学习了Flash CS6中各种工具的用法，下面就综合运用这些工具绘制一幅"夜晚"图。通过本实例的实战操作，使读者进一步巩固Flash工具的使用。

01 选择"保存"命令

新建Flash文档，选择"文件"｜"保存"命令。

02 保存文档

①弹出"另存为"对话框，修改文件名称。②单击"保存"按钮。

03 设置舞台颜色

打开"属性"面板，将舞台颜色修改为蓝色。

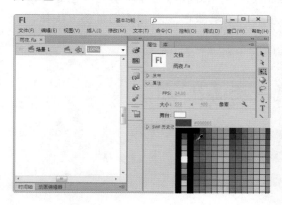

04 选择"建筑物刷子"选项

选择Deco工具，打开其"属性"面

板，在"绘制效果"下拉列表框中选择"建筑物刷子"选项。

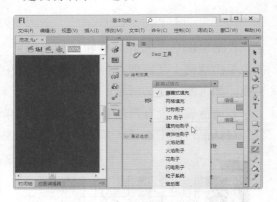

05 绘制建筑物

将鼠标指针移到舞台中，当指针变为形状时拖动鼠标绘制建筑物。

06 选择"树刷子"选项

打开Deco工具的"属性"面板，在"绘制效果"下拉列表框中选择"树刷子"选项。

07 绘制树

将鼠标指针移到舞台中，当指针变为 形状时拖动鼠标绘制树。

08 绘制月亮

使用椭圆工具绘制弯弯的月亮。

09 绘制星星

使用工具栏中的喷涂刷工具，在夜空中绘制星星。

10 查看最终效果

此时，即可查看所绘制的最终夜晚效果图。

进阶篇

第4章　在Flash中绘制
图形

第5章　使用元件、实
例和库

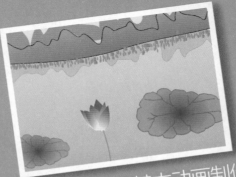

第6章　Flash基本动画制作

第 4 章

在Flash中绘制图形

在Flash CS6中能够绘制出各种精美的图形，这是制作动画的基础。本章将详细介绍
Flash图形的基础知识，认识与应用图层，并学习使用Flash CS6绘制一些简单图形的
方法。

4.1 Flash图形基础知识

在绘制图形之前，先来介绍在Flash中绘图的基础知识，如位图和矢量图的区别，Flash中支持的绘图模式，线条的优化，以及对象的组合和分离等。

4.1.1 位图与矢量图

位图和矢量图是计算机图形中的两大概念，这两种图形都被广泛应用到出版、印刷和因特网等各个领域。这两种图形在不同的场合有着各自的优缺点。下面分别对其进行简单介绍。

1. 位图

位图是由像素进行阵列排列来表现图像的，每个像素都有着自己的颜色信息。它可以很好地表现图像的细节，多用于照片、艺术绘画等，这是矢量图所无法表现的。但它的缩放性不好，当放大位图的尺寸时会影响图像的显示效果，导致图像模糊，甚至出现马赛克现象，如下图所示。

2. 矢量图

矢量图是通过数学函数来实现的，它并不像位图那样记录画面上每一个像素的颜色信息，而是记录了图像的形状及颜色的算法。当把一个矢量图形进行数倍放大以后，其显示效果仍然和原来相同，不会出现失真的情况，如下图所示。

因为无论显示画面是大还是小，画面上的对象对应的算法都是不变的，所以画面不会失真。使用Flash绘图工具绘制出的图形都是矢量图形，它的优点为：一是图像质量不受缩放比例的影响，二是文件的尺寸较小，但不适合创建连续的色调、照片或艺术绘画等，而且高度复杂的矢量图也会使文件尺寸变得很大。

3．位图和矢量图之间的转换

在Flash中可以很轻松地实现位图与矢量图之间的转换，下面将进行详细介绍。

（1）位图转换为矢量图

下面将通过实例来介绍如何将位图转换为矢量图，具作操作方法如下。

◎光盘：素材文件\第4章\01.fla

01　打开素材文件

打开"光盘：素材文件\第4章\01.fla"文件。

02　将位图转换为矢量图

①使用选择工具选择舞台中的位图。②选择"修改"|"位图"|"转换位图为矢量图"命令。

03　设置参数

①弹出"转换位图为矢量图"对话框，设置各项参数。②单击"确定"按钮。

04　放大查看图像

在舞台的空白处单击，取消选择。使用缩放工具将舞台放大，发现图像是由一块一块的颜色区域构成的。

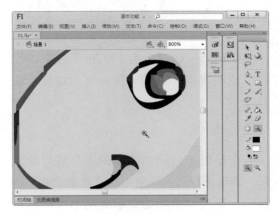

在"转换位图为矢量图"对话框中，各个选项的含义如下。

- 颜色阈值：数值越低，转换后的矢

量图形中使用的颜色就越多；数值
越高，转换后的矢量图形中使用的
颜色就越少。

- 最小区域：这是一个半径值，可以
  用像素来度量。颜色阈值用它来决
  定将哪个颜色给中心像素，并决定
  临近像素是否使用相同的颜色。

- 曲线拟合：该下拉列表框包含6个
  选项，用于控制图形轮廓的光滑程
  度。

- 角阈值：该选项和曲线拟合相似，
  用于控制图形中角的多少。

（2）矢量图转换为位图

下面将通过实例来介绍如何将矢量图
转换为位图，具作操作方法如下。

◎光盘：素材文件\第4章\02.fla

剪切图像

打开"光盘：素材文件\第4章\02.fla"
文件。使用选择工具选择舞台中的矢量
图，然后选择"编辑"|"剪切"命令或按
【Ctrl+X】组合键，剪切图像。

将矢量图转换为位图

①选择"编辑"|"选择性粘贴"命
令，弹出"选择性粘贴"对话框，选择
"设备独立位图"选项。②单击"确定"
按钮，可将矢量图转换为位图。

4.1.2　Flash CS6中的图形对象

在Flash CS6中有3种图形对象：形
状、绘制对象和原始对象，下面将逐一进
行介绍。

1. 形状

在使用工具箱中的绘图工具进行绘制
时，取消选择其选项组中的"对象绘制"按
钮 ，则绘制出来的图形就是形状。通过
"属性"面板便可以获知所选对象的类型，
将所绘制的图形选中，打开"属性"面板，
就会发现其类型为形状，如右图所示。

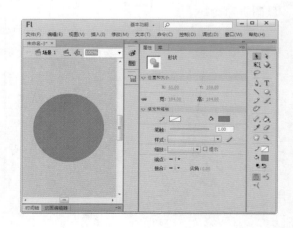

当在同一图层中绘制互相叠加的形状时，则最顶层的形状会截去在其下面与其重叠的形状。例如，使用椭圆工具绘制一个椭圆，然后使用线条工具绘制一条穿过椭圆的直线，如下图（左）所示。

　　使用选择工具依次拖动直线和椭圆，会发现椭圆和直线被分割成了几部分，如下图（右）所示。因此，形状是一种破坏性的绘制模式，该模式又称为合并绘制模式。

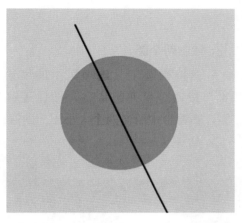
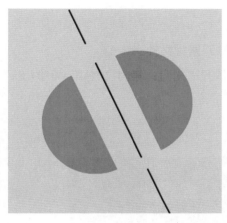

　　当形状之间进行叠加时，则不同颜色的部分将被覆盖。例如，使用刷子工具在草莓图像上绘制一个图形，如下图所示。

　　使用选择工具将绘制的图形移开，草莓图像中被覆盖的部分将会丢失，如下图所示。

　　当形状之间进行叠加时，不同的颜色会被覆盖，而相同的颜色将会融合在一起，组成一个新的图形。

　　利用图形之间的覆盖关系可以得到丰富的图形效果，在绘制矢量图形时，这一项功能十分有用。

　　下面利用这项功能绘制一个月牙的图形，具体操作方法如下。

◎光盘：素材文件\第4章\04.fla

01 打开素材文件

　　打开"光盘：素材文件\第4章\04.fla"文件。

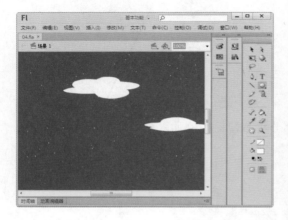

02 设置工具属性

　　选择椭圆工具，打开"属性"面板，设置椭圆的"笔触颜色"为无，"填充颜色"为黄色。

03 绘制两个圆

　　保持椭圆工具选项组中的"绘制对象"按钮○呈弹起状态，按住【Shift】键，在舞台中绘制两个大小不一的圆。

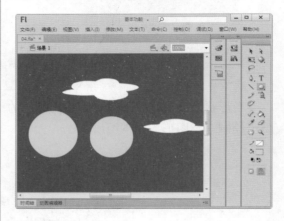

04 叠加图形

　　使用选择工具选择其中较小的圆，修改其颜色为红色，将较小的圆移至较大圆的合适位置，使其产生叠加。

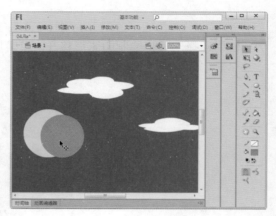

05 分开两个圆

　　使用选择工具选择并拖动较小的圆，使其远离较大的圆。由于图形之间的覆盖关系，较大的圆中被覆盖的部分丢失，从而形成月牙形状。

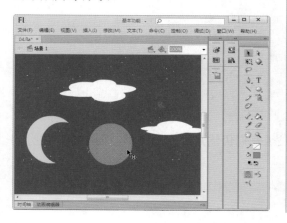

06 移动月牙

　　按【Delete】键，删除较小的圆。使用选择工具选中月牙，把其移至合适的位置。

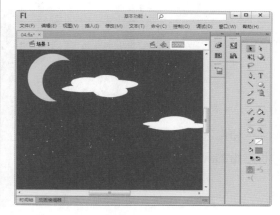

2．绘制对象

　　在使用工具箱中的绘图工具进行绘制时，单击其选项组中的"对象绘制"按钮◎或按【J】键，使其呈按下状态，则绘制出来的图形就是绘制对象，如下图所示。

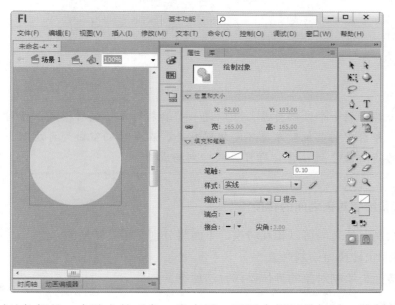

　　每个绘制对象都是一个独立的对象，当在同一图层中相互叠加时，绘制对象之间不会产生分割的现象。如使用椭圆工具绘制两个大小不一、颜色不同的圆，然后使用选择工具拖动较小的圆，并使其与较大的圆叠加，如下图所示。

使用选择工具拖动较小的圆使其分离，发现它们仍然是独立的图形，而不会产生分割和重组的现象，如下图所示。

高手指点
双击其中的一个绘制对象，可以进入"绘制对象"编辑模式，可对其进行独立的编辑，舞台中的其他对象呈不可编辑状态，在舞台的空白处再次双击，或选择舞台上方的"场景\"选项卡，即可再次回到场景中。

3．形状和绘制对象之间的转换

形状和绘制对象之间可以相互转换，下面将分别介绍其转换的方法。

（1）将形状转换为绘制对象

将形状转换为绘制对象的具体操作方法如下。

01 绘制圆形形状

①选择椭圆工具，保持其选项组中的"对象绘制"按钮 呈弹起状态。②在舞台中绘制一个圆形形状。

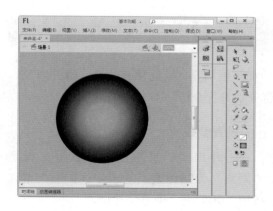

02 设置属性

①使用选择工具选中绘制的椭圆形状。②打开"属性"面板，并对其填充颜色进行相应的设置。

03 选择"联合"命令

选择"修改"|"合并对象"|"联合"命令。

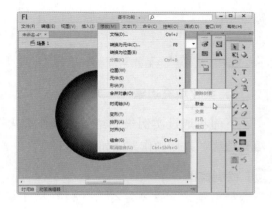

04 转换为绘制对象

此时，即可将形状转换为绘制对象。

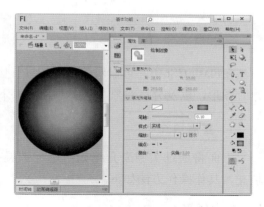

（2）将绘制对象转换为形状

将绘制对象转换为形状的具体操作方法如下。

01 分离对象

①选择要转换的绘制对象。②选择"修改"|"分离"命令。

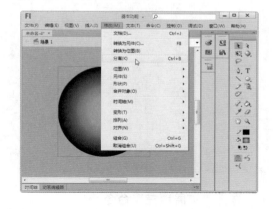

02 转换为形状

此时，即可将绘制的对象转换为形状。

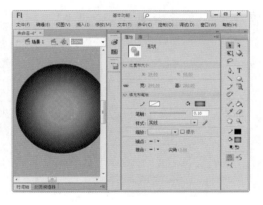

4.1.3 矢量图形的修改

在Flash CS6中，可以对矢量图形进行修改，如扩展填充、柔化填充边缘、合并对象、组合图形，以及分离对象与对齐对象等，下面将分别进行介绍。

1．扩展填充

下面将通过实例来介绍如何进行扩展填充，具作操作方法如下。

01 绘制图形

①使用矩形工具在舞台中绘制一个图形，设置4个矩形边角半径数值分别100、0、-100、100。②使用选择工具选择矩形的填充部分。

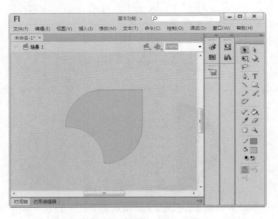

02 选择"扩展填充"命令

选择"修改"|"形状"|"扩展填充"命令。

03 设置参数

①弹出"扩展填充"对话框，设置"距离"为20像素。②选中"扩展"单选按钮。③单击"确定"按钮。

04 查看扩展填充图形

在舞台空白处单击，取消选择，查看扩展填充后的图形。

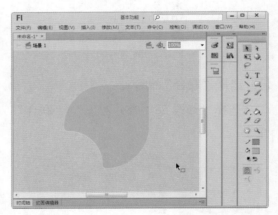

2．柔化填充边缘

下面将通过实例来介绍如何制作柔化填充边缘，具作操作方法如下。

01 绘制椭圆

使用椭圆工具在舞台中绘制多个只有填充没有线条的椭圆。

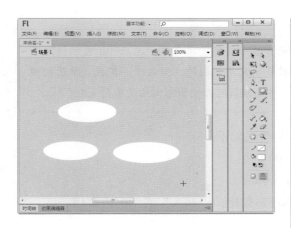

02 组成云朵

将椭圆互相叠加组成云朵,并使用选择工具将其选中。

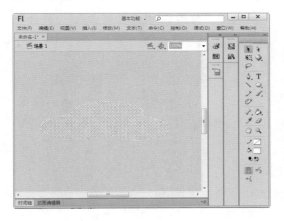

03 选择"柔化填充边缘"命令

选择"修改"|"形状"|"柔化填充边缘"命令。

04 设置柔化填充边缘参数

①弹出"柔化填充边缘"对话框,设置各项参数。②单击"确定"按钮。

05 柔化边缘

在舞台空白处单击,取消选择,会发现原图形的边缘得到了柔化。

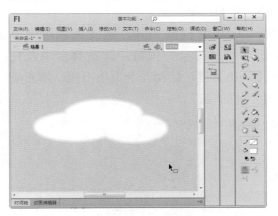

06 查看柔化边缘

使用缩放工具将柔化后的边缘放大,即可观察到柔化边缘的距离和步长数。

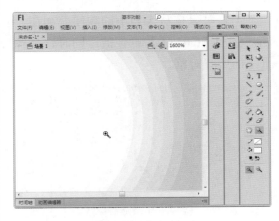

柔化边缘可以将生硬的边缘变得朦胧，而产生一定的艺术效果。在只有填充的情况下效果最好，但要注意角度的变化，这一点和扩展填充是相同的。当选择"扩展"单选按钮时会使图形的角度变得圆润，当选择"插入"单选按钮时会使图形的角度变得尖锐。

在"柔化填充边缘"对话框中，各个选项的含义如下。

- 距离：可以以"像素"为单位设置边缘的宽度。
- 步长数：设置步长值，即柔化部分由几步构成。
- 方向：设置柔化的方向，"扩展"表示向外柔化，"插入"表示向内柔化。

3．合并对象

利用"合并对象"功能可以将绘制的对象进行合并操作，从而形成特殊的图形效果。

01 绘制对象

①选择椭圆工具，在其选项组中单击"绘制对象"按钮。②在舞台中按住【Shift】键，绘制几个大小不同、填充颜色不同的圆。

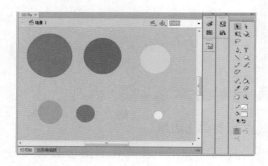

02 叠加对象

①将对象按从大到小的顺序叠加在一起。②按【Ctrl+A】组合键，同时选择舞台上的所有对象。

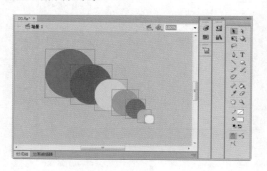

03 选择"联合"命令

选择"修改"|"合并对象"|"联合"命令。

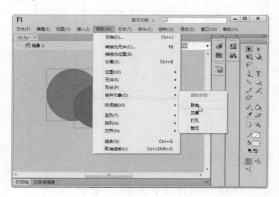

04 合并对象

此时，可以将多个绘制对象合并为单个绘制对象。

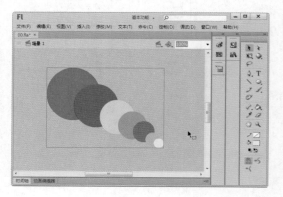

若选择"交集"命令，只保留两个或多个绘制对象相交的部分，并将其合并为单个绘制对象，如下图所示。

若选择"打孔"命令，将使用位于上层的绘制对象来删除下层绘制对象中的相应部分，并将其合并为单个绘制对象，如下图所示。

若选择"裁切"命令，将使用它们的重叠部分，而只保留下层绘制对象的相应部分，并将其合并为单个绘制对象，如下图所示。

4．组合图形

在编辑图形的过程中，若要将组成图形的多个部分或多个图形作为一个整体进行移动、变形或缩放等编辑操作，可以将其组合起来形成一个图形，然后再对其进行相应的操作，从而提高编辑效率。

◎ 光盘：素材文件\第4章\03.fla

下面将通过实例来介绍如何实现组合
图形，具作操作方法如下。

01 打开素材文件

打开"光盘：素材文件\第4章\03.fla"
文件。

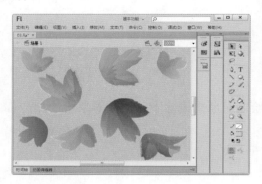

02 叠放图形

把分散的图形按顺序叠放在一起，按
【Ctrl+A】组合键，把图形全部选中。

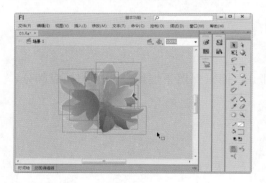

03 选择"组合"命令

选择"修改"|"组合"命令或按
【Ctrl+G】组合键。

04 组合图形

此时，即可将所选的图形进行组合。

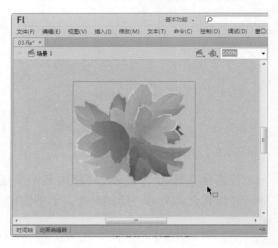

> **高手指点**
>
> 　　若要取消对图形的组合，可
> 以选择该组合图形，然后选择
> "修改"|"取消组合"命令或按
> 【Ctrl+Shift+G】组合键即可。另
> 外，选择"修改"|"分离"命令或
> 按【Ctrl+B】组合键，也可以取消对
> 图形的组合。

5．分离对象

使用"分离"命令可以将位图转换为
在Flash中可编辑的图形。

◎光盘：素材文件\第4章\06.fla

（1）分离位图

下面将通过实例来介绍如何分离位
图，具作操作方法如下。

01 选择位图

打开"光盘：素材文件\第4章\06.fla"
文件，使用选择工具选中舞台中的位图。

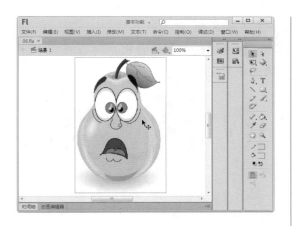

02 分离位图

选择"修改"|"分离"命令,将位图分离。

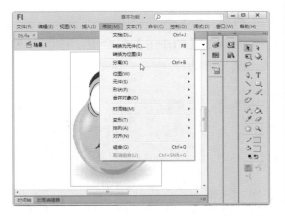

03 查看位图属性

打开"属性"面板,就会发现位图的属性变成了形状。

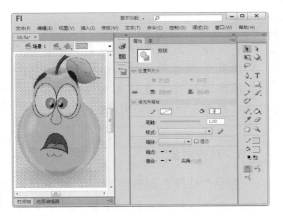

高手指点

在Flash CS6中,不管是什么类型的对象,通过"分离"命令都可以将其分离为形状。

(2)分离组

使用"分离"命令可以将位图转换为在Flash中可编辑的图形,具体操作方法如下。

◎光盘:素材文件\第4章\07.fla

01 选择组对象

打开"光盘:素材文件\第4章\07.fla"文件,使用选择工具选中舞台中的组对象。

02 取消组合

按【Ctrl+B】组合键,将组分离为独立的对象,相当于执行了"取消组合"命令。

03 分离对象

再次按【Ctrl+B】组合键，可将独立的对象分离为形状。

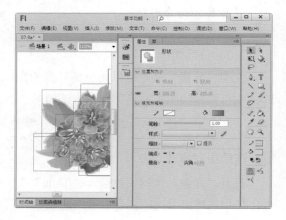

在使用"分离"命令分离对象时，实际上是将其进行一层一层的分离，并不是一下子就能够将其分离为形状的。

（3）分离文本

下面将通过实例来介绍如何实现分离文本，具作操作方法如下。

01 输入文本

①新建一个文档。②按【T】键调用文本工具，在舞台中输入文本。③使用选择工具选中文本。

02 分离文本

按【Ctrl+B】组合键，可以将文本分离为单个文本。

03 再次分离文本

再次按【Ctrl+B】组合键，可以将文本分离为形状。

将文本对象分离为形状后，便拥有了形状的一切属性，这时可以很方便地对其进行各种修改操作，以创建各种特殊的形状。

6. 对齐对象

使用"对齐"面板可以将对象与对象对齐，也可以将对象相对于舞台对齐。选

择"窗口"|"对齐"命令或按【Ctrl+K】
组合键，打开"对齐"面板，如下图
所示。

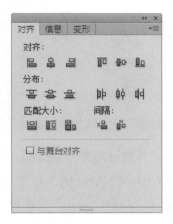

（1）对象与对象对齐

◎光盘：素材文件\第4章\08.fla

下面将通过实例来介绍如何实现对象
与对象对齐，具作操作方法如下。

01 全选位图对象

打开"光盘：素材文件\第4章\08.fla"
文件，按【Ctrl+A】组合键，全选舞台上
的3个位图对象。

02 打开"对齐"面板

按【Ctrl+K】组合键，打开"对齐"
面板，保持"与舞台对齐"复选框没有被
选中。

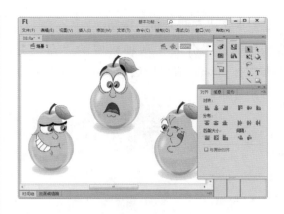

03 单击"垂直中齐"按钮

单击"对齐"选项卡中的"垂直中
齐" 按钮，将选择的对象以水平中心点
为基础进行对齐。

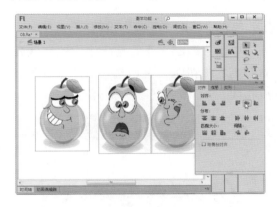

04 单击"水平平均间隔"按钮

单击"间隔"选项组中的"水平平均
间隔"按钮，使选择的对象在水平方向
上等距分布。

05 单击"左侧分布"按钮

单击"分布"选项组中的"左侧分布"按钮 ᴵᴵᵇ，将以所选对象的左侧为基准等距分布。

06 单击"匹配宽和高"按钮

单击"匹配大小"选项组中的"匹配宽和高"按钮 ᴵᵇ，使所选对象的宽度和高度相同。

（2）相对于舞台对齐

下面将通过实例来介绍如何相对于舞台进行对齐，具作操作方法如下。

01 全选位图对象

调整舞台中对象的位置，按【Ctrl+A】组合键，全选舞台上的3个位图对象。

02 选择"与舞台对齐"复选框

按【Ctrl+K】组合键，打开"对齐"面板，选择"与舞台对齐"复选框。

03 单击"底对齐"按钮

单击"对齐"选项组中的"底对齐"按钮 ᴰᴼ，将选择的对象相对于舞台底部对齐。

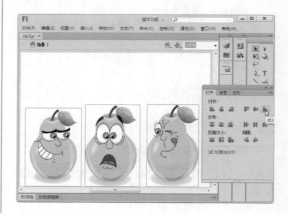

04 单击"水平居中分布"按钮

　　单击"分布"选项组中的"水平居中分布"按钮 **,** 将所选对象相对于舞台水平居中分布。

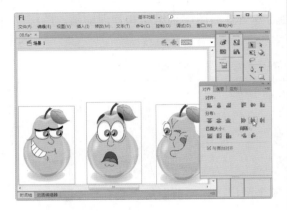

05 单击"垂直平均间隔"按钮

　　单击"间隔"选项组中的"垂直平均间隔"按钮 **,** 使所选对象相对于舞台在垂直方向上的间隔距离相同。

06 单击"垂直中齐"按钮

　　单击"对齐"选项组中的"垂直中齐"按钮 **,** 将所选对象相对于舞台的垂直方向居中对齐。

07 单击"匹配高度"按钮

　　单击"匹配大小"选项组中的"匹配高度"按钮 **,** 使所选对象的高度与舞台高度相同。

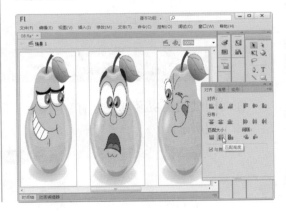

4.2　认识并应用图层

　　在创建和编辑Flash文件时，使用图层可以方便地对舞台中的各个对象进行管理。通常将不同类型的对象放在不同的图层上，还可以对图层进行管理，以便创作出具有特殊效果的动画。

4.2.1 认识图层

与其他图像处理或绘图软件类似，在Flash中也具有图层。不同图层中的对象互不干扰，使用图层可以很方便地管理舞台中的内容。在Flash CS6中新建一个文档时，工作界面中只有一个图层，随着内容越来越复杂，就会需要更多的图层来组织和管理动画。图层位于"时间轴"面板的左侧，如下图所示。

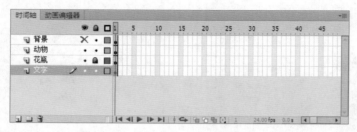

在绘制图形时，必须明确要绘制的图形在哪个图层上。当前图层上会有一个 ✏ 标志。

> **高手指点**
>
> 在Flash CS6中，按照制作动画时的功能，可以将图层分为3个类型：普通层、引导层和遮罩层。其中，引导层和遮罩层可以用于创作特殊的动画效果，将在后面的章节中进行详细介绍。

4.2.2 创建和删除图层及图层文件夹

在时间轴的图层区域下方有3个按钮，分别用于新建图层、新建图层文件夹和删除图层，如下图所示。

新建一个Flash文件，为了方便演示，将"时间轴"面板拖出来。单击"时间轴"面板中的"新建图层"按钮，或选择"插入"|"时间轴"|"图层"命令，即可插入一个新的图层，默认名称为"图层2"。新建的图层自动处于当前编辑状态，且图层显示为蓝色，如下图所示。

单击"图层1"将其选中，然后单击"新建图层"按钮，将在"图层1"和"图层2"之间插入一个名为"图层3"的新图层，如下图所示。新插入的图层只会在当前选择的图层之上插入。

单击"新建文件夹"按钮，或选择"插入"|"时间轴"|"图层文件夹"命令，可以在当前选择的图层之上插入一个图层文件夹，如下图所示。

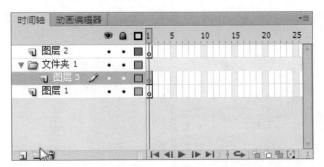

选择"图层2"图层，然后单击"删除"按钮，即可将其删除，如下图所示。

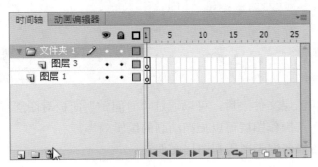

在对图层进行各种操作之前，首先要选择图层。用户可以选择一个图层，也可以同时选择多个图层。若要选择一个图层，可以用鼠标选择该图层，如下图所示，也可以通过选择该图层中的某一帧或该图层在舞台中所对应的任何对象来选择该图层。

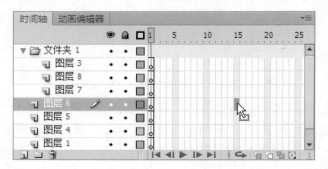

若要选择多个连续的图层，可以先选择一个图层，然后在按住【Shift】键的同时选择另一个图层，则在这两个图层间的所有图层都将被选中，如下图所示。

若要选择多个不连续的图层，可以在按住【Ctrl】键的同时逐个单击要选择的图层，如下图所示。

4.2.3 图层的应用

在创建了图层和图层文件夹后，可以通过"时间轴"面板对图层或图层文件夹进行各种不同的操作，灵活地操作图层可以提高动画的编辑效率。

下面将简要介绍如何编辑图层和图层文件夹。

1. 重命名图层

默认情况下，新插入的图层将按照插入顺序自动命名为图层1、图层2和图层3等。用户可以为图层重新命名以便于识别，提高制作动画的效率。用户可以通过"图层属性"对话框重命名图层，也可以在图层名称上双击，如下图所示，进入到图层名称的编辑状态，重新输入一个名称，然后按【Enter】键。

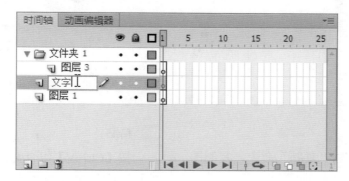

2. 锁定图层

为了防止对图层中的内容进行误操作，可以将暂时不需要编辑的图层锁定。单击图层中的锁定开关即可将该图层锁定，如下图所示，再次单击则将图层解除锁定。锁定后的图层将无法对其中的内容进行编辑。若想解除锁定，直接单击想要解锁图层中的 🔒 图标，即可解锁，恢复可编辑功能。

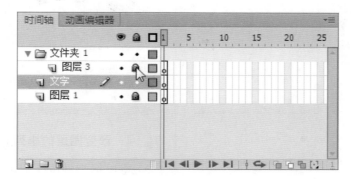

3. 复制图层

当需要在现有图层内容的基础上进行一定的修改以得到新的图层时，可以将现有图层的内容进行复制，然后粘贴到新的图层中。

下面将通过实例来介绍如何复制图层，具作操作方法如下。

◎ 光盘：素材文件\第4章\09.fla

01 选择图层

打开"光盘：素材文件\第4章\09.fla"文件，选择时间轴中的"斑点"图层。

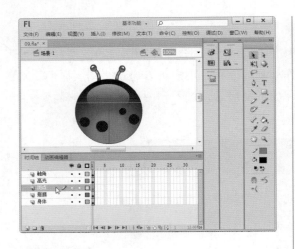

02 复制图层

选择"编辑"|"复制"命令，复制图层。

04 粘贴

按【Ctrl+V】组合键进行粘贴，并使用选择工具将粘贴的内容移至舞台的空白处。

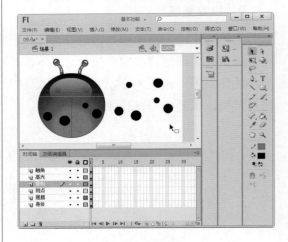

03 重命名

在"时间轴"面板中单击"新建图层"按钮，即可插入一个新图层，并将其重命名为"复制"。

4. 改变图层的排列顺序

将鼠标指针置于时间轴的图层上，按住鼠标左键并拖动，即可改变图层的排列顺序。

4.3 绘制图形

Flash CS6拥有强大的绘图功能，其提供的各种不同的绘图工具能让用户绘制出具有不同效果的图形。下面将详细介绍如何在Flash CS6中绘制二维图形和三维图形。

4.3.1　绘制二维图形

◎光盘：素材文件\第4章\水晶球背景.jpg

下面使用普通的绘图工具来绘制图形，具作操作方法如下。

01 导入素材

新建文档，保存为"水晶球"。选择"文件"｜"导入"｜"导入到舞台"命令，在弹出的对话框中导入"光盘：素材文件\第4章\水晶球背景.jpg"文件到舞台中，使用任意变形工具将其缩小。

02 绘制圆

选中图层，按【Ctrl+B】组合键将其分离。选择椭圆工具，按住【Shift】键的同时绘制一个笔触颜色为蓝色、无填充的圆。

03 删除内容

按【Delete】键删除圆以外的部分。

04 复制图层

在"时间轴"面板中拖动"图层1"到"新建图层"按钮 上，复制"图层1"图层，选中圆内的部分，按【Delete】键将圆内的部分删除。

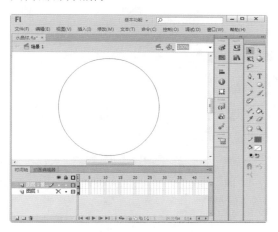

05 设置填充颜色

选择颜料桶工具，将笔触颜色设置为无色，将填充颜色设置为"径向渐变"。打开"颜色"面板，单击添加两个色标，将Alpha值分别设置为10%、30%、90%和100%。

06 填充颜色

选择舞台中的圆，使用颜料桶工具为其填充颜色。按【Ctrl+G】组合键，将圆编组。

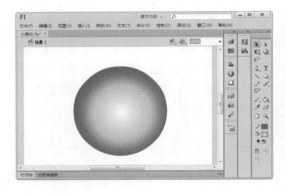

07 单击"选项"按钮

选择多角星形工具，打开其"属性"面板，单击"选项"按钮。

08 设置工具

①弹出"工具设置"对话框，设置

"样式"为"星形"，"边数"为8，"星形顶点大小"为0.10。②单击"确定"按钮。

09 绘制星星

使用颜料桶工具为背景填充颜色。新建一个图层，并绘制星星。

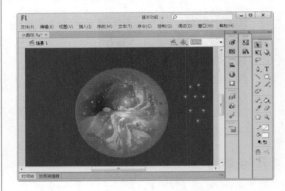

10 移动小星星

选中星星，按住【Ctrl】键的同时拖动"星星"对象，复制星星，将小星星移至合适的位置。

4.3.2 绘制3D图形

Flash是专业制作二维动画的软件，但自从增加了3D元素后，就可以运用其3D工具来表现影片的3D效果了。

下面使用3D旋转工具和3D平移工具来绘制具有三维效果的图形，具体操作方法如下。

◎光盘：素材文件\第4章\3D空间.fla

01 打开素材文件

打开"光盘：素材文件\第4章\3D空间.fla"文件，将舞台上的影片剪辑对象拖动到舞台外。

02 旋转剪辑对象"底"

①使用选择工具将影片剪辑对象"底"拖到舞台中。②打开"变形"面板，将旋转值改为45°。

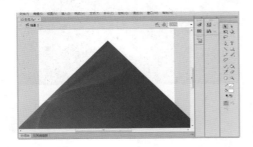

03 使用3D旋转工具

①使用3D旋转工具选择影片剪辑对象。②拖动X控件，使"底"呈平铺效果。

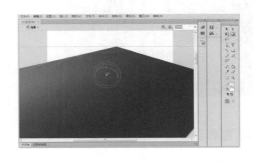

04 3D旋转"背景"影片剪辑

将"背景"影片剪辑拖动到舞台中，使用3D旋转工具选择对象，将其旋转至与"底"几乎垂直的效果。

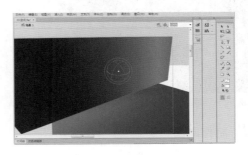

05 3D平移"背景"影片剪辑对象

使用3D平移工具平移影片剪辑对象"背景"到合适的位置。

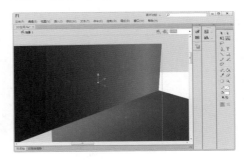

06 复制操作另一个"背景"对象

按住【Ctrl】键的同时拖动"背景"影

片剪辑，复制一个"背景"影片剪辑对象，
用同样的方式完成3D旋转和平移操作。

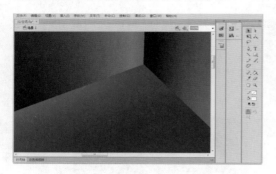

07　制作正面

　　将"正面"影片剪辑对象拖到舞台
中，选择任意变形工具调整为方形形状。

08　制作侧面

　　将"侧面"影片剪辑对象拖到舞台
中，调整其大小。对影片剪辑进行3D旋转
和平移操作，制作侧面。

09　制作顶面

　　将"顶面"影片剪辑对象拖到舞台
中，调整其大小。对影片剪辑对象进行3D
旋转和平移操作，制作顶面。

10　制作文字

　　将"文字"影片剪辑对象拖到舞台
中，对影片剪辑对象进行3D旋转和平移操
作，查看最终效果。

4.4　举一反三——绘制"荷塘月色"

　　本节通过绘制"荷塘月色"来巩固图形绘制中的各种知识，读者可以进行实战
操作，达到学以致用的学习目的。

01 绘制轮廓

使用矩形工具绘制一个没有填充色的大于舞台的矩形。使用钢笔工具绘制出山和倒影的轮廓曲线。

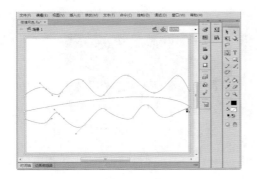

02 绘制月亮

选择椭圆工具，按住【Shift】键绘制一个没有笔触、填充色为黄色的椭圆。按【Ctrl+G】组合键，将圆组成组。

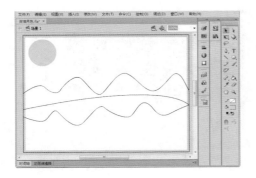

03 绘制荷叶

①新建图层，将"图层1"锁定并且取消其显示。②使用铅笔工具绘制荷叶。

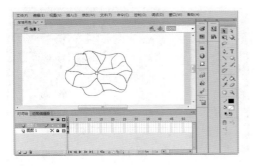

04 复制荷叶

选中荷叶对象，按住【Ctrl】键并拖动荷叶，复制一个荷叶。使用任意变形工具调整其大小。

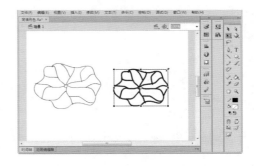

05 设置径向渐变

①选择颜料桶工具，将笔触颜色设置为无色，将填充颜色设置为"径向渐变"。②打开"颜色"面板，设置颜色。③为其填充颜色，按【Ctrl+G】组合键，分别进行组合。

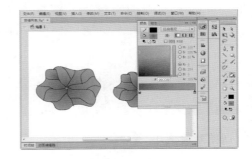

06 绘制荷花

①新建图层，使用铅笔工具绘制荷花。②为其填充线性渐变颜色。

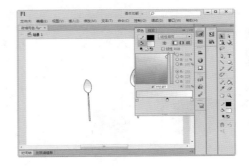

07 调整颜色

使用渐变变形工具旋转🔄图标，调整荷花对象的颜色。

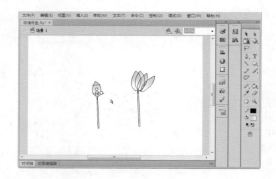

08 擦除线条

选择橡皮擦工具，选择"擦除线条"模式，将荷花的多余线条擦除，按【Ctrl+G】组合键将荷花分别进行组合。

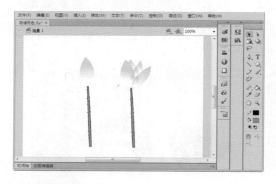

09 调整对象大小

显示所有图层，将锁定取消，调整各图层的位置。使用任意变形工具调整场景中各个对象的大小。

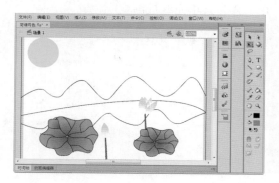

10 填充颜色

使用颜料桶工具为天空填充褐色，为山填充深绿色，为倒影填充浅绿色，为荷塘填充蓝色。

11 绘制星星

①选择喷涂刷工具，打开其"属性"面板，将颜色设置为白色。②在天空中绘制星星。

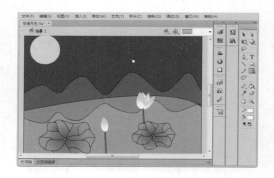

12 擦除线条

选择橡皮擦工具，选择"擦除线条"模式，将图中需要删除的线条擦除。

第 5 章

使用元件、实例和库

在Flash中可以导入外部图形素材，这样不但可以简化工作流程，还可以在一定的程度上提高Flash动画的画面表现力。本章将详细介绍在制作动画时如何运用元件、实例和库，提高动画制作效率。

5.1　时间轴和帧

在Flash中，动画的内容是通过"时间轴"面板来组织的，它将动画在横向上划分为帧，在纵向上划分为图层。通过拖动"时间轴"面板中的播放头，可以对动画内容进行预览。下面将详细介绍时间轴和帧的相关知识。

5.1.1　时间轴

时间轴用于组织一定时间和空间内的图层和帧中的文档内容。时间轴的主要组件是图层、帧和播放头，如下图所示。

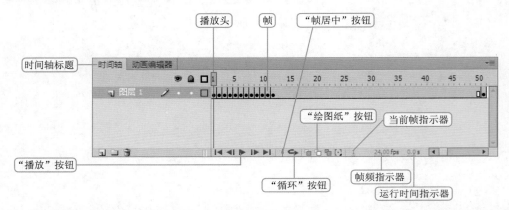

"时间轴"面板中的播放头用于控制舞台上显示的内容，舞台上只能显示播放头所在帧中的内容，如下图（左）所示显示了动画的第1帧内容，如下图（右）所示显示了第5帧中的内容。

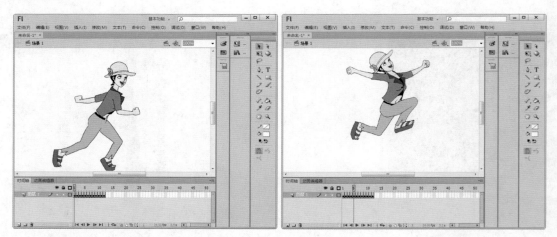

在播放动画文档时，播放头在"时间轴"面板上移动，只显示当前在舞台中的帧。使用鼠标指针直接拖动播放头到所需的位置，即可从该位置播放，如下图所示。

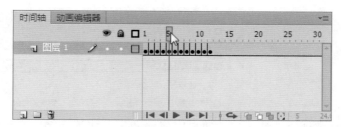

单击时间轴右上角的"帧视图"按钮 ，在打开的下拉菜单中选择显示方式，如下图所示。

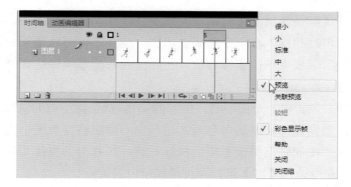

双击"时间轴"面板中的图层图标，在弹出的"图层属性"对话框中可以设置图层的属性，如下图所示。

5.1.2　帧

电影是通过一张张胶片连续播放而形成的，Flash中的帧就像电影中的胶片一样，通过连续播放而实现动画效果。帧是Flash中的基本单位，在"时间轴"面板中，可以使用帧来组织和控制文档内容。

在"时间轴"面板中的每一个小方格就代表一个帧，一个帧包含了动画某一时刻的画面。下图列出了几种帧的常见形式，下面进行具体介绍。

- 关键帧。关键帧是"时间轴"面板中内容发生变化的一帧。默认情况下，每个图层的第一帧是关键帧。关键帧可以是空的。在"时间轴"面板上单击鼠标右键，在弹出的快捷菜单中选择"插入关键帧"命令或按【F6】键，即可添加关键帧。
- 普通帧。普通帧是依赖于关键帧的，在没有设置动画的前提下，普通帧与上一个关键帧中的内容相同，在一个动画中增加一些普通帧可以延长动画的播放时间。在"时间轴"面板上单击鼠标右键，在弹出的快捷菜单中选择"插入帧"命令或按【F5】键，即可添加帧。
- 空白关键帧。当新建一个图层时，图层的第1帧默认为空白关键帧，即一个黑色轮廓的圆圈，当向该图层添加内容后，这个空心圆圈将变为一个实心圆，该帧即为关键帧。在"时间轴"面板上单击鼠标右键，在弹出的快捷菜单中选择"插入空白关键帧"命令或按【F7】键，即可添加空白关键帧。

1．复制帧

选择要复制的帧并单击鼠标右键，在弹出的快捷菜单中选择"复制帧"命令。选择目标帧并单击鼠标右键，在弹出的快捷菜单中选择"粘贴帧"选项，即可复制帧，如下图所示。

2．选择帧

如果要选择一个帧，则直接单击该帧；若要选择多个连续的帧，可在按住【Shift】键的同时单击其他帧；若要选择多个不连续的帧，可按住【Ctrl】键的同时单击其他帧；若要选择"时间轴"面板中的所有帧，可选择"编辑"｜"时间轴"｜"选择所有帧"命令，如下图所示。

3．删除帧

选择要删除的帧，然后在其上单击鼠标右键，在弹出的快捷菜单中选择"删除帧"命令即可，或按【Shift+F5】组合键，即可删除帧和序列，如下图所示。

4．清除帧

在选择的帧上单击鼠标右键，在弹出的快捷菜单中选择"清除帧"命令，即可将帧或关键帧转换为空白关键帧，如下图所示。

5．移动帧

要移动关键帧序列及其内容，只需将该关键帧或帧序列拖到所需的位置即可，如下图所示。

6．更改静态帧序列的长度

在"时间轴"面板上选择帧序列，按住【Ctrl】键的同时向左或向右拖动鼠标，可以更改静态帧序列的长度，如下图所示。

7．翻转帧

选择序列帧并单击鼠标右键，在弹出的快捷菜单中选择"翻转帧"命令，即可将该序列进行颠倒，如下图所示。

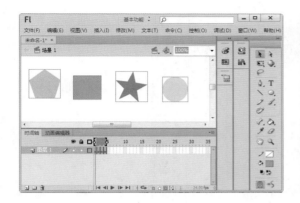 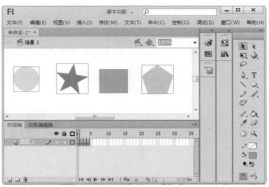

5.2　认识元件和实例

在Flash动画中，元件、实例和库的应用非常广泛，它们是Flash动画制作中不可或缺的重要角色。

元件是指在Flash Professional创作环境中或使用Button（AS 2.0）、SimpleButton（AS 3.0）和MovieClip类创建过的图形、按钮或影片剪辑。元件可以在整个文档或其他文档中重复使用，也包含从其他应用程序中导入的图像。创建的任何元件都会自动保存到当前文档的库中。

实例是指位于舞台上或嵌套在另一个元件内的元件副本。实例可以与其父元件在颜色、大小和功能方面有差别。当编辑元件时，会更新它的所有实例，但对元件的一个实例应用效果，则只更新该实例。

1．元件

元件是Flash动画中的基本构成要素之一，除了便于大量制作之外，它还是制作某些特殊动画所不可或缺的对象。元件一经创建便会保存在"库"面板中，它可以反复使用而不会增大文件的体积。每个元件都有自己的时间轴、舞台和图层，可以独立地进行编辑。

在Flash中共包含3种类型的元件：图形元件、按钮元件和影片剪辑元件。

（1）图形元件

图形元件用于创建可以重复使用的图形或动画，它无法被控制，而且所有在图形中的动画都将被主舞台中的时间轴所控制。如下图所示为图形元件。

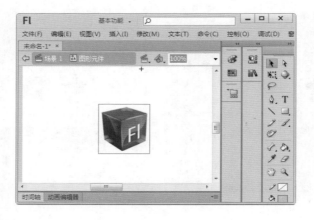

（2）按钮元件

按钮元件用于创建动画中的各类按钮，与鼠标的滑过、单击等操作相对应。该元件的时间轴中包含"弹起"、"指针经过"、"按下"和"点击"4个帧，分别用于定义与各种按钮状态相关联的图形或影片剪辑。如下图所示为按钮元件。

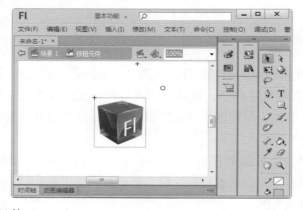

（3）影片剪辑元件

影片剪辑元件用于创建动画片段，它等同于一个独立的Flash文件，而且它的时间轴不受主舞台中时间轴的限制。影片剪辑元件可以包含ActionScript脚本代码，使其可以呈现出更为丰富的动画效果。它是Flash中最重要的元件，如下图所示即为影片剪辑元件。

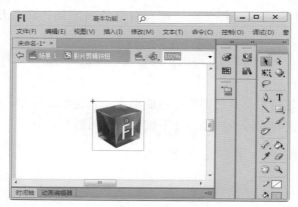

2．实例

将元件移到舞台中，其就成为一个实例。实例就是元件的"复制品"，一个元件可以产生无数个实例，这些实例可以是相同的，也可以通过编辑得到其他丰富多彩的对象。如下图所示为将库中的元件拖至舞台中，其就成为一个实例。

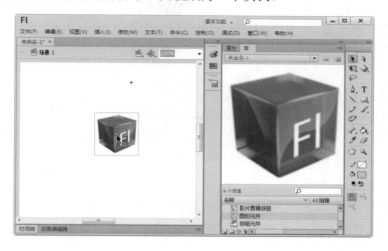

5.3 "库"面板

库是Flash中所有可重复使用对象的储存"仓库"，所有的元件一经创建就保存在库中，导入的外部资源，如位图、视频和声音文件等也都保存在库中。通过库可以对其中的各种资源进行操作，为动画的编辑带来了很大的方便。

5.3.1 认识"库"面板

选择"窗口"|"库"命令或按【Ctrl+L】组合键，即可打开"库"面板，如右图所示。"库"面板的上方是标题栏，其下侧是滚动条，拖动滚动条可以查看库中内容的详细信息，如使用次数、修改日期和类型等。选择库中的某个对象，还可以对其进行预览。

下面将对"库"面板中的各项参数进行简单介绍。

- ![图标]：单击该功能按钮，将打开下拉菜单，其中的命令可用于对库进行各种操作，如下图所示。

- <img 未命名-2> ：当同时打开多个文件时，可以选择要使用的库。

- <img>：单击该按钮后，其变为 <img> 形状，此时切换到别的文件，"库"面板不会发生变化。

- <img>：用于创建新的元件，单击该按钮，将弹出"创建新元件"对话框。

- <img>：单击该按钮，将新建一个"库"面板，其内容与当前文档库中的内容相同。

- <img 4 个项目>：显示库中包含对象的数量。

- <img>：单击该按钮，可以颠倒"库"面板中元件和素材的排列顺序。

- <img>：单击该按钮，可以在"库"面板中新建一个文件夹，用于对库中的元件和素材进行管理。

- <img>：当在库中选择一个元件或素材时，单击该按钮，将弹出对应的属性对话框，从中可以重新设置它们的属性。

- <img>：单击该按钮，可以删除所选择的元件、素材或文件夹。

5.3.2 管理"库"面板

在"库"面板中可以对资源进行编组、项目排序和重命名等管理操作，下面将分别对其进行介绍。

1．进行编组

利用文件夹可以对库中的项目进行编组，具体操作方法如下。

（1）新建文件夹

单击"库"面板底部的"新建文件夹"按钮 <img>，即可新建一个文件夹。输入文件夹名称后按【Enter】键，如下图（左）所示。

（2）删除文件夹

选中要删除的文件夹，按【Delete】键，即可删除文件夹。也可以在"库"面板菜单中选择"删除"命令，如下图（中）所示，或单击面板下方的"删除"按钮 。

（3）重命名文件夹

双击文件夹名称，输入新文件夹的名称，按【Enter】键，即可完成对文件夹的重命名操作，如下图（右）所示。

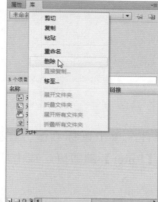

2．项目排序

对于"库"面板中的项目，既可以按照修改日期进行排序，也可以按照类型进行排序。

（1）按修改日期排序

在"库"面板中单击任意一列的标题，就会按照该列的属性进行排序，如单击"修改日期"标题，就会按照上一次修改时间的先后顺序进行排序，如下图所示。

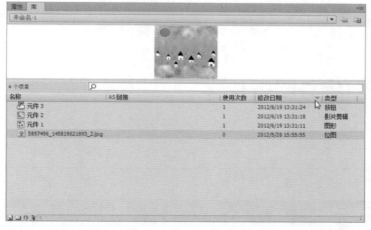

（2）按类型排序

单击"类型"标题，就会将库中相同类型的对象排列在一起，如下图所示。

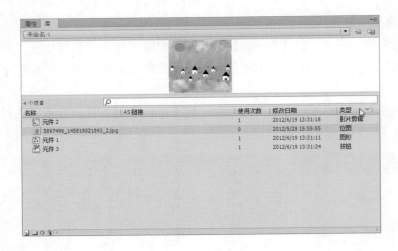

3. 项目重命名

在资源库列表中选中一个项目，单击鼠标右键，在弹出的快捷菜单中选择"重命名"命令，输入新项目名称，按【Enter】键即可。双击项目名称，也可以对其重命名，如下图所示。

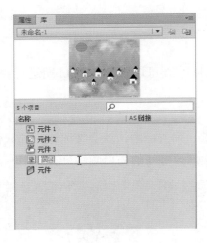

5.4 创建与编辑元件

在Flash CS6中，可以通过新建元件或转换为元件的方法创建元件。已创建的元件也可以进行编辑和重置，使其成为新元件。

5.4.1 创建元件

下面将详细介绍如何创建图形元件、按钮元件和影片剪辑元件。

1．创建图形元件

无论是哪种类型的元件，其创建方法都是相同的。在Flash CS6中，通常有3种常用创建元件的方法。

（1）将舞台上的图形转化为元件

◎ 光盘：素材文件\第5章\01.fla

01 打开素材文件

打开"光盘：素材文件\第5章\01.fla"文件。

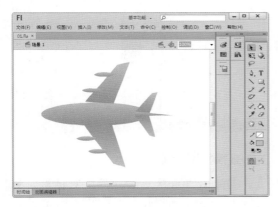

02 选择"转换为元件"命令

①使用选择工具将舞台中的图形选中。②选择"修改"|"转换为元件"命令。

03 转换为元件

①弹出"转换为元件"对话框，选择

一种元件类型，如"图形"。②输入元件名称，如"飞机"。③单击"确定"按钮，将选择的图形转换为元件。

04 查看元件

展开"库"面板，即可看到在"库"面板中增加了一个图形元件。

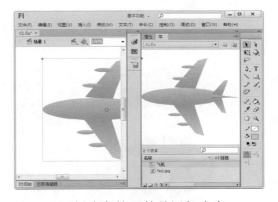

（2）创建空的元件并添加内容

若要创建空元件并添加内容，具体操作方法如下。

01 选择"新建元件"命令

选择"插入"|"新建元件"命令或按【Ctrl+F8】组合键。

02 创建新元件

①弹出"创建新元件"对话框，在"名称"文本框中输入元件名称。②在"类型"下拉列表框中选择"图形"选项。③单击"确定"按钮，进入元件编辑模式。

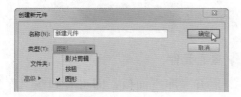

03 绘制图形

在元件编辑模式下，绘制要作为元件的图形。

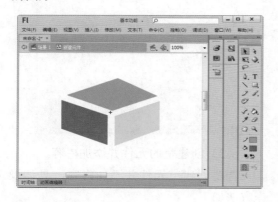

04 查看元件

单击"场景1"标签，然后打开"库"面板，即可看到"库"面板中多出了一个名为"新建元件"的图形元件。

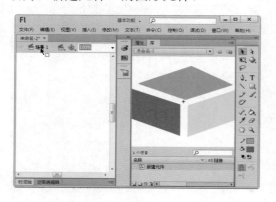

（3）使用"库"面板重置元件

使用"库"面板重置元件的具体操作方法如下。

01 选择"直接复制"选项

①在"库"面板中选择元件并单击鼠标右键。②在弹出的快捷菜单中选择"直接复制"命令。

02 直接复制元件

①弹出"直接复制元件"对话框，修改元件名称和类型。②单击"确定"按钮，即可复制出一个新元件。

2．创建按钮元件

在按钮元件编辑模式的"时间轴"面板中共有4个帧，分别用于设置按钮的4种状态。

- 弹起：用于设置按钮的一般状态，即鼠标指针位于按钮之外的状态。
- 指针经过：用于设置按钮在鼠标指针滑过时的状态。

- 按下：用于设置按钮被按下时的状态。
- 点击：在该帧中可以指定某个范围内单击时会对按钮产生的影响，即用于设置按钮的相应区域。可以不设置，也可以绘制一个图形来表示范围。

下面将详细介绍如何创建按钮元件，具体操作方法如下。

01 创建按钮元件

①选择"插入"|"新建元件"命令，弹出"创建新元件"对话框，设置"名称"为"按钮"，"类型"为"按钮"。②单击"确定"按钮。

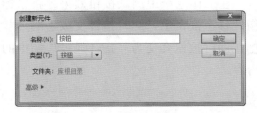

02 进入按钮元件编辑模式

进入按钮元件的编辑模式，时间轴自动显示4个帧，分别为"弹起"、"指针经过"、"按下"和"点击"。

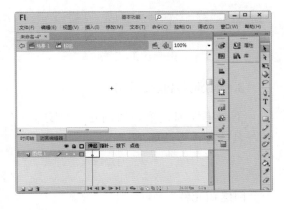

03 编辑"弹起"帧

①选择"弹起"帧，在元件编辑区域中绘制一个圆形，并将其颜色填充为红色。②在图形上输入文本"弹起"，将字体颜色设置为白色。

04 编辑"指针经过"帧

①选择"指针经过"帧，按【F6】键插入关键帧。②在编辑区域出现与"弹起"帧中相同的内容，把图形填充颜色改为蓝色。③将文字"弹起"改为"经过"，将字体颜色设置为红色。

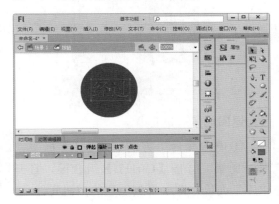

05 编辑"按下"帧

①选择"按下"帧，按【F6】键插入关键帧。②在编辑区域出现与"指针经过"帧中相同的内容，将图形填充颜色改为绿色。③将文字"经过"改为"按下"，将字体颜色设置为黄色。

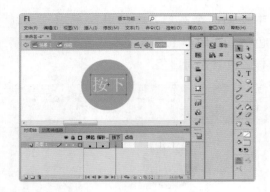

06 编辑"点击"帧

①选择"点击"帧,按【F7】键插入空白关键帧。②单击"时间轴"面板中的"绘图纸外观"按钮。③在该帧中绘制一个圆形,以定义按钮的相应区域,其大小与前面3个帧中的圆形相同。

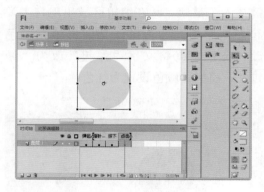

07 返回场景

①单击舞台上方的"场景1"标签,返回场景。②按【Ctrl+L】组合键,打开"库"面板,即可看到创建的按钮元件。

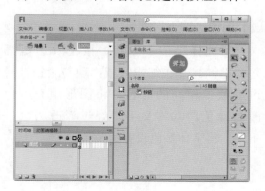

08 选择"启用简单按钮"命令

①将"库"面板中的按钮元件拖到舞台中。②选择"控制"|"启用简单按钮"命令。

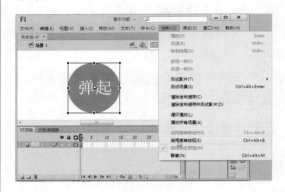

09 查看效果

在工作区域中测试按钮效果。将鼠标指针移至按钮上,此时指针变成手的形状🖑,同时按钮会变为"指针经过"帧中的内容。

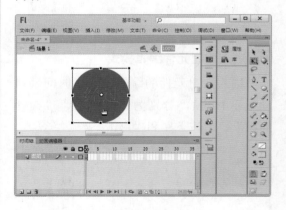

3. 创建影片剪辑元件

下面将详细介绍如何创建影片剪辑元件,具体操作方法如下。

◎光盘:素材文件\第5章\影片剪辑.fla

01 创建新元件

①打开"光盘:素材文件\第5章\影片剪辑.fla"素材文件,按【Ctrl+F8】组

合键，弹出"创建新元件"对话框，设置"名称"为"眨眼睛"，"类型"为"影片剪辑"。②单击"确定"按钮。

02 进入影片剪辑元件编辑模式

进入影片剪辑元件的编辑模式，打开"库"面板。

03 将图形拖至编辑模式中

①在"库"面板中选择"元件7"选项，将其移至影片剪辑元件的编辑模式中。②利用"对齐"面板将图形的中心点移至相应的位置。

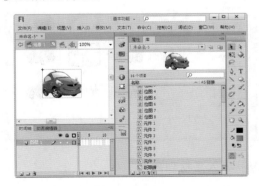

04 删除模式中的图形

①在时间轴中选择第2帧，按【F6】键插入关键帧。②按【Delete】键删除编辑模式中的图形。③在"库"面板中选择"元件6"选项，并将其拖至编辑模式中的相应位置。

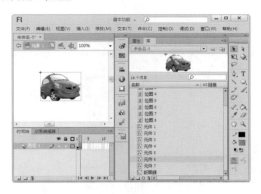

05 将图形拖至编辑模式中

按照上述方法，继续将剩余元件拖至相应帧的编辑模式下。

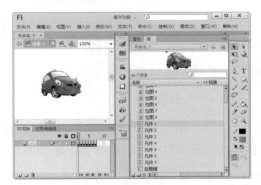

06 返回场景

①单击舞台上方的"场景1"标签，返回场景。②打开"库"面板，即可看到创建的影片剪辑元件。

07 选择"测试场景"命令

①将"库"面板中的影片剪辑元件拖到舞台中。②选择"控制"|"测试场景"命令。

08 测试影片效果

此时,将会打开演示窗口,测试影片效果。

5.4.2 导入素材

在Flash CS6中,可以通过"导入"命令创建不同类型的动画。Flash CS6为用户提供了"导入到库"、"导入到舞台"、"打开外部库"和"导入视频"4种命令,可以导入图像、声音和视频等多媒体素材。

1. 导入到舞台

使用"导入到舞台"命令可以直接将素材导入到舞台中,具体操作方法如下。

01 选择"导入到舞台"命令

选择"文件"|"导入"|"导入到舞台"命令。

02 选择要导入的素材文件

①弹出"导入"对话框,选择要导入的素材文件。②单击"打开"按钮。

03 导入素材到舞台

此时,即可将素材文件导入到舞台中。

2. 导入到库

使用"导入到库"命令，Flash将不会把素材直接导入到舞台中，而是将导入的素材放到"库"面板中供用户调用。打开"库"面板，将所需要的素材拖至舞台中，即可进行相关操作。

3. 打开外部库

选择"文件" | "导入" | "打开外部库"命令，打开"光盘\素材文件\第5章\0468.jpg"文件，在工作区中只出现了"外部库"面板，而不会出现文档窗口，如下图所示。

4. 导入视频

下面将详细介绍如何在Flash CS6中导入视频文件，具体操作方法如下。

01 选择"导入视频"命令

选择"文件" | "导入" | "导入视频"命令。

02 选择视频

①弹出"选择视频"对话框，单击"浏览"按钮，在弹出的对话框中选择视频。②单击"下一步"按钮。

03 设定外观

①根据需要可以设定不同的视频外观。②单击"下一步"按钮。

04 完成视频导入

完成视频导入，单击"完成"按钮。

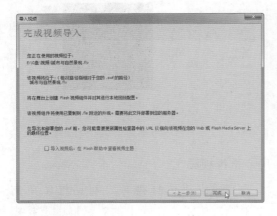

05 导入视频

完成导入视频后，视频在场景中显示为图标。

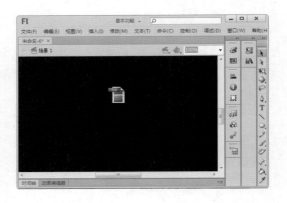

06 查看视频

选择"控制"｜"测试影片"｜"测试"命令，即可查看视频效果。

5.4.3　编辑元件

创建元件后，如果有需要可以对其进行相应的编辑操作。在"库"面板中，双击元件所对应的图标，即可进入相应元件的编辑模式中，如下图所示。

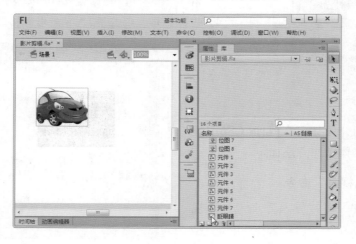

在场景中双击实例，也可以进入其编辑模式，如下图所示。

5.5 创建与编辑实例

创建元件之后，可以在文档中的任何地方创建该元件的实例。当修改元件时，Flash将会更新所有的实例。下面将详细介绍如何创建与编辑实例。

5.5.1 创建实例

◎ 光盘：素材文件\第5章\02.fla

元件仅存在于"库"面板中，当将库中的元件拖入舞台后，它便成为一个实例。拖动一次便产生一个实例，拖动两次则可以产生两个实例。

创建实例的具体操作方法如下。

| 01 拖动元件 | 02 松开鼠标 |

01 拖动元件

打开"光盘：素材文件\第5章\02.fla"文件，在"库"面板中选择"心"图形元件，将其拖到场景中的合适位置。

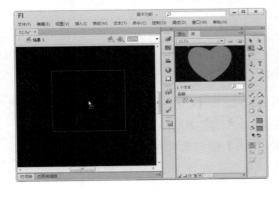

02 松开鼠标

松开鼠标后，"心"元件的第一个实例就出现在场景中。

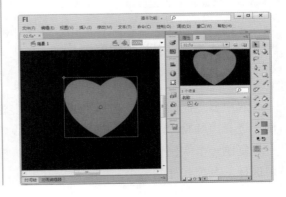

03 继续拖动元件

继续将"库"面板中的"心"元件拖到舞台中，舞台中将出该元件的多个实例。

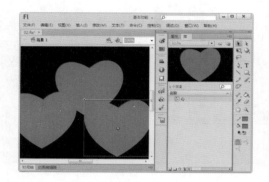

04 使用任意变形工具

使用任意变形工具对场景中的3个实例进行各种变形，不会影响到生成该实例的元件，且多个实例之间不会相互影响。

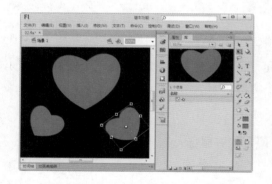

05 修改填充颜色

①双击"库"面板中的"心"实例图标。②进入其舞台，对其填充颜色进行更改。

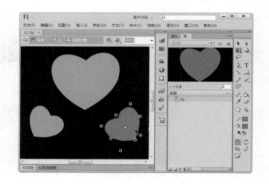

06 返回主场景

单击"场景1"标签，返回主场景。该元件生成实例的填充颜色都发生了相应的变化。对元件进行编辑后，将影响到所有由此元件生成的实例。

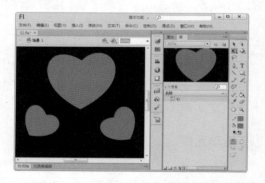

5.5.2 编辑实例

下面将详细介绍如何编辑实例，其中包括复制实例、设置实例颜色样式、改变实例类型、分离实例，以及交换实例等。

1. 复制实例

选中要复制的实例，选择"编辑"|"复制"命令或按【Ctrl+C】组合键，复制一个实例，选择"编辑"|"粘贴到当前位置"命令，在原始的实例基础上复制了一个实例。

复制一个实例也可以先选中一个实例，按住【Alt】键或者按住【Ctrl】键的同时，使用选择工具把其拖到一个新位置后松开鼠标，在一个新位置复制出一个实例副本。

2. 设置实例颜色样式

通过"属性"面板可以为一个元件的不同实例设置不同的颜色样式，如亮度、色调、Alpha、高级和无样式。

下面将详细介绍如何设置元件不同实例的颜色样式，具体操作方法如下。

◎光盘：素材文件\第5章\03.fla

01 拖动元件

打开"光盘：素材文件\第5章\03.fla"文件，打开"库"面板，将"气球"元件拖至舞台中。

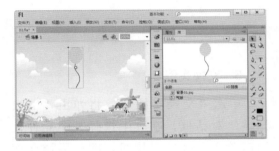

02 调整亮度

①打开"属性"面板，在"色彩效果"选项组的"样式"下拉列表框中选择"亮度"选项。②拖动滑块，调整"亮度"值。

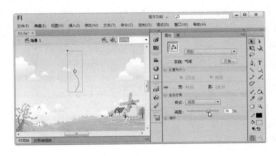

03 调整色调

①打开"库"面板，拖动元件到舞台中。②打开"属性"面板，在"色彩效果"选项组的"样式"下拉列表框中选择"色调"选项。③拖动滑块，调整"色调"值。

04 设置高级参数

①打开"库"面板，拖动元件到舞台中。②打开"属性"面板，在"色彩效果"选项组的"样式"下拉列表框中选择"高级"选项。③设置各项高级参数。

05 调整Alpha值

①打开"库"面板，拖动元件到舞台中。②打开"属性"面板，在"色彩效果"选项组的"样式"下拉列表框中选择Alpha选项。③拖动滑块，调整Alpha值。

06 查看最终效果

按照同样的方法继续添加元件，并调整样式，查看最终效果。

3．改变实例类型

修改实例类型，对实例进行编辑，例如，要将原先为"图形"的元件实例编辑为动画，必须先将其类型更改为"影片剪辑"。打开"属性"面板，在"实例行为"下拉列表框中选择相应的元件类型，如下图所示。

4．分离实例

分离实例能使实例与元件分离，在与元件发生更改后，实例并不随之改变。在舞台中选择一个实例，选择"修改"|"分离"命令，即可将实例分离，如下图所示。

5．交换实例

单击"交换"按钮，将弹出"交换元件"对话框，在其中选择某个元件，然后单击"确定"按钮，即可用该元件的实例替换舞台中选择的元件实例，如下图所示。

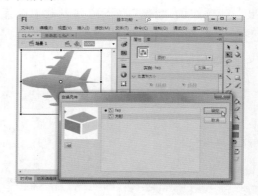

5.6 公用库

Flash CS6附带的范例库资源称为公用库，可利用公用库为文档添加按钮或声音，还可以创建自定义公用库，然后与创建的文档一起使用。

Flash附带的公用库分为"声音"、"按钮"和"类"3类。打开一个公用库，即可在任意文档中使用该库中的资源。

选择"窗口"|"公用库"命令，在其子菜单中选择"Buttons"公用库，打开如图

（左）所示的面板。拖动其中的资源到目标文档中，即可创建实例。

选择"Sounds"公用库，打开如图（中）所示的面板，拖动其中的资源到目标文档中，即可创建实例。

选择"Classes"公用库，打开如图（右）所示的面板，拖动其中的资源到目标文档中，即可创建实例。

5.7 举一反三——制作"沙滩遮阳伞"

下面将结合本章所学的知识，制作一个"沙滩遮阳伞"实例，其中需要灵活运用Flash中的工具来绘制图形，并用到了元件、实例等方面的知识。

◎ 光盘：素材文件\第5章\沙滩.jpg

01 绘制椭圆

新建Flash文件并保存为"沙滩遮阳伞"。将"图层1"图层重命名为"伞"。使用椭圆工具在舞台上绘制一个无填充，边框为黑色的椭圆。

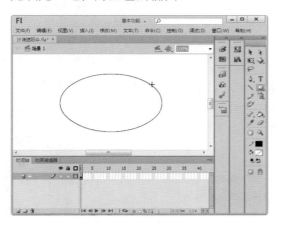

02 设置属性

①选中椭圆图形，展开"属性"面板。②设置其宽度为300，高度为250。

03 绘制小椭圆

①继续使用椭圆工具绘制一个小的椭

圆。②打开其"属性"面板，设置其宽度
为60，高度为50。

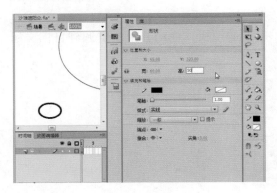

04 复制小椭圆

使用选择工具复制4个小椭圆，并使其
水平相切。按【Ctrl+G】组合键，组合这5
个小椭圆。

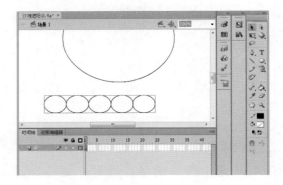

05 分离图形

将组合的图形移至舞台中合适的位
置。按【Ctrl+A】组合键全选图形，并按
【Ctrl+B】组合键分离图形。

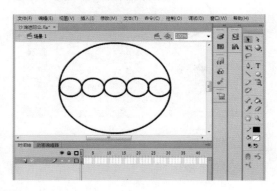

06 删除多余线条

使用选择工具选中需要删除的线条，
按【Delete】键将其删除。

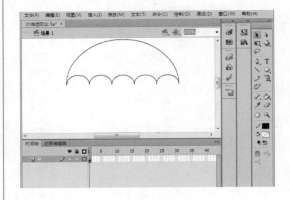

07 绘制直线

使用线条工具绘制直线，连接大半圆
顶点与各个小半圆的切点。

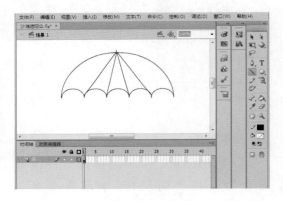

08 将直线变为曲线

选择选择工具，当鼠标指针变为 形
状时拖动直线，将直线变为曲线。

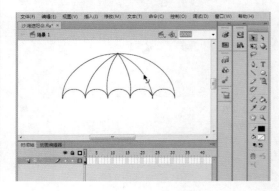

09　填充颜色

　　使用颜料桶工具为图形填充不同的颜色，从左到右依次为蓝色、白色、黄色、白色和红色。

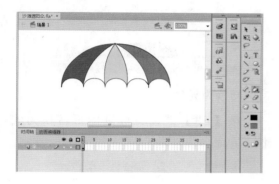

10　绘制矩形

　　使用矩形工具绘制一个没有笔触、渐变为灰色的矩形，并将矩形移动到合适的位置。

11　绘制椭圆

　　使用椭圆工具绘制一个小椭圆，填充为黑色，并将其移动到合适的位置。

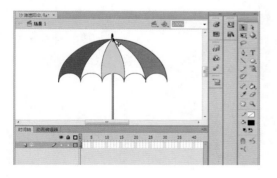

12　擦除多余线条

　　选择橡皮擦工具，在"橡皮擦模式"下拉列表框中选择"擦除线条"选项。将鼠标指针移动到舞台中擦除线条。

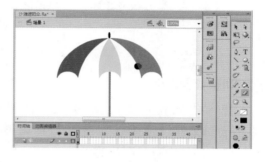

13　选择"转换为元件"命令

　　①按【Ctrl+A】组合键，将舞台中的对象全部选中。②选择"修改"|"转换为元件"命令。

14　转换为元件

　　①弹出"转换为元件"对话框，设置"名称"为"伞"。②单击"确定"按钮。

15　导入素材

　　①在"时间轴"面板中单击"新建图层"按钮 ，新建"沙滩"图层，并将其移动到"伞"图层的下面。②选择"文件"|"导入"|"导入到舞台"命令。

16 调整背景大小

导入"光盘：素材文件\第5章\沙滩.jpg"文件。使用任意变形工具调整"沙滩"图层中背景图片的大小。

17 调整大小和位置

将"伞"元件移至合适的位置，并使用任意变形工具调整其大小和方向。

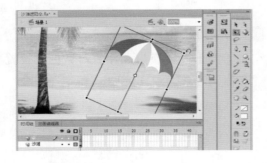

18 绘制椭圆

①在"时间轴"面板中单击"新建图层"按钮，新建"影子"图层，并将其移至"伞"图层的下面。②使用椭圆工具绘制一个没有笔触、填充色为黑色的椭圆。

19 转换为元件

按【F8】键，将椭圆图形转换为元件，并命名为"影子"。

20 设置Alpha值

①打开"属性"面板，设置"样式"为Alpha。②设置Alpha值为35%。

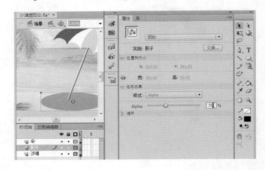

21 查看最终效果

此时，即可查看最终的沙滩遮阳伞效果图。

第 6 章

Flash基本动画制作

Flash动画是通过在"时间轴"面板上控制帧的顺序播放来实现各帧中舞台实例的变化，从而产生动画效果。Flash CS6中包含了多种类型的动画制作方法，为用户创作精彩的动画内容提供了多种可能。本章将学习一些基本的动画制作方法。

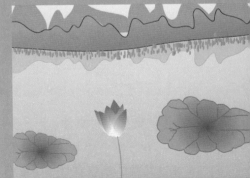

6.1　逐帧动画

逐帧动画是Flash中相对比较简单的基本动画，通常由多个连续的帧组成，通过连续帧来表现关键帧中的对象，从而产生动画效果。

逐帧动画与传统的动画类似，每一帧中的图形都是通过手工绘制出来的。在逐帧动画中，每一帧都是关键帧，在每个关键帧中创建不同的内容，当连续播放关键帧中的图形时，即可形成动画。

逐帧动画制作起来相当麻烦，但它可以制作出所需的任何动画。逐帧动画适合于制作每一帧中的图像内容都发生变化的复杂动画，它所占的空间比较大。

用户可以通过导入外部有序的图片来制作逐帧动画，具体操作方法如下。

01　导入素材到库

新建Flash文件，选择"文件"｜"导入"｜"导入到库"命令，将需要的素材导入到库。

03　拖动位图至舞台

打开"库"面板，将所需要的位图"01.jpg"拖至舞台中。

02　选择素材文件

①弹出"导入到库"对话框，选择"光盘：素材文件\第6章\不倒翁"文件夹中的素材文件。②单击"打开"按钮。

04　添加关键帧

①在第2帧处按【F6】键，添加关键帧。②将所需要的位图"02.jpg"拖至舞台中。

05 移动播放头

①按【F6】键，依次在"时间轴"面板上添加关键帧，将位图拖至关键帧相应的舞台中。②移动播放头，查看效果。

06 添加普通帧

为了使动画看起来比较平滑，在前面的几个关键帧后面按【F5】键，分别插入几个普通帧。

07 编辑多个帧

①单击"时间轴"面板下方的"编辑多个帧"按钮。②拖动绘图纸外观的起始点和结束点位置，以包括全部的关键帧。

08 调整对象位置

①按【Ctrl+A】组合键，选择所有帧。②打开"对齐"面板，选择"与舞台对齐"复选框。③单击"水平中齐"按钮和"垂直中齐"按钮，使舞台上的对象位于舞台的中心位置。

09 测试动画效果

按【Ctrl+Enter】组合键，测试制作的动画效果。

6.2 补间动画

补间动画只能应用于实例，它是表示实例属性变化的一种动画。例如，在一个关键帧中定义一个实例的位置、大小和旋转等属性，然后在另一个关键帧中更改这些属性并创建动画。

6.2.1 创建补间动画

在制作Flash动画时，在两个关键帧中间需要制作补间动画，才能实现图画的运动。补间动画是Flash中非常重要的表现手段之一。

补间动画只能应用于元件实例和文本字段。在将补间应用于所有其他对象类型时，这些对象将包装在元件中。元件实例可以包含嵌套元件，这些元件可以在自己的"时间轴"面板上进行补间。创建补间动画的过程比较人性化，符合人们的逻辑思维，首先确定起始帧位置，然后开始制作动画，最后确定结束帧的位置。

下面将详细介绍如何创建补间动画，具体操作方法如下。

◎ 光盘：素材文件\第6章\03.fla

01 打开素材文件

打开"光盘：素材文件\第6章\03.fla"文件。

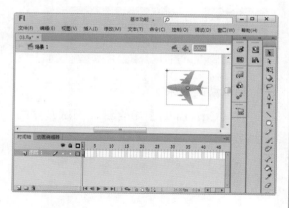

02 创建补间动画

①选择舞台中的对象并单击鼠标右键。②在弹出的快捷菜单中选择"创建补间动画"命令。

03 移动舞台对象

选择在补间范围内的帧，将舞台中的对象拖至新的位置。

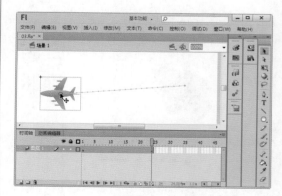

04 移动路径

使用选择工具选择路径，移动鼠标，将路径拖至合适的位置。

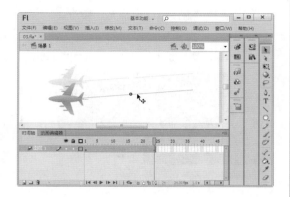

05 更改路径形状

使用选择工具选择路径，将鼠标指针移至路径上，当指针变为 ↳ 形状时，按住鼠标左键并拖动，即可更改路径的形状。

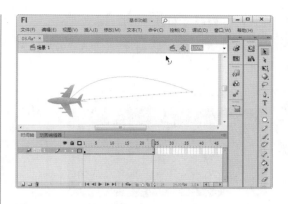

06 查看补间动画效果

在时间轴中移动播放头，查看补间动画效果。

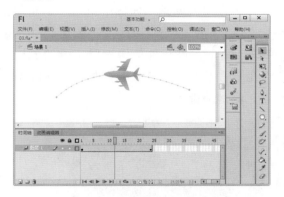

6.2.2　补间形状动画

补间形状动画也是Flash中非常重要的表现手段之一。它是在Flash的"时间轴"面板中，在一个关键帧上绘制一个形状，然后在另一个关键帧上更改该形状或绘制另一个形状等，Flash将自动根据两者之间帧的值或形状来创建的动画，可以实现两个图形之间颜色、形状、大小和位置的变化。

创建形状补间动画后，"时间轴"面板的背景色将变为淡绿色，在起始帧和结束帧之间也有一个长长的箭头；构成形状补间动画的元素多为用鼠标或压感笔绘制出的形状，而不能是图形元件、按钮和文字等。如果要使用图形元件、按钮和文字，则必须先将其分离后才可以制作形状补间动画。

1．创建补间形状动画

下面将详细介绍如何创建补间形状动画，具体操作方法如下。

◎ 光盘：素材文件\第6章\02.fla

01 打开素材文件

打开"光盘：素材文件\第6章\02.fla"文件。

02 绘制椭圆

①在"时间轴"面板中单击"新建图层"按钮，新建"图层2"图层。②选择第1帧，在舞台外使用椭圆工具绘制无笔触的白色椭圆。③在第45帧处按【F6】键，添加关键帧。

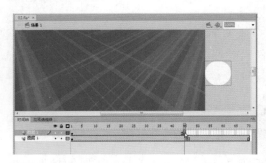

03 分离文本

①选择文本工具，在舞台中输入Flash。②连续两次按【Ctrl+B】组合键，将其分离成形状。

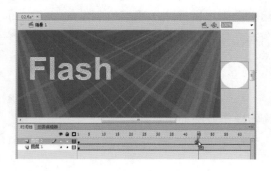

04 创建补间形状

①将鼠标指针移至时间轴第1帧～第45帧中间并单击鼠标右键。②在弹出的快捷菜单中选择"创建补间形状"命令。

05 查看动画效果

①选择第45帧中的椭圆，按【Delete】键将其删除。②将鼠标指针移至第70帧，按【F5】键插入帧。③用鼠标移动播放头，查看动画效果。

06 创建补间形状

①单击"新建图层"按钮，新建"图层3"图层。②选择文本工具，在第5帧处输入文本CS6。③将鼠标指针放到第1帧～第45帧之间并单击鼠标右键，在弹出的快捷菜单中选择"创建补间形状"命令，并延长帧。

07 查看补间形状动画

移动播放头，查看补间形状动画。

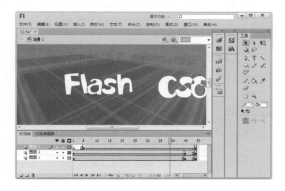

08 测试动画效果

按【Ctrl+Enter】组合键，测试补间形状动画效果。

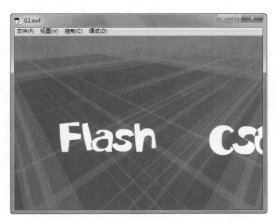

2．使用形状提示创建补间形状动画

下面将详细介绍如何使用形状提示创建补间形状动画，具体操作方法如下。

01 绘制矩形并分离

①新建Flash文件，使用矩形工具在舞台中绘制一个无笔触的红色矩形。②按【Ctrl+B】组合键，将其分离。

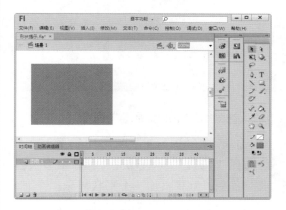

02 绘制四角星形并分离

①选择"图层1"中的第30帧，按【F7】键，插入空白关键帧。②在舞台上绘制一个无笔触的黄色四角星形。③按【Ctrl+B】组合键，将其分离。

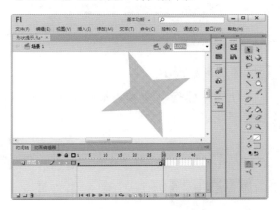

03 创建补间形状动画

①选择"图层1"中第1帧～第30帧之间的任意一帧并单击鼠标右键。②在弹出的快捷菜单中选择"创建补间形状"命令。

04 选择"添加形状提示"命令

①选择"图层1"图层中的第1帧。
②选择"修改"|"形状"|"添加形状提示"命令，为其添加一个形状提示。

05 添加形状提示

使用鼠标拖动添加的形状提示，并将其移至图形中所需的位置。

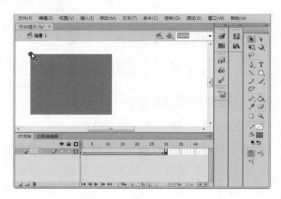

06 为其他图形添加形状提示

采用同样的方法，继续为图形添加3个

形状提示，并调整其位置。

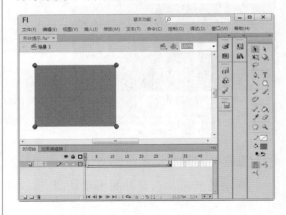

07 移动形状提示

选择第30帧，移动该帧处的形状提示至图形的不同位置。

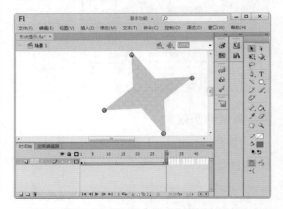

08 预览补间形状效果

拖动"时间轴"面板上的播放头，预览补间形状的效果。

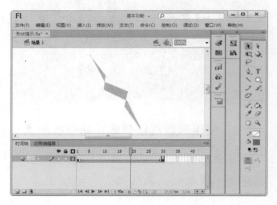

6.2.3 传统补间动画

传统补间动画是根据同一对象在两个关键帧中的位置、大小、**Alpha**和旋转等属性变化由Flash生成的一种动画类型。

补间动画和传统补间之间的差异主要体现在以下几个方面。

- 传统补间使用关键帧。关键帧是其中显现对象的新实例的帧。补间动画只能具有一个与之关联的对象实例，并使用属性关键帧而不是关键帧。
- 补间动画在整个补间范围上由一个目标对象组成。
- 补间动画和传统补间都只允许对特定类型的对象进行补间。若应用补间动画，则在创建补间时会将一切不允许的对象类型转换为影片剪辑，而应用传统补间，则会将这些对象类型转换为图形元件。
- 补间动画会将文本视为可补间的类型，而不会将文本对象转换为影片剪辑。传统补间会将文本对象转换为图形元件。
- 补间动画范围内不允许帧脚本，传统补间允许帧脚本。
- 对于传统补间，缓动可应用于补间内关键帧之间的帧组。对于补间动画，缓动可应用于补间动画范围的整个长度。若要仅对补间动画的特定帧应用缓动，则需要创建自定义缓动曲线。
- 用传统补间能够在两种不同的色彩效果（如色调和Alpha透明度）之间创建动画。补间动画能对每个补间应用一种色彩效果。
- 只有补间动画才能保存为动画预设。在补间动画范围中，必须按住【Ctrl】键单击选择帧。
- 对于补间动画，无法交换元件或设置属性关键帧中显现图形元件的帧数。应用了这些技术的动画要求使用传统补间。
- 只能使用补间动画来为3D对象创建动画效果，无法使用传统补间为3D对象创建动画效果。

下面将详细介绍如何制作传统补间动画，具体操作方法如下。

◎ 光盘：素材文件\第6章\心动.fla

`01` **拖入并调整元件**

①打开素材文件，在"时间轴"面板中单击"新建图层"按钮 ，新建一个图层。②打开"库"面板，将"红心"元件拖至舞台中，并调整好其位置。

02 调整实例色调

①再新建4个图层，将"红心"元件分别拖至各个图层中。②选中"图层1"图层中的实例，调整其大小。③打开"属性"面板，调整实例的色调。

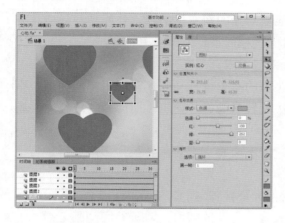

03 设置实例色调和大小

①分别设置其他图层中实例的色调和大小。②选中"图层1"～"图层5"图层中的第60帧，按【F6】键插入关键帧。

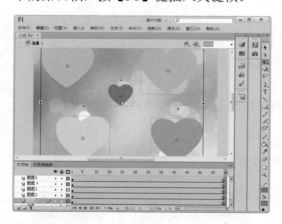

04 设置Alpha值

①选择"图层1"图层中的第30帧，按【F6】键插入关键帧。②选择此关键帧，调整实例大小，设置其Alpha值为0。

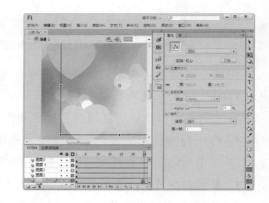

05 创建传统补间动画

①选择"图层2"～"图层5"图层中的第30帧，按【F6】键插入关键帧。②分别调整其大小和色调。

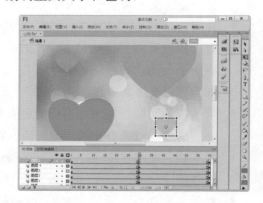

06 选择"创建传统补间动画"命令

①将鼠标指针移至"图层1"图层的第1帧～第30帧中间位置并单击鼠标右键。②在弹出的快捷菜单中选择"创建传统补间"命令。

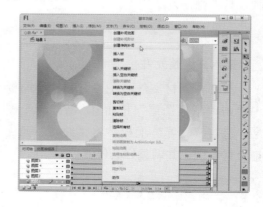

07 创建传统补间动画

采用同样的方法，为其他关键帧之间创建传统补间动画。

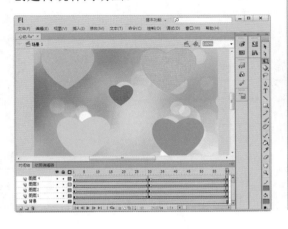

08 测试补间动画效果

按【Ctrl+Enter】组合键，测试传统补间动画效果。

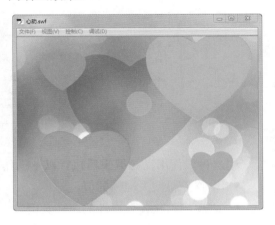

6.3 动画编辑器与动画预设

使用动画帧编辑器可以对补间动画的每个关键帧参数进行单独控制，还可以借助曲线以图形化方式控制补间动画的缓动。对于常用的补间动画，则可以将其保存为动画预设，以待备用。

6.3.1 动画编辑器

使用动画编辑器可以精确地控制补间动画的属性，使用户轻松地创建较复杂的补间动画，但它不能用在传统补间动画中。

1. 认识动画编辑器

默认情况下，"动画编辑器"面板与"时间轴"面板位于同一个组中。若Flash程序窗口不显示"动画编辑器"面板，可通过选择"窗口"|"动画编辑器"命令，将其显示出来。

在"动画编辑器"面板中可以检查所有的补间动画属性及关键帧。另外，它提供了可以让补间动画变得更精确、更详细的工具。例如，它可以实现对每个关键帧参数（包括旋转、大小、缩放、位置和滤镜等）的完全单独控制，并且可以以图形化方式控制动画缓动效果。如下图所示为"动画编辑器"面板。

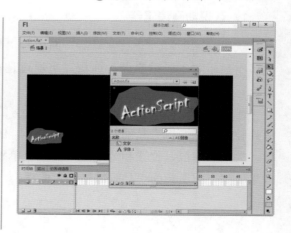

用户可以使用动画编辑器执行以下操作。

- 设置各属性关键帧的值。
- 添加或删除各个属性的属性关键帧。
- 将属性关键帧移至补间内的其他帧。
- 将属性曲线从一个属性复制并粘贴到另一个属性。
- 翻转各属性的关键帧。
- 重置各属性或属性类别。
- 使用贝济埃控件对大多数单个属性补间曲线的形状进行微调。
- 添加或删除滤镜或色彩效果，并调整其设置。
- 向各个属性和属性类别添加不同的预设缓动。
- 创建自定义缓动曲线。
- 将自定义缓动添加到各个补间属性和属性组中。

2. 使用动画编辑器创建补间动画

下面将详细介绍如何使用动画编辑器，具体操作方法如下。

◎ 光盘：素材文件\第6章\Action.fla

01 向舞台导入实例

　　①打开"光盘：素材文件\第6章\Action.fla"素材文件，按【Ctrl+L】组合键，打开"库"面板，将"文字"元件拖至舞台中。②调整实例的大小。

02 创建补间动画

用鼠标右键单击第1帧，在弹出的快捷菜单中选择"创建补间动画"命令，创建补间动画。将鼠标指针放到第10帧，向后拖动将动画延长至30帧。

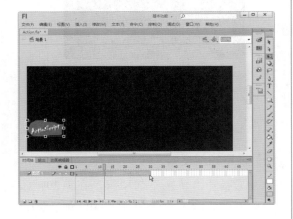

03 调整可查看的帧

打开"动画编辑器"面板，调整下方的"可查看的帧"字段为30。

04 添加关键帧并移动实例

①展开"基本动画"选项组，将播放头移至第30帧。②在X选项右侧单击"添加或删除关键帧"按钮◇，添加关键帧。③使用鼠标移动实例到合适的位置。

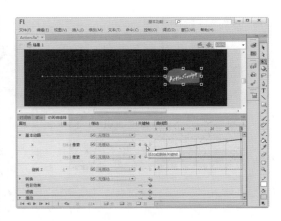

05 调整虚线图高度

展开"缓动"选项组，在"图形大小"字段▤中设置适当的值，以调整缓动选项右侧虚线图的高度。

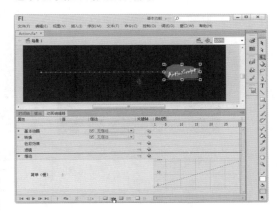

06 添加自定义缓动

①单击"添加"按钮➕。②在打开的下拉列表框中选择"自定义"选项。

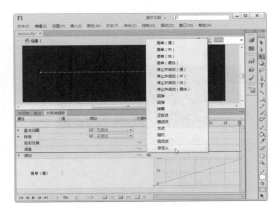

07 添加关键帧

①将播放头移至第20帧。②单击"添加或删除关键帧"按钮 ◇，添加关键帧。

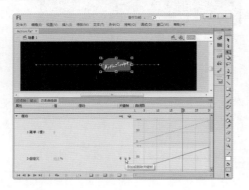

08 调整自定义缓动

采用相同的方法将播放头移至第10帧并添加关键帧，根据需要调整曲线。

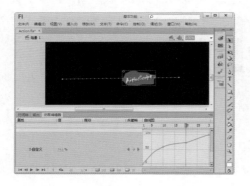

09 应用自定义缓动

①在"基本动画"选项组中单击X选项右侧的缓动下拉按钮。②在打开的下拉列表框中选择自定义的缓动选项。

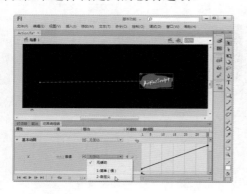

10 查看缓动效果

添加缓动完成后，可以在舞台中查看动画的运动路径及缓动效果。

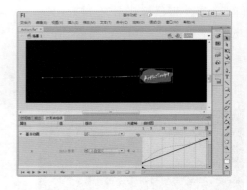

11 设置倾斜度数

①展开"转换"选项组，在第20帧添加关键帧。②将播放头移至第1帧。③设置"倾斜X"的值。

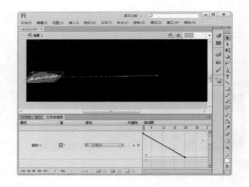

12 添加缓动

在"缓动"选项组中添加"停止并启动（最快）"缓动。

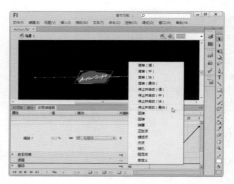

13 设置缩放动画

①在"转换"选项组的"缩放X"和"缩放Y"属性中单击 ⊕ 按钮，使其链接起来。②将播放头移至第30帧。③调整缩放数值。④为缩放应用"停止并启动（最快）"缓动。

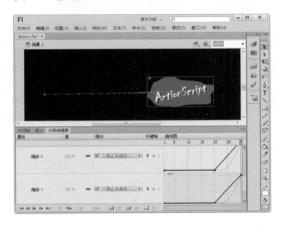

14 添加Alpha属性

①在"滤镜"选项组右侧单击加号按钮 ⊕。②在弹出的快捷菜单中选择Alpha命令。

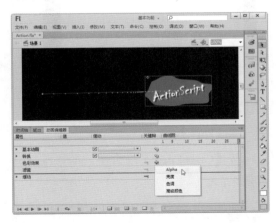

15 设置Alpha属性

①在第20帧处按【F6】键，插入关键帧。②将播放头移至第1帧，调整Alpha值为20%。③为动画的Alpha属性应用自定义缓动。

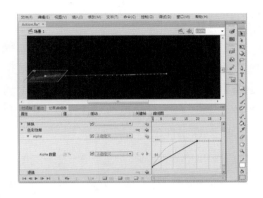

16 添加模糊滤镜

①在"滤镜"选项组右侧单击 ⊕ 按钮。②在打开的下拉列表框中选择"模糊"选项。要应用滤镜效果，则必须是影片剪辑实例。

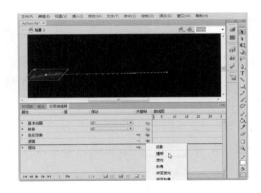

17 设置模糊属性

①在第10帧按【F6】键插入关键帧。②将播放头移至第1帧，调整"模糊X"和"模糊Y"的属性值。③为"模糊Y"属性应用"停止并启动（最快）"缓动。

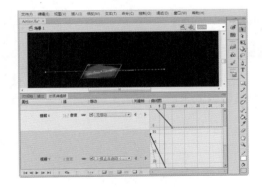

18 设置调整颜色属性

①采用相同的方法，添加"调整颜色"滤镜效果。②在第20帧和第30帧处按【F6】键，插入关键帧。③在第20帧中调整"亮度"、"对比度"、"饱和度"和"色相"等属性值。

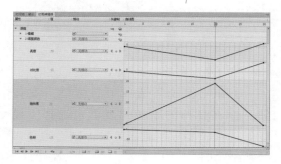

19 添加缓动

①在第30帧中调整"亮度"、"对比度"、"饱和度"和"色相"等属性值。②为各个属性应用"停止并启动（快速）"缓动。也可用鼠标右键单击已存在的缓动，在弹出的快捷菜单中选择"复制曲线"命令，然后粘贴曲线到要添加缓动的属性中。

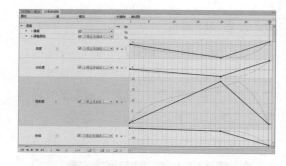

20 预览动画效果

打开"时间轴"面板，拖动播放头，预览动画效果。

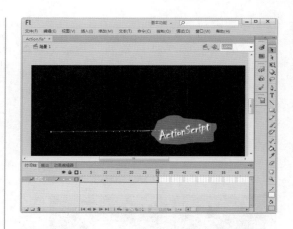

21 添加停止代码

①打开素材文件，在"时间轴"面板中单击"新建图层"按钮，新建"图层2"图层。②在第30帧处按【F6】键插入关键帧。③按【F9】键，打开"动作"面板，输入代码"stop();"。

22 测试动画效果

按【Ctrl+Enter】组合键，即可测试动画效果。

6.3.2 动画预设

动画预设是Flash程序预配置的补间动画，可以将它们应用于舞台上的对象。使用预设可以极大地节省项目设计和开发的生产时间，特别是在经常使用相似类型的补间动画时特别有用。

1．保存动画预设

用户可以根据需要创建并保存自己的动画预设，具体操作方法如下。

01 另存动画预设

①在补间动画上单击鼠标右键。②在弹出的快捷菜单中选择"另存为动画预设"命令。

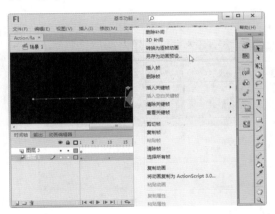

02 保存预设

①弹出"将预设另存为"对话框，输入预设名称。②单击"确定"按钮。

03 查看自定义预设

打开"动画预设"面板，查看保存的动画预设。若在面板组中没有该面板，可选择"窗口"|"动画预设"命令，打开该面板。

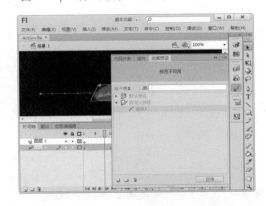

04 输入文字

①打开素材文件，在"时间轴"面板中单击"新建图层"按钮，新建图层。②使用文字工具输入所需的文字，并设置字体格式。

05 转换为元件

①选中文字后按【F8】键，弹出"转换为元件"对话框。②选择"影片剪辑"类型，并输入文件名。③单击"确定"按钮。

06 应用预设

①选中文字实例。②打开"动画预设"面板，选择自定义的预设。③单击"应用"按钮。

07 查看应用预设效果

此时，即可将自定义的预设应用到所选择的实例上，查看实例在舞台中的动画轨迹。

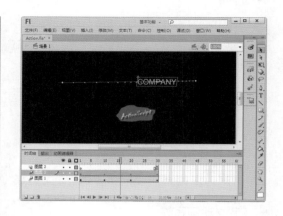

08 调整动画路径

若对动画效果不太满意，还可以使用选择工具调整动画路径。

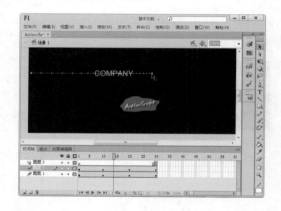

09 在当前位置结束动画

①选择"图层3"图层的第1帧。②将实例移至舞台中间位置。③用鼠标右键单击自定义动画预设。④在弹出的快捷菜单中选择"在当前位置结束"命令。

10　替换当前动画

弹出提示信息框，单击"是"按钮，替换当前动画。

11　查看效果

查看动画效果，从运动路径上可以看出动画的结束位置为实例对象第1帧的位置。

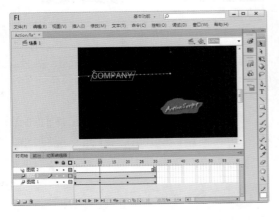

12　应用默认预设

①打开素材文件，在"时间轴"面板中单击"新建图层"按钮🔳，新建图层。②在第16帧处按【F6】键，插入关键帧。③输入字母NAME并将其选中。④在"动画预设"面板中展开"默认预设"选项组，选择"从左边模糊飞入"选项。⑤单击"应用"按钮。

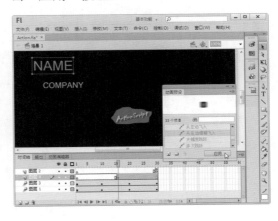

13　查看动画效果

此时，所选文字应用了预设的动画。若对预设的动画不太满意，还可以使用"动画编辑器"面板修改动画效果。

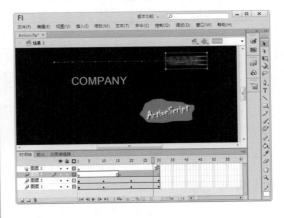

2．导出与导入预设

使用"动画预设"面板还可以导入和导出预设，这样就可以与协作人员共享预设，具体操作方法如下。

01　选择"导出"命令

①在"动画预设"面板中用鼠标右键单击自定义的预设。②在弹出的快捷菜单中选择"导出"命令。

02 导出预设

①弹出"另存为"对话框，选择保存位置并设置文件名。②单击"保存"按钮。

03 选择"删除"命令

①在"动画预设"面板中用鼠标右键单击自定义的预设。②在弹出的快捷菜单中选择"删除"命令。

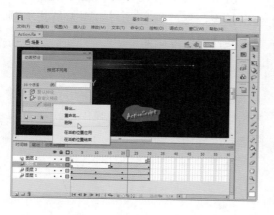

04 删除预设

弹出"删除预设"提示信息框，单击"删除"按钮。

05 选择"导入"命令

①单击"动画预设"面板右上方的 按钮。②在打开的面板菜单中选择"导入"命令。

06 导入预设

①弹出"打开"对话框，选择前面保存的动画预设。②单击"打开"按钮，即可将动画预设导入。

6.4 举一反三——制作"风中的荷花"动画

下面将综合运用本章所学的知识，制作"风中的荷花"动画。主要是创建传统的补间动画，让静止的荷叶和荷花有在风中吹拂的感觉。

◎光盘：素材文件\第6章\风中的荷花.fla

01 绘制矩形

打开"光盘：素材文件\第6章\风中的荷花.fla"素材文件，选择矩形工具，在舞台中绘制没有笔触的矩形，为其填充渐变颜色。

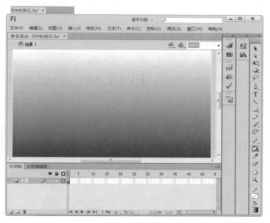

02 设置渐变色

打开"颜色"面板，设置渐变颜色，并设置各项参数。

03 调整背景矩形

①使用任意变形工具选中矩形，调整矩形的方向、大小和形状。②在第55帧处按【F5】键，添加帧。

04 拖动"远山"元件到舞台

①在"时间轴"面板中单击"新建图层"按钮，新建图层，并命名为"远山"。②打开"库"面板，将"远山"元件拖至舞台中，并移至合适位置。③在第55帧处按【F5】键，添加帧。

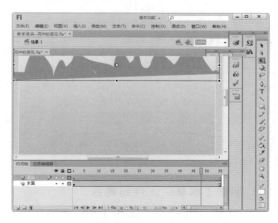

05 拖动"近山"元件到舞台

①在"时间轴"面板中单击"新建图层"按钮，新建图层，并命名为"近山"。②打开"库"面板，将"近山"元件拖至舞台中，并移至合适位置。③在第55帧处按【F5】键添加帧。

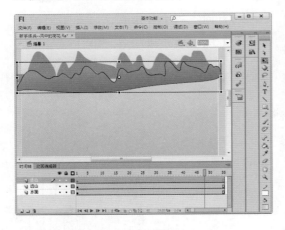

06 拖动"倒影"元件到舞台

① 在"时间轴"面板中单击"新建图层"按钮，新建图层，并命名为"倒影"。②打开"库"面板，将"倒影"元件拖至舞台中，移至合适位置。③在第55帧处按【F5】键，添加帧。

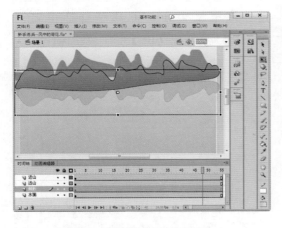

07 拖动"水草"元件到舞台

①新建图层，并为其命名为"水草"。②打开"库"面板，将"水草"元件拖至舞台中，并移至合适的位置。③在第55帧处按【F5】键，添加帧。

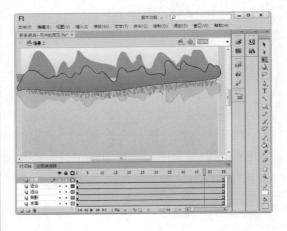

08 创建"荷叶1"动画

①新建图层，并命名为"荷叶1"。②在第55帧处按【F6】键，添加关键帧，创建传统补间动画。③在第15帧处添加关键帧，移动舞台对象"荷叶1"。④在第30帧处添加关键帧，移动舞台对象"荷叶1"。

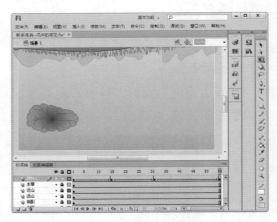

09 创建"荷叶2"动画

①新建图层，并为其命名为"荷叶2"。②在第55帧处按【F6】键，添加关键帧，创建传统补间动画。③在第30帧处添加关键帧，移动舞台对象"荷叶2"。

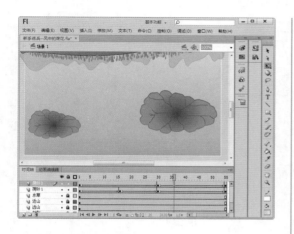

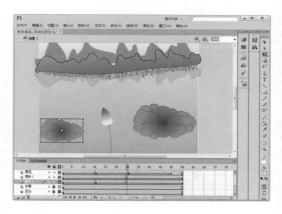

10 创建"荷花"动画

①新建图层，并为其命名为"荷花"。②在第50帧处按【F6】键，添加关键帧，创建传统补间动画。③在第15帧处添加关键帧，移动舞台对象"荷花"。④在第30帧处按【F6】键，添加关键帧，移动舞台对象"荷花"。⑤在第55帧处按【F5】键，添加帧。

11 测试动画效果

按【Ctrl+Enter】组合键，测试最终的动画效果。

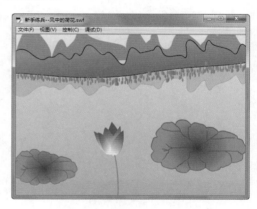

提高篇

第7章 Flash高级动画
制作

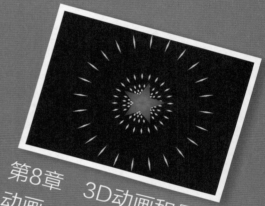

第8章 3D动画和骨骼
动画

第9章 应用声音与视频

第7章

Flash高级动画制作

本章主要针对Flash中两个高级动画的制作进行介绍，即遮罩动画和引导层动画。这两种动画在网站Flash动画设计中占据着非常重要的地位，一个Flash动画的创意层次主要体现在它们的制作过程中。

7.1 遮罩动画

遮罩动画由遮罩层和被遮罩层组成。遮罩层中用于放置遮罩的形状，被遮罩层中用于放置要显示的图像。遮罩动画的制作原理就是透过遮罩层中的形状将被遮罩层中的图像显示出来。

7.1.1 认识遮罩动画

遮罩动画可以获得聚光灯效果和过渡效果，使用遮罩层创建一个孔，通过这个孔可以看到下面的图层内容，如下图（左）所示。遮罩项目可以是填充的形状、文字对象、图形元件的实例或影片剪辑。将多个图层组织在一个遮罩层下，可以创建出更复杂的动画效果。

用户可以在遮罩层和被遮罩层中分别或同时创建补间形状动画、动作补间动画和引导层动画，从而使遮罩动画变成一个可以施展无限想象力的创作空间。如下图（右）所示即为遮罩图层。

7.1.2 创建遮罩动画

◎光盘：素材文件\第7章\遮罩动画.fla

要创建遮罩动画，通常需要3个图层：背景层、遮罩层和被遮罩层。其中，背景层的主要作用是放置一幅图片作为动画的背景；遮罩层可用于控制被遮罩层中对象的显示；被遮罩层主要用于放置需要显示的对象。遮罩动画可以用来制作动画中的转场效果。

下面将详细介绍创建遮罩动画，具体操作方法如下。

01 绘制矩形并转换为元件

①打开"光盘：素材文件\第7章\遮罩动画.fla"素材文件，单击"时间轴"面板中的 🔒 图标，锁定"图层1"图层。②单击"新建图层"按钮 🔲，新建"图层2"图层。③使用矩形工具绘制一个矩形，按【F8】键将其转换为元件。

02 添加关键帧

①在第35帧处按【F5】键，添加帧，将"图层2"的帧延长到第35帧。②在"图层2"的第25帧处按【F6】键，添加关键帧。

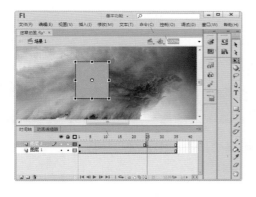

03 创建传统补间动画

在"图层2"图层中的第1帧和第25帧之间单击鼠标右键，在弹出的快捷菜单中选择"创建传统补间"命令。选择第1帧，将该帧中的实例进行缩小。

04 放大对象

选择第25帧，将该帧中的对象进行放大。

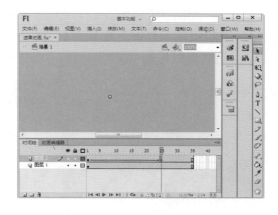

05 设置补间属性

选择动画帧中的任意一帧，在"属性"面板中设置补间属性。

06 选择"遮罩层"命令

①在"图层2"上单击鼠标右键。②在弹出的快捷菜单中选择"遮罩层"命令。

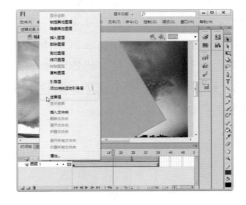

07 导入背景图片

①在"时间轴"面板中单击"新建图层"按钮 ，新建"图层3"图层，并调整其位置到"图层1"图层下方。②在"图层3"图层中插入"库"面板中的背景图片，并适当调整其大小。

08 测试遮罩动画效果

按【Ctrl+Enter】组合键，测试制作的遮罩动画效果。

7.1.3 应用实例

下面将通过两个简单的实例进一步巩固学习遮罩动画的制作方法与技巧。

1. 制作"储钱罐"动画

下面通过创建遮罩层来制作"储钱罐"动画，具体操作方法如下。

◎ 光盘：素材文件\第7章\储钱罐.fla

01 调整实例大小

①打开"光盘：素材文件\第7章\储钱罐.fla"素材文件，在"时间轴"面板中单击"新建图层"按钮 ，新建图层并命名为"储钱罐"。②打开"库"面板，将"储钱罐"元件拖至场景中。③使用任意变形工具调整该实例的大小。

02　调整实例大小和位置

①单击"新建图层"按钮，新建图层并命名为"硬币"。②打开"库"面板，将"硬币"元件拖至场景中。③使用任意变形工具调整实例大小，并移到合适的位置。

03　创建传统补间动画

①在第10帧处按【F6】键，添加关键帧。②将"硬币"对象移至储蓄罐入口。③在"硬币"图层中单击鼠标右键，在弹出的快捷菜单中选择"创建传统补间"命令。

04　创建传统补间动画

①在第20帧处按【F6】键，添加关键帧。②将"硬币"对象移至储蓄罐中。③在

第1帧和第10帧之间单击鼠标右键，在弹出的快捷菜单中选择"创建传统补间"命令。

05　绘制矩形

①单击"新建图层"按钮，新建图层并命名为"矩形"。②使用矩形工具绘制矩形，双击矩形进入编辑状态，按住【Ctrl】键的同时使用钢笔工具将其底边转换为弧形。

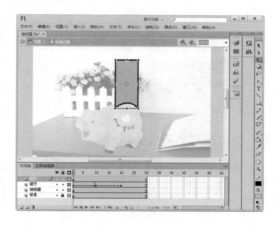

06　调整实例位置

①返回场景，用鼠标右键单击"矩形"图层，在弹出的快捷菜单中选择"遮罩层"命令，将其设置为遮罩层。在"时间轴"面板中单击 和 图标，取消锁定与隐藏显示。②调整"矩形"、"硬币"和"储钱罐"实例的位置。

07 查看动画效果

①将遮罩层和被遮罩层锁定，显示遮罩层内容。②移动播放头，查看动画效果。

08 测试遮罩动画效果

按【Ctrl+Enter】组合键，测试"储钱罐"动画效果。

2．制作"闪闪红星"动画

下面通过创建遮罩层来制作"闪闪红星"动画，具体操作方法如下。

01 绘制直线

①新建Flash文件，将背景设置为黑色。②使用线条工具绘制一条直线，将"笔触颜色"设置为黄色，将"笔触大小"设置为4。

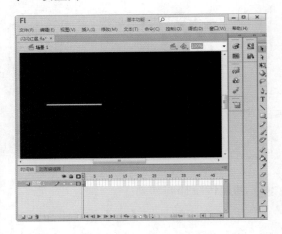

02 移动中心点

①使用任意变形工具选择绘制的图形，并将其中心点移至合适的位置。②按【Ctrl+T】组合键，打开"变形"面板，选择"旋转"单选按钮，并在数值框中输入15。

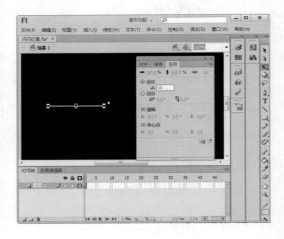

03 重制选区和变形

多次单击"重制选区和变形"按钮，即可重制出多条黄线。

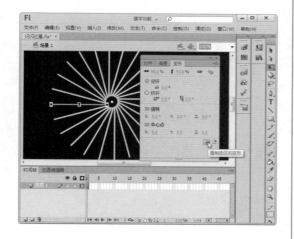

04 将线条转换为填充

①按【Ctrl+A】组合键，选择全部图形。②选择"修改"|"形状"|"将线条转换为填充"命令。

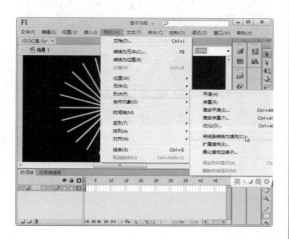

05 创建传统补间动画

在"图层1"图层中的第30帧处按【F6】键，添加关键帧并单击鼠标右键，在弹出的快捷菜单中选择"创建传统补间"命令。

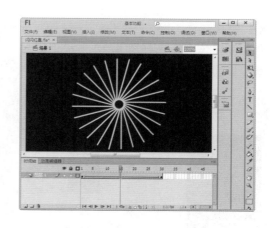

06 设置顺时针旋转

打开"属性"面板，在"旋转"下拉列表框中选择"顺时针"选项，将圈数设置为1。

07 复制并粘贴图形

①按【Ctrl+C】组合键，复制"图层1"图层的第1帧。②单击"新建图层"按钮 ，新建"图层2"图层，并选择第1帧，在舞台空白处单击鼠标右键。③在弹出的快捷菜单中选择"粘贴到当前位置"命令。

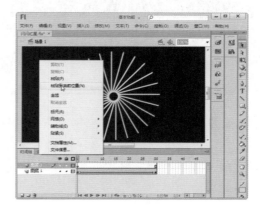

08 垂直翻转图形

选择"修改"|"变形"|"垂直翻转"命令，即可垂直翻转图形。

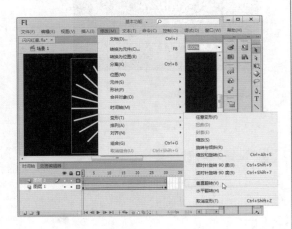

09 创建传统补间动画

在"图层 2"图层的第 30 帧处按【F6】键，插入关键帧，单击鼠标右键，在弹出的快捷菜单中选择"创建传统补间"命令。

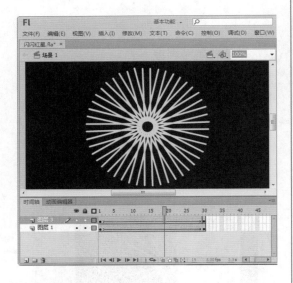

10 设置属性

打开"属性"面板，在"旋转"下拉列表框中选择"逆时针"选项，将旋转圈数设置为1。

11 设置为遮罩层

在"图层2"图层上单击鼠标右键，在弹出的快捷菜单中选择"遮罩层"命令，将其设置为遮罩层。移动播放头，查看动画效果。

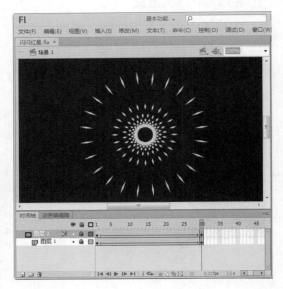

12 设置星形属性

①单击"新建图层"按钮，新建"图层3"。②选择多角星形工具，打开其"属性"面板，设置笔触颜色和大小。③单击"选项"按钮。④在弹出的对话框中设置各项参数。⑤单击"确定"按钮。

13 绘制星形

①拖动鼠标绘制星形。②使用线条工具将五角星各顶点连接，绘制成具有立体效果的星星。

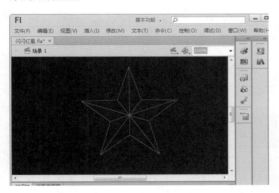

14 设置渐变颜色

①选择填充工具，单击"拾取颜色"按钮拾取红色"球形渐变"。②打开"颜色"面板，设置渐变颜色。

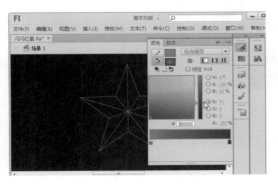

15 填充颜色

使用填充工具为星形中的每个三角形填充颜色。

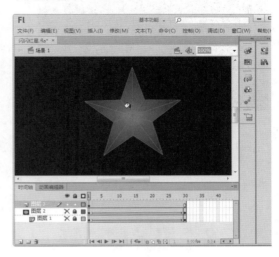

16 擦出线条

①选择橡皮擦工具，在"橡皮擦模式"中选择"擦除线条"模式。②擦除星形中的线条。

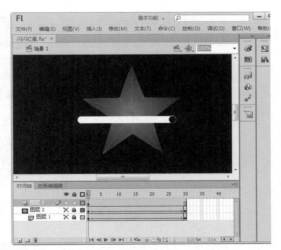

17 调整星形

显示其他图层内容，使用任意变形工具缩小星形，并将其拖至合适的位置。

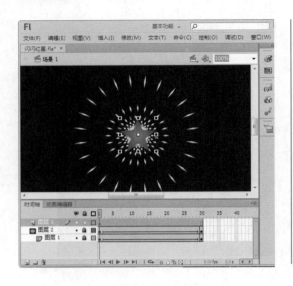

18 测试动画效果

按【Ctrl+Enter】组合键，测试"闪闪红星"动画效果。

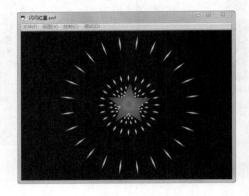

7.2 引导层动画

引导动画与遮罩动画相似，一般情况下，需要引导层、被引导层和背景层3个图层。具体作用是在引导层中绘制一个路径，然后使用被引导图层中的对象沿路径进行运动，其中可以建立多个被引导图层。

7.2.1 认识引导层动画

引导动画是指被引导对象沿着指定的路径进行运动的动画。引导动画是由引导层和被引导层组成的。引导层中用于绘制对象运动的路径，被引导层中用于放置运动的对象，如下图所示。在一个运动引导层下，可以建立一个或多个被引导层。

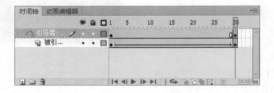

7.2.2 创建引导层动画

◎光盘：素材文件\第7章\引导动画.fla

下面将详细介绍引导动画的制作过程，具体操作方法如下。

01 绘制小球

①打开"光盘：素材文件\第7章\引导动画.fla"素材文件，单击"新建图层"按钮，新建"图层2"图层，创建一个名称为"小球"的图形元件，然后在其编辑模式下使用椭圆工具绘制一个无笔触的径向渐变填充的椭圆。

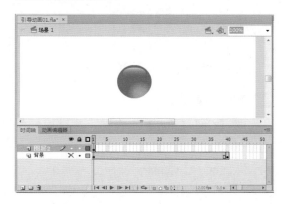

02 拖动并调整实例

①将"图层2"重命名为"小球"，选择该图层的第1帧。②将"库"面板中的"小球"实例拖至场景中的合适位置，并适当调整其大小。

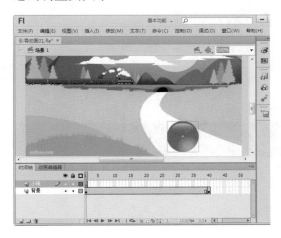

03 创建传统补间动画

①在"小球"图层的第40帧处按【F6】键，插入关键帧并单击鼠标右键，

在弹出的快捷菜单中选择"创建传统补间"命令。②使用任意变形工具对该帧中的"小球"实例进行缩小。

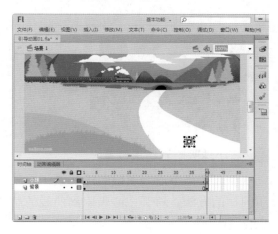

04 添加传统运动引导层

在"小球"图层名称上单击鼠标右键，在弹出的快捷菜单中选择"添加传统运动引导层"命令。选择该引导层的第1帧，并使用铅笔工具绘制一条曲线。

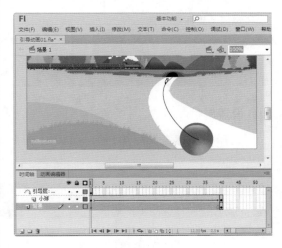

05 将小球吸附到开始位置

①在引导层第40帧处按【F5】键，添加帧。②将该帧中的"小球"实例移至上一步所绘制曲线开始位置，使其中心吸附在曲线上。

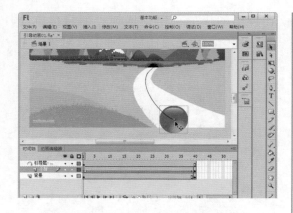

06 将小球吸附到结束位置

①选择"小球"图层的第40帧。②采用同样的方法，将其中心吸附到曲线的结束位置。

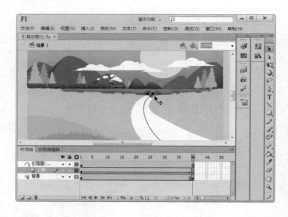

07 设置属性

选择"小球"图层第1帧～第40帧之间

的任意一帧，打开"属性"面板，设置各项参数。

08 测试动画效果

按【Ctrl+Enter】组合键，测试引导层动画效果。

7.2.3 应用实例

下面将通过两个简单的实例进一步巩固和学习引导层动画的制作方法与技巧。

1．制作"落叶"动画

下面通过创建引导层来制作"落叶"动画，具体操作方法如下。

◎光盘：素材文件\第7章\落叶.fla

01 设置背景

①打开"素材文件\第7章\落叶.fla"素材文件，将"库"面板中的"背景"元件移到舞台中，在第50帧处按【F5】键，添加帧。②为了便于操作，在"时间轴"面板中单击🔒和👁图标，将背景锁定和隐藏。

02 添加关键帧

①单击"新建图层"按钮🔲，新建"图层2"图层。②打开"库"面板，将"叶子01"元件拖至舞台中。③在第50帧处按【F6】键，添加关键帧。

03 绘制引导线

①将鼠标移至"图层1"图层名称处单击鼠标右键，在弹出的快捷菜单中选择"添加传统运动引导层"命令。②使用铅笔工具在舞台中绘制一条曲线。

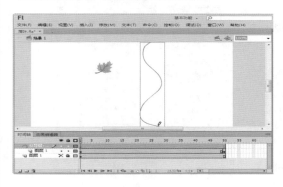

04 创建传统补间动画

①选中第1帧，将"叶子01"实例拖到引导线顶端，并吸附到引导线上。②选中第50帧，将叶子实例拖至引导线末端，并吸附到引导线上。③在"图层2"图层的第1帧～第50帧之间单击鼠标右键，在弹出的快捷菜单中选择"创建传统补间"命令。

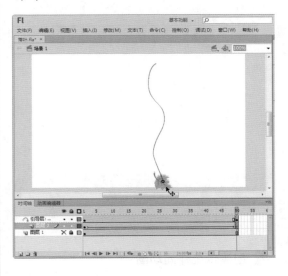

05 设置旋转属性

①打开"属性"面板，单击"旋转"下拉按钮，在打开的下拉列表框中选择"逆时针"选项，将旋转圈数设置为2。②选择"贴紧"、"调整到路径"和"缩放"复选框。

06 添加"引导层"

①单击"新建图层"按钮，新建"图层3"图层，将"叶子02"元件拖至舞台中，在第50帧处按【F6】键，添加关键帧。②在"图层3"图层上单击鼠标右键，选择"添加传统运动引导层"命令。③使用铅笔工具在舞台中绘制一条曲线。

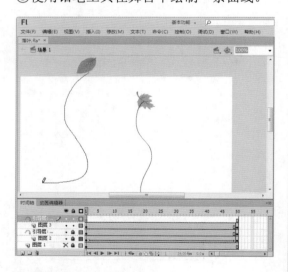

07 创建传统补间动画

①选中第1帧，将"叶子02"实例拖到引导线顶端，并吸附到引导线上。②选中第50帧，将叶子实例拖至引导线末端，并吸附到引导线上。③在"图层2"图层中单击鼠标右键，在弹出的快捷菜单中选择"创建传统补间"命令。

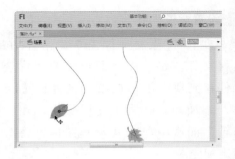

08 设置旋转属性

①打开"属性"面板，单击"旋转"下拉按钮，在打开的下拉列表框中选择"顺时针"选项，将旋转圈数设置为1。②选择"贴紧"、"调整到路径"和"缩放"复选框。

09 延长帧

①在"时间轴"面板中单击 图标，显示图层。②选中所有图层的第50帧，按【F5】键添加帧，将所有图层帧都延长至第60帧，移动播放头查看效果。

10 测试动画效果

　　按【Ctrl+Enter】组合键，测试"落叶"动画效果。

2. 制作"蝴蝶飞"动画

　　下面通过创建引导层来制作"蝴蝶飞"动画，具体操作方法如下。

◎光盘：素材文件\第7章\蝴蝶飞.fla

01 拖动元件至舞台

　　①打开"光盘：素材文件\第7章\蝴蝶飞.fla"素材文件，在"时间轴"面板中单击图标，将"背景"图层锁定。②单击"新建图层"按钮，新建"图层2"图层。③打开"库"面板，将"蝴蝶1"和"蝴蝶2"元件拖至舞台中的合适位置，使用任意变形工具调整其大小。

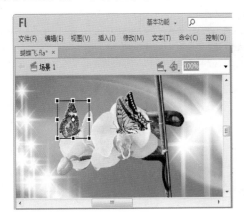

02 使用套索工具抠图

　　①单击"新建图层"按钮，新建"图层3"。②将位图"蝴蝶1"拖到舞台中。③按【Ctrl+B】组合键，将其分离，使用套索工具将需要的蝴蝶抠出来。④使用任意变形工具调整其大小。

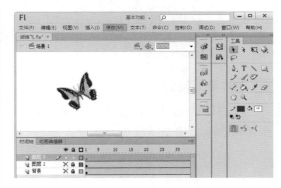

03 转换为影片剪辑

　　①选中舞台中的对象，选择"修改"｜"转换为元件"命令。②在弹出的"转换为元件"对话框中选择"影片剪辑"类型，修改名称为01，单击"确定"按钮。

04 使用任意变形工具修改翅膀

　　双击舞台中的影片剪辑，进入编辑状态。使用任意变形工具将其转正，在第5帧处按【F6】键，添加关键帧，选中舞台对象的半边翅膀，调整其大小，同样修改另一边。

05 制作逐帧动画

按照翅膀拍打顺序复制并粘贴帧，制作逐帧动画。移动播放头，查看效果。

06 调整"影片剪辑01"

①返回"场景1"，显示背景。②调整"影片剪辑01"大小，并移至合适位置，旋转一定的角度。

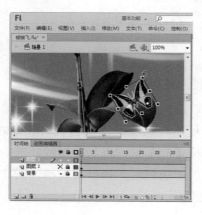

07 创建新元件

①按【F8】键，弹出"创建新元件"对话框。选择"影片剪辑"类型，修改名称为02。②单击"确定"按钮。

08 使用套索工具抠图

①将位图"蝴蝶3"拖到舞台中，按【Ctrl+B】组合键，将其分离。②使用套索工具将蝴蝶抠出来，使用任意变形工具调整其大小。

09 制作逐帧动画

按照制作"影片剪辑01"的方法制作"影片剪辑02"的逐帧动画。

10 添加传统动画引导层

①单击"新建图层"按钮，新建"图层4"。②打开"库"面板，将"影片剪辑02"拖至舞台中，在第40帧处按【F6】键，添加关键帧。③在"图层4"图层名称上单击鼠标右键，在弹出的快捷菜单中选择"添加传统运动引导层"命令，绘制引导线。

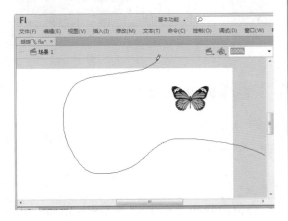

11 将对象吸附到引导线

①选中"图层4"图层中的第1帧，使用选择工具将舞台中的对象移至引导线顶端。②选中第40帧，将舞台对象移至引导线末端。

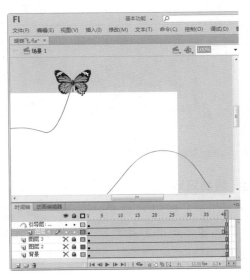

12 设置属性

①在"图层4"图层中单击鼠标右键，在弹出的快捷菜单中选择"创建传统补间"命令。②打开"属性"面板，选择"调整到路径"、"贴紧"和"缩放"复选框。

13 查看动画效果

①在"时间轴"面板中单击 👁 图标，显示图层中所有的隐藏内容。②移动播放头，查看动画效果。

14 测试动画效果

按【Ctrl+Enter】组合键，测试"蝴蝶飞"动画效果。

7.3 举一反三——制作"百叶窗"动画

下面将运用本章所学的知识，制作"百叶窗"动画效果。

◎ 光盘：素材文件\第7章\百叶窗1.fla

01 打开素材文件

打开"光盘：素材文件\第7章\百叶窗1.fla"文件。

02 新建影片剪辑

①选择"插入"|"新建元件"命令，

在弹出的快捷菜单中选择"影片剪辑"类型，命名为"叶窗"，进入编辑状态。②按【F8】键，再新建一个影片剪辑，并命名为"窗叶"。

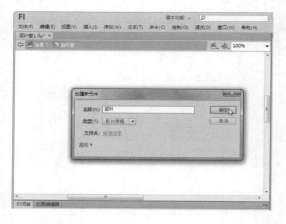

03 绘制矩形

①进入到影片剪辑"窗叶"编辑状态。②使用矩形工具绘制一个没有笔触的矩形。

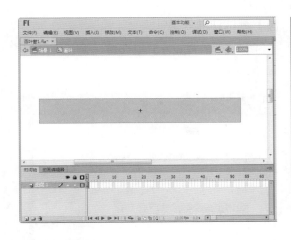

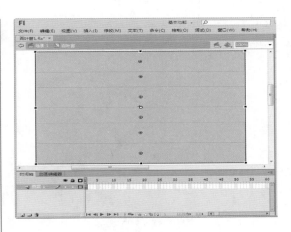

04 编辑矩形

①在第40帧处按【F6】键，添加关键帧。②使用任意变形工具对矩形进行变形。③在"图层1"图层中单击鼠标右键，在弹出的快捷菜单中选择"创建传统补间"命令。

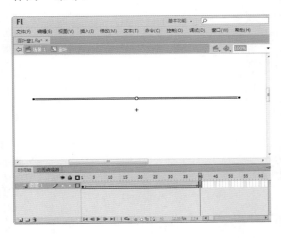

05 编辑"百叶窗"

①打开"库"面板，双击影片剪辑"百叶窗"，进入影片剪辑编辑状态。②将影片剪辑"窗叶"拖至"百叶窗"中，多拖动几个影片剪辑"窗叶"构成矩形。

06 拖动"百叶窗"到场景

①返回"场景1"中，单击"新建图层"按钮，新建"图层3"图层。②打开"库"面板，将影片剪辑"百叶窗"拖至场景中。

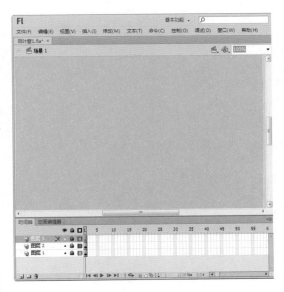

07 设置遮罩层

用鼠标右键单击"图层3"图层，在弹出的快捷菜单中选择"遮罩层"命令，创建遮罩层。

08 测试动画效果

　　按【Ctrl+Enter】组合键，测试"百叶窗"动画效果。

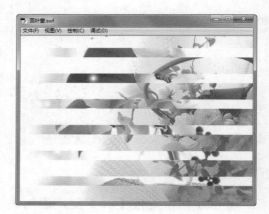

第 8 章

3D动画和骨骼动画

在Flash CS6中，对骨骼工具和3D工具进行了改进，使用户操作起来更加方便。本章将详细介绍如何使用3D工具制作具有立体空间感的动画，以及使用骨骼工具制作IK反向运动动画。

8.1 制作3D动画

前面已经学习过使用3D工具制作3D图像，下面将学习如何制作3D动画。在制作3D动画时，除了使用3D工具对实例进行旋转和移动外，还可以使用"变形"和"属性"面板进行精确的3D旋转和3D定位。

8.1.1 制作3D旋转动画

要制作3D动画，只需在影片剪辑实例的补间动画上添加3D属性即可。下面以制作一个3D旋转动画为例进行介绍，具体操作方法如下。

01 设置矩形工具属性

①新建Flash文档，并将其保存为"3D旋转动画"。②选择矩形工具，并设置其属性。

02 绘制图形

①在舞台中绘制矩形并将其选中。②按【Ctrl+C】组合键，复制形状。③在舞台上单击鼠标右键，在弹出的快捷菜单中选择"粘贴到当前位置"命令。

03 调整矩形形状和颜色

①选择任意变形工具，在按住【Alt】键的同时调整矩形大小。②在"属性"面板中更改形状颜色。

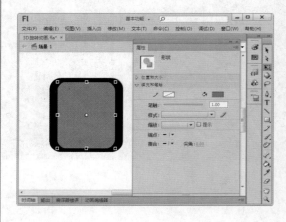

04 转换为影片剪辑元件

①按【Delete】键，删除红色的矩形。②选择舞台上的形状，按【F8】键将其转换为"零件1"的影片剪辑元件。

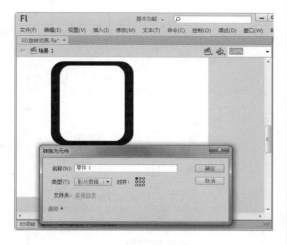

05 粘贴元件

①按【Ctrl+C】组合键复制"零件1"实例。②在舞台的空白位置单击鼠标右键。③在弹出的快捷菜单中选择"粘贴到当前位置"命令。

06 旋转实例

按【Ctrl+T】组合键，打开"变形"面板，设置其绕X轴旋转90°。

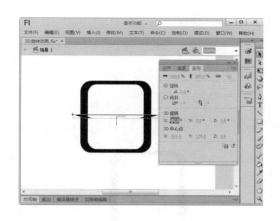

07 转换为影片剪辑

①选中舞台上的实例。②按【F8】键，在弹出的对话框中将其转换成名为"零件2"的"影片剪辑"元件。

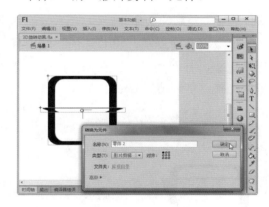

08 创建补间动画

①在第50帧处按【F5】键插入普通帧。②选择"插入"|"补间动画"命令，创建补间动画。

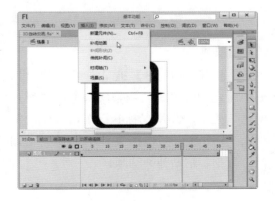

09 设置关键帧

①将播放头移至第50帧。②在"变形"面板中设置沿X轴3D旋转-179°。

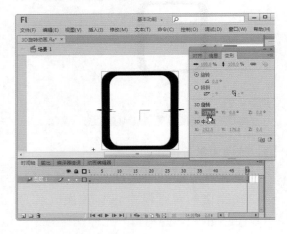

10 选择"复制帧"命令

①双击补间动画，将其选中。②用鼠标右键单击补间动画。③在弹出的快捷菜单中选择"复制帧"命令。

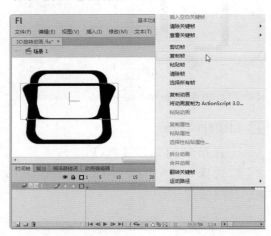

11 粘贴帧

①按【Ctrl+F8】键，在弹出的对话框中新建一个名为"旋转动画"的"影片剪辑"元件。②用鼠标右键单击其中的第1帧。③在弹出的快捷菜单中选择"粘贴帧"命令，粘贴补间动画。

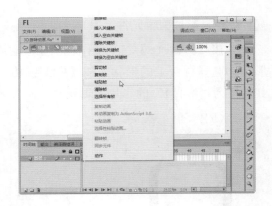

12 预览动画

①拖动播放头，预览动画。②单击"场景1"标签，返回场景。

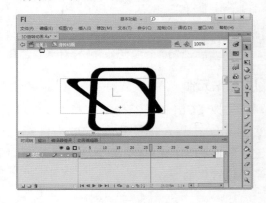

13 创建"旋转动画"实例

①单击"新建图层"按钮，新建"图层2"，并按【Delete】键删除"图层1"图层。②在"图层2"图层中删除多余的帧。③将"旋转动画"元件从"库"面板拖至舞台中。

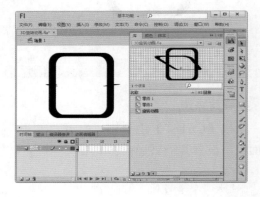

14 3D旋转图形

打开"变形"面板，选择实例，设置其3D旋转参数。

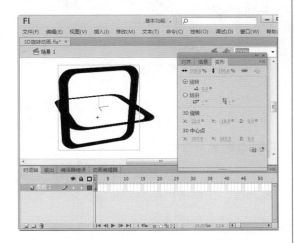

15 添加"渐变斜角"滤镜

①打开"属性"面板，设置文档背景颜色为深灰色。②选择实例，在"属性"面板中为其添加"渐变斜角"滤镜，并设置参数。

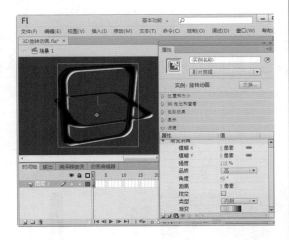

16 添加"发光"滤镜

在"属性"面板中为其添加"发光"滤镜，并设置参数。

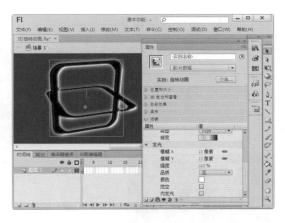

17 添加"投影"滤镜

在"属性"面板中为其添加"投影"滤镜，并设置参数。

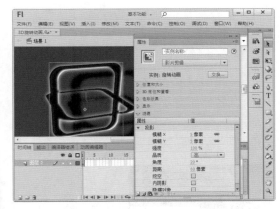

18 设置实例属性

①在实例的"属性"面板进行3D定位。②调整消失点的位置。

19 选择"另存为"命令

①在实例的"滤镜"属性列表下方单击"预设"按钮。②在打开菜单中选择"另存为"命令。

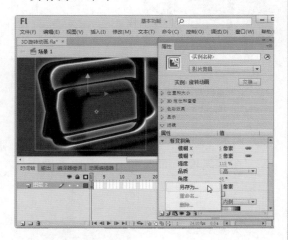

20 保存滤镜预设

①弹出"将预设另存为"对话框，输入预设名称。②单击"确定"按钮。

21 选择"直接复制"命令

①打开"库"面板，用鼠标右键单击"旋转动画"元件。②在弹出的快捷菜单中选择"直接复制"命令。

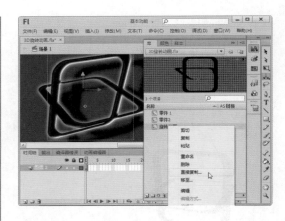

22 复制影片剪辑元件

①弹出"直接复制元件"对话框，输入名称。②单击"确定"按钮。

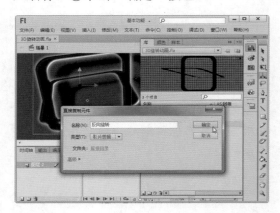

23 翻转关键帧

①双击"反向旋转"元件，进入其编辑状态。②用鼠标右键单击补间动画。③在弹出的快捷菜单中选择"翻转关键帧"命令。

24 设置实例属性

①单击"新建图层"按钮▣，新建"图层3"，并将"反向旋转"元件拖至舞台中。②在"变形"面板中设置其3D旋转属性。③在"属性"面板中设置实例位置。

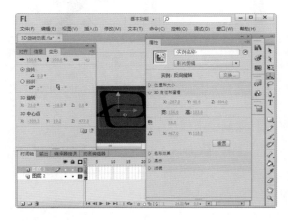

25 应用"3D旋转"滤镜

选择"反向旋转"实例，在"属性"面板中为其应用前面保存的"3D旋转"滤镜。

26 复制实例

①在"变形"和"属性"面板中重新设置旋转动画实例的3D旋转及位置。②按住【Ctrl】键的同时拖动旋转动画实例，复制该实例，并在"属性"面板中对其进行定位。

27 测试3D动画

按【Ctrl+Enter】组合键，即可测试制作的3D动画效果。

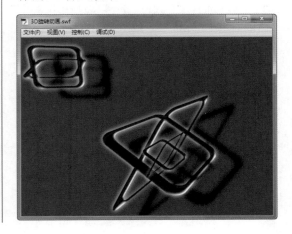

8.1.2 制作翻书动画

下面将根据提供的多张图片素材，利用3D工具制作"翻书"动画效果。在制作过程中，需要使用3D旋转工具对图片进行翻转，还要创建辅助图层，以适应翻页后的页面改动，具体操作方法如下。

01 设置文档属性

①新建Flash文档，并将其保存为"翻书动画"。②在"属性"面板中设置文档属性。

02 导入素材图片

①将"图层1"图层重命名为"国画1"。②在第31帧处按【F6】键，插入关键帧。③按【Ctrl+R】组合键，弹出"导入"对话框，选择"光盘：素材文件\第8章\国画\国画（1）.jpg"素材文件。④单击"打开"按钮。

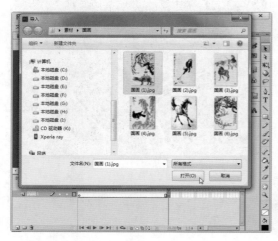

03 设置图片高度

①选择导入的素材图片。②打开"属性"面板，设置高度为500像素。

04 绘制参考线

①按【Ctrl+Alt+Shift+R】组合键，显示标尺。②在标尺上按住鼠标左键并拖动，绘制参考线。

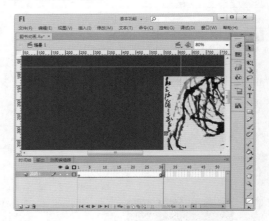

05 转换为影片剪辑元件

①将素材图片对齐参考线。②按【F8】键，在弹出的对话框中将其转换为"影片剪辑"元件。

06 绘制矩形

①单击"新建图层"按钮，新建"条纹"图层，并将其移至"国画1"图层下方。②使用矩形工具沿着参考线绘制矩形。

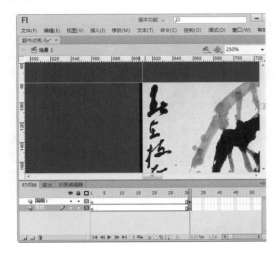

07 转换为影片剪辑元件

①选择绘制的矩形。②按【F8】键，在弹出的对话框中将其转换为影片剪辑元件。

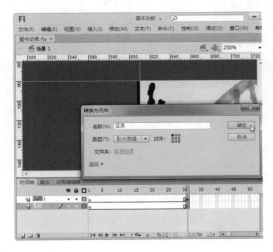

08 创建补间动画

①选择"国画1"图层的第31帧。②选择"插入"|"补间动画"命令。

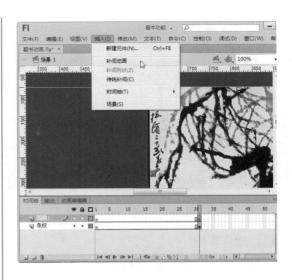

09 设置补间动画长度

①将补间动画延长至第80帧。②将播放头移至第50帧位置。③延长"条纹"图层的帧数。

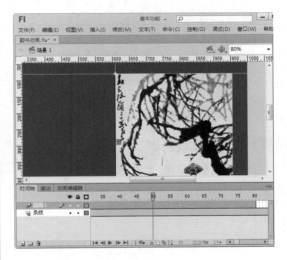

10 设置旋转控件

①选择3D旋转工具。②在舞台中选择"国画1"实例。③将3D旋转控件的中心点移至实例左侧边缘。④按【Ctrl+F3】组合键，打开"属性"面板，设置透视角度。

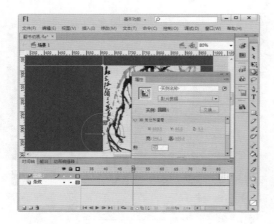

11 旋转实例

拖动旋转轴控件，旋转实例。

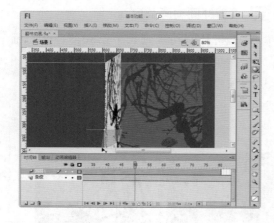

12 再一次旋转实例

①将播放头移至第70帧位置。②拖动旋转轴控件，旋转实例，完成翻页动画的制作。

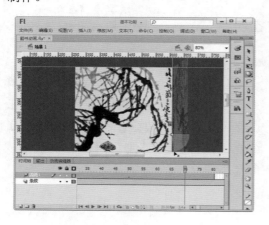

13 设置缓动属性

①打开"动画编辑器"面板。②在"缓动"选项组中添加"停止并启动（慢）"缓动。③设置缓动的值为-100。

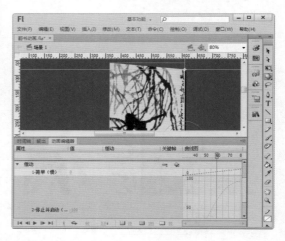

14 应用缓动

在"基本动画"选项组中应用"停止并启动（慢）"缓动。

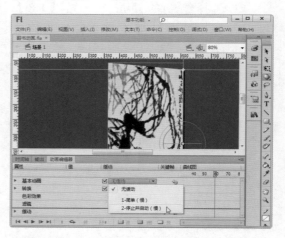

15 另存为动画预设

①在"时间轴"面板中用鼠标右键单击补间动画。②在弹出的快捷菜单中选择"另存为动画预设"命令。

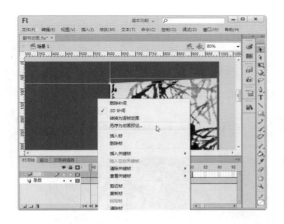

16 保存预设

①弹出"将预设另存为"对话框，输入预设名称。②单击"确定"按钮。

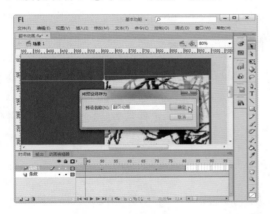

17 新建图层并插入关键帧

①单击"新建图层"按钮，新建"国画2"图层。②在第81帧处按【F6】键，插入关键帧。

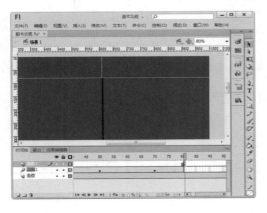

18 导入素材文件

①按【Ctrl+R】组合键，弹出"导入"对话框。②选择"国画（2）.jpg"素材文件。③单击"打开"按钮。

19 转换为影片剪辑

①导入素材到舞台后，使用"属性"面板设置其高度为300像素。②对齐"国画2"到参考线。③按【F8】键，在弹出的对话框中将其转换为影片剪辑元件。

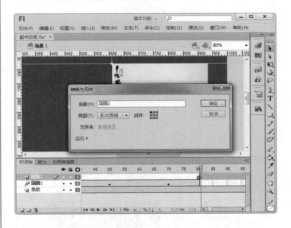

20 应用动画预设

①选择"国画2"实例。②打开"动画预设"面板，选择自定义的动画预设。③单击"应用"按钮。

21 查看动画效果

拖动播放头，查看翻页动画效果。

22 制作其他翻页动画

按照步骤17～步骤20的操作方法，导入其他素材图像，并应用动画预设。

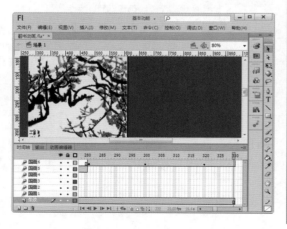

23 新建"辅助"图层

选择"条纹"图层，单击"新建图层"按钮，新建一个名为"辅助"的图层。

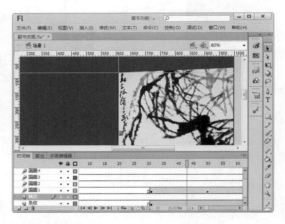

24 制作辅助页

①在第31帧处按【F6】键，插入关键帧。②打开"库"面板，将"国画6"～"国画2"元件依次移至舞台中，并与参考线对齐，制作翻页动画右侧的辅助页。

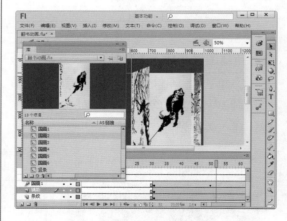

25 插入关键帧并删除实例

①在"辅助"图层的第81帧处按【F6】键，插入关键帧。②选择"国画2"实例并按【Delete】键，将其删除。

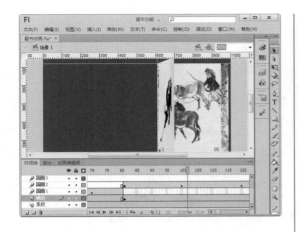

26 逐个删除实例

①同样，在第131帧处插入关键帧，删除该帧中的"国画3"实例。②在第181帧处插入关键帧，删除该帧中的"国画4"实例。③在第231帧处插入关键帧，删除该帧中的"国画5"实例。④在第281帧处插入关键帧，删除该帧中的"国画6"实例。

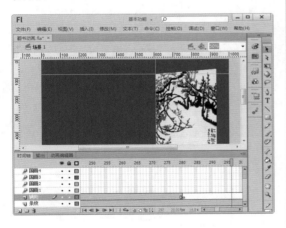

27 制作左侧辅助页

①选择"条纹"图层，单击"新建图层"按钮，新建"辅助2"图层。②在第81帧处按【F6】键，插入关键帧。③将"国画1"图层第80帧的实例粘贴到"辅助2"图层的第81帧，以制作左侧的辅助页。

28 插入关键帧并粘贴实例

①在第131帧处按【F6】键，插入关键帧。②将"国画2"图层第130帧的实例粘贴到"辅助2"图层的第131帧。

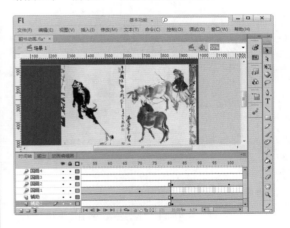

29 逐个粘贴实例

①同样，在第181帧处插入关键帧，将"国画3"图层第180帧的实例粘贴到"辅助2"图层第181帧。②在第231帧处插入关键帧，将"国画4"图层第230帧的实例粘贴到"辅助2"图层第231帧。③在第281帧处插入关键帧，将"国画5"图层第280帧的实例粘贴到"辅助2"图层第281帧。

30 复制并粘贴帧

①在"辅助"图层的第31帧复制帧，将其粘贴到第20帧。②在"国画1"图层的第31帧复制帧，将其粘贴到第20帧。

31 新建遮罩层

①选择"国画1"图层，单击"新建图层"按钮，并将其重命名为"遮罩"。②在第20帧处按【F6】键，插入关键帧。③使用矩形工具绘制矩形。

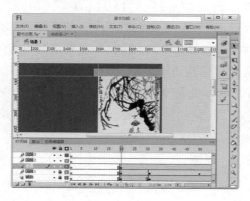

32 插入空白关键帧

在"遮罩"图层第30帧处按【F7】键，插入空白关键帧。

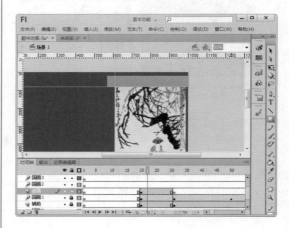

33 调整矩形形状

①在"遮罩"图层第29帧处按【F6】键，插入关键帧。②使用任意变形工具调整矩形形状。

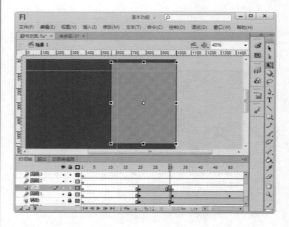

34 设置为遮罩层

①在"遮罩"图层第20帧～第29帧之间单击鼠标右键，在弹出的快捷菜单中选择"创建补间动画"命令。②用鼠标右键单击"遮罩"图层。③在弹出的快捷菜单中选择"遮罩层"命令。

35 设置被遮罩层

①将"辅助"图层拖入遮罩层中，使其成为被遮罩层。②拖动播放头，查看遮罩动画效果。

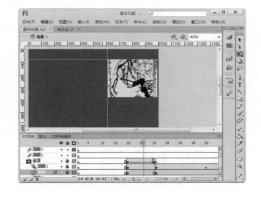

36 输入文字

①在"遮罩"图层上方新建"文字"图层。②使用文字工具输入文字并设置字符格式。③在第20帧处按【F6】键，插入关键帧。

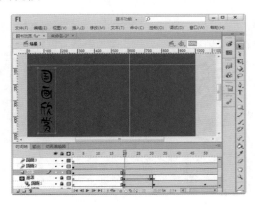

37 应用默认动画预设

①选择"文字"图层第1帧中的文字。②打开"动画预设"面板，选择默认预设中的"从底部飞入"预设。③在按住【Shift】键的同时单击"应用"按钮。

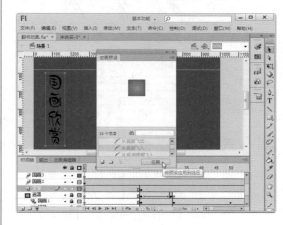

38 调整补间动画

①在弹出的提示信息框中单击"确定"按钮，根据需要调整运动路径。②调整补间动画的长度到第19帧。

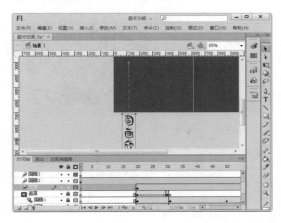

39 导入背景图片

①单击"新建图层"按钮，新建"背景"图层，并导入背景图片。②按【Ctrl+Enter】组合键，测试动画。

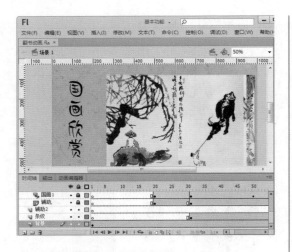

40 设置条纹图层为被遮罩层

①经测试发现"条纹"图层也需要和"辅助"、"国画1"图层一样成为被遮罩层。在"条纹"图层的第31帧复制帧，将其粘贴到第20帧。②将其拖动到"遮罩"图层下方。

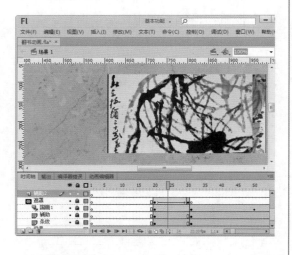

41 添加停止代码

①单击"新建图层"按钮，新建"停止"图层。②在最后一帧处按【F6】键，插入关键帧。③按【F9】键，打开"动作"面板，输入代码"stop();"。

42 新建按钮元件

①按【Ctrl+F8】组合键，新建一个名为replay的按钮元件。②在其编辑状态下对其各帧进行编辑。

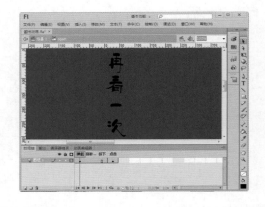

43 设置实例名称

①选择"停止"图层的最后一帧。将"库"面板中的replay按钮元件拖入到舞台的合适位置。②打开按钮实例的"属性"面板，输入实例名称。

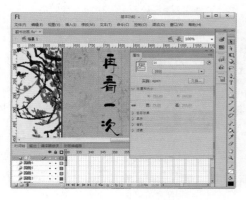

44 添加replay代码

①按【F9】键，打开"动作"面板，在"停止"图层的最后一帧输入replay代码。②按【Ctrl+S】组合键，保存文档。

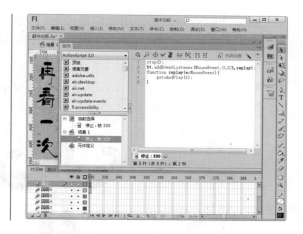

8.2　IK反向运动

Inverse Kinematics（反向运动）简称IK，是依据反向运动学的原理对层次连接后的复合对象进行运动设置。与正向运动不同，运用IK系统控制层末端对象的运动，系统将自动计算此变换对整个层次的影响，并据此完成复杂的复合动画。

8.2.1　关于反向运动

反向运动（IK）是一种使用骨骼工具对对象进行动画处理的方式，这些骨骼按父子关系连接成线性或枝状的骨架。当一个骨骼移动时，与其连接的骨骼也会发生相应的移动。

使用反向运动可以方便地创建自然运动。例如，通过反向运动可以更加轻松地创建人物动画，如胳膊、腿和面部表情。若要使用反向运动进行动画处理，只需在"时间轴"面板上指定骨骼的开始和结束位置。Flash将自动在起始帧和结束帧之间对骨架中骨骼的位置进行内插处理。

在Flash中，可以按照以下两种方式使用IK。

第一种方式是通过添加将每个实例与其他实例连接在一起的骨骼，用关节连接一系列的元件实例（注意，每个实例都只有一个骨骼）。例如，通过将躯干、上臂、下臂和手连接在一起，创建逼真移动的胳膊。可以创建一个分支骨架，以包括两个胳膊、两条腿和头，如下图（左）所示。人像的肩膀和臀部是骨架中的分支点。默认的变形点是根骨的头部、内关节，以及分支中最后一个骨骼的尾部。

第二种方式是使用形状作为多块骨骼的容器，如下图（中）所示为一个已添加IK骨架的形状。例如，可以向蛇的图画中添加骨骼，以使其逼真地爬行。用户可以在"对象绘制"模式下绘制这些形状。每块骨骼的头部都是圆的，而尾部是尖的。所添加的第一个骨骼（即根骨）的头部有一个圆。

需要注意的是，要使用反向运动，FLA文件必须在"发布设置"对话框中将"脚本"设置为ActionScript 3.0，如下图（右）所示。

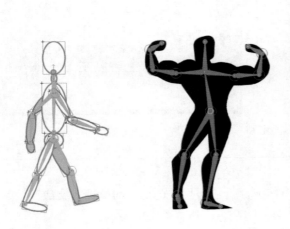

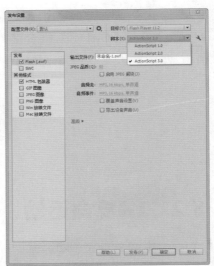

8.2.2　向元件添加骨架

◎光盘：素材文件\第8章\兔子.fla

用户可以向影片剪辑、图形和按钮实例添加 IK 骨骼。向元件实例添加骨骼时，会创建一个链接实例链，它可以是一个简单的线性链或分支结构。在添加骨骼之前，元件实例可以在不同的图层上。添加骨骼时，Flash将它们移至新的姿势图层上。

01 延长帧

　　①打开"光盘：素材文件\第8章\兔子.fla"素材文件。②将"图层1"图层延长至第30帧。

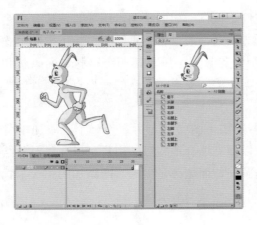

02 绘制小圆

　　①使用椭圆工具在舞台下方绘制一个黑色小圈。②按【F8】键，在弹出的对话框中将其转换为"影片剪辑"元件。

03 调整中心点位置

①选择任意变形工具。②调整图像中各实例中心点的位置。

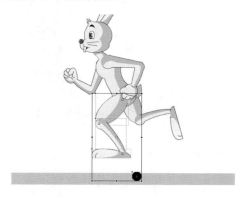

05 添加其他骨骼

从第一个骨骼的尾部拖动添加到骨架的下一个元件实例，添加其他骨骼。默认情况下，Flash将每个元件实例的中心点移至由每个骨骼连接构成的连接位置。

04 绘制骨骼

选择骨骼工具，单击舞台下方的圆点实例，然后拖动到大腿元件实例的中心点，以创建链接。在拖动时将显示骨骼，松开鼠标后，在两个元件实例之间将显示实心的骨骼。每个骨骼都具有头部（圆端）和尾部（尖端）。

在向实例中添加骨骼时，Flash将每个实例移至"时间轴"面板的新图层中，即姿势图层。与给定骨架关联的所有骨骼和元件实例都驻留在姿势图层中。每个姿势图层只能包含一个骨架。

创建IK骨架后，可以在骨架中拖动骨骼或元件实例以重新定位实例。拖动骨骼会移动其关联的实例，但不允许它相对于其骨骼进行旋转。拖动实例允许它移动及相对于其骨骼旋转。拖动分支中间的实例可导致父级骨骼通过连接旋转而相连。子级骨骼在移动时没有连接旋转。

8.2.3 编辑IK骨架和对象

创建骨骼后，可以使用多种方法对其进行编辑，如可以重新定位骨骼及其关联的对象，在对象内移动骨骼，更改骨骼的长度，删除骨骼，以及编辑包含骨骼的对象。

1. 选择骨骼及其关联对象

要对骨架及其关联对象进行编辑，首先要将其选中，具体操作方法如下。

01 选择骨架

①使用选择工具单击骨骼，即可将其选中。②在其"属性"面板中单击"父级"或"子级"按钮，即可选择与其关联的骨骼。

02 选择多个骨骼

①在按住【Shift】键的同时使用选择工具单击骨骼，可以选择多个骨骼。②双击骨骼，即可选择全部骨骼。

03 选择实例

若要选择IK形状或元件实例，只需使用选择工具单击它即可。

2. 删除骨骼

若要删除单个骨骼及其所有子级，可将其选中后按【Delete】键，即可将其删除，如下图所示。若要从某个IK形状或元件骨架中删除所有的骨骼，可选择该形状或该骨架中的任何元件实例，然后选择"修改"|"分离"命令，IK形状将还原为正常形状。

3. 重新定位骨骼和对象

用户可以通过重新定位骨骼或其关联对象来编辑IK骨架，具体操作方法如下。

01 定位骨架

①拖动骨架中的任何骨骼，即可重新定位线性骨架。②如果骨架已连接到元件实例，还可以拖动实例。

02 定位分支

若要重新定位骨架的某个分支，可以拖动该分支中的任何骨骼，该分支中的所有骨骼都将移动，但骨架其他分支中的骨骼不会移动。

03 旋转子骨骼

若要将某个骨骼与其子级骨骼一起旋转而不移动父级骨骼，可按住【Shift】键并拖动该骨骼。

04 移动骨骼对象位置

若要将骨骼对象移至舞台上的新位置，可在属性检查器中选择该对象，并更改其 X 和 Y 属性。

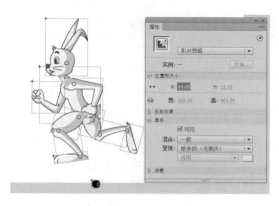

4．移动骨骼

用户可以根据需要移动骨骼的位置，具体操作方法如下。

01 移动骨骼位置

若要移动IK形状内骨骼任意一端的位置，可使用部分选取工具拖动骨骼的一端。

02 移动骨骼连接位置

若要移动元件实例内骨骼连接、头部或尾部的位置，可使用任意变形工具调节实例中心点的位置，这时骨骼将随中心点移动。

01 添加控制点

选择部分选择工具，要显示IK形状边界的控制点，可单击形状的笔触。若要添加新的控制点，可单击笔触上没有任何控制点的部分。

03 移动单个实例

若要移动单个元件实例而不移动任何其他连接的实例，可按住【Alt】键拖动该实例，或使用任意变形工具拖动它。连接到实例的骨骼将变长或变短，以适应实例的新位置。

02 修改形状

要移动控制点，可拖动该控制点。要删除现有的控制点，可通过单击来选择它，然后按【Delete】键。若要修改形状，可调整控制点的位置及曲率。

5．编辑IK形状

使用部分选取工具可以在IK形状中添加、删除和编辑轮廓的控制点，具体操作方法如下。

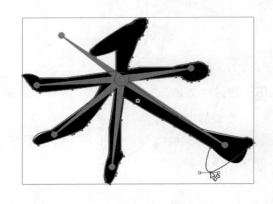

6．绑定骨骼到形状点

默认情况下，形状的控制点连接到离它们最近的骨骼。在移动IK形状骨架时，形状的笔触并不按令人满意的方式扭曲，这时可以使用绑定工具编辑单个骨骼和形状控制点之间的连接，这样就可以控制在每个骨骼移动时笔触扭曲的方式，以获得更加满意的结果。

用户可以将多个控制点绑定到一个骨骼，以及将多个骨骼绑定到一个控制点。使用绑定工具单击控制点或骨骼，将显示骨骼和控制点之间的连接，然后可以按各种方式更改连接。

（1）加亮控制点

要加亮显示已连接到骨骼的控制点，可在骨骼工具组中选择绑定工具，单击该骨骼即可加亮控制点，如下图（左）所示。

（2）添加控制点

要向选定的骨骼添加控制点，可在按住【Shift】键的同时单击未加亮显示的控制点。也可通过按住【Shift】键拖动来选择要添加到选定骨骼的多个控制点，如下图（右）所示。

（3）删除控制点

要从骨骼中删除控制点，可在按住【Ctrl】键的同时单击以黄色加亮显示的控制点。要向选定的控制点添加其他骨骼，可在按住【Shift】键的同时单击骨骼。

8.2.4 编辑IK动画属性

在IK反向运动中，还可以为骨骼添加约束、弹簧和缓动属性，以实现更为逼真的动画效果。

1. 设置IK运动约束

若要创建IK骨架更多逼真的运动，可以控制特定骨骼的运动自由度。例如，可以约束作为胳膊一部分的两个骨骼，以便肘部无法按错误的方向弯曲。

01 设置旋转约束

要约束骨骼的旋转，可以在"属性"面板的"联接：旋转"选项组中输入旋转的最小度数和最大度数。旋转度数相对于父级骨骼而言，在骨骼连接的顶部将显示一个指示旋转自由度的弧形。

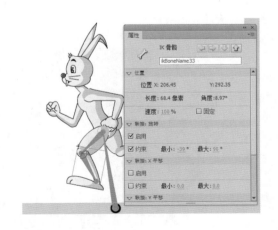

02 启用骨骼移动

若要使选定的骨骼可以沿X轴或Y轴移动，并更改其父级骨骼的长度，可在"属性"面板的"联接：X平移"或"联接：Y平移"选项组中选择"启用"复选框。这时，将显示一个垂直于连接上骨骼的双向箭头，指示已启用X轴运动；显示一个平行于连接上骨骼的双向箭头，指示已启用Y轴运动。若对骨骼同时启用了X平移和Y平移，对该骨骼禁用旋转时定位它将更为容易。

03 设置移动约束

若要限制沿X轴或Y轴启用的运动量，可在"属性"面板的"联接：X平移"或"联接：Y平移"选项组中选择"约束"复选框，然后输入骨骼可以行进的最小距离和最大距离。

04 固定骨骼

若要固定某骨骼使其不再运动，可在

"属性"面板中选择"固定"复选框。若要限制选定骨骼的运动速度，可在"属性"面板的"速度"数值框中输入一个值（最大值100%表示对速度没有限制）。

2. 对骨架进行动画处理

对IK骨架进行动画处理的方式为向姿势图层添加帧（姿势图层中的关键帧称为姿势），并在舞台上重新定位骨架，具体操作方法如下。

01 添加帧

要想在骨架图层中添加帧，只需将鼠标指针置于骨架图层最后一帧上，当指针变为双向箭头时向右拖动鼠标即可。也可向左拖动鼠标，以删除帧。

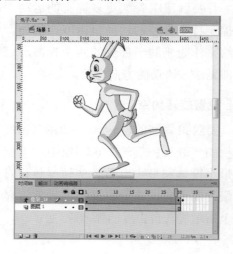

02 添加姿势

要添加姿势，只需将播放头定位到要添加姿势的帧上，然后在舞台上重新定位骨架即可。也可用鼠标右键单击帧，在弹出的快捷菜单中选择"插入姿势"命令。

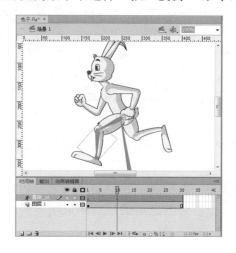

03 继续添加姿势

采用相同的方法，分别在第15帧和第20帧处添加姿势。

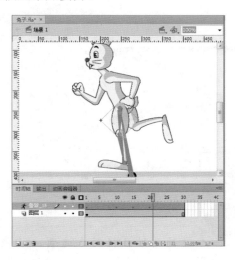

04 复制姿势

①用鼠标右键单击骨架图层的第1帧。②在弹出的快捷菜单中选择"复制姿势"命令。

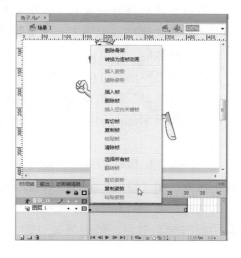

05 粘贴姿势

①用鼠标右键单击骨架图层的第30帧。②在弹出的快捷菜单中选择"粘贴姿势"命令。

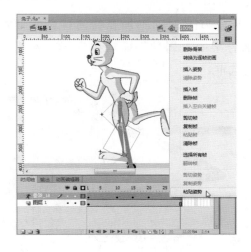

3. 向IK动画添加缓动

使用姿势向IK骨架添加动画时，可以调整帧中围绕每个姿势动画的速度，通过调整速度可以创建出更为逼真的运动效果。

单击姿势图层中两个姿势帧之间的帧，打开"属性"面板，从"缓动"选项组的"类型"下拉列表框中选择缓动类型，如右图所示。

（1）4个"简单"缓动

"简单"缓动将降低相邻上一个姿势帧之后帧中运动的加速度或相邻下一个姿势帧之前帧中运动的加速度。

（2）4个"停止并启动"缓动

"停止并启动"缓动减缓相邻之前姿势帧后面的帧，以及紧邻图层中下一个姿势帧之前帧中的运动。

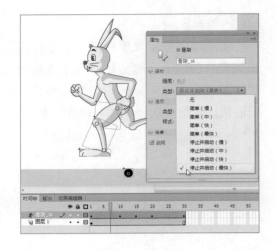

这两种类型的缓动都具有"慢"、"中"、"快"和"最快"形式。"慢"形式的效果最不明显，而"最快"形式的效果最明显。

默认的缓动强度是0，表示无缓动；最大值是100，表示对下一个姿势帧之前的帧应用最明显的缓动效果；最小值是-100，表示对上一个姿势帧之后的帧应用最明显的缓动效果。

4．为IK运动添加弹簧属性

为IK骨骼添加弹簧属性，可以使其体现真实的物理移动效果，具体操作方法如下。

01 启用弹簧属性

要为IK运动添加弹簧属性，需要在IK骨架的"属性"面板中选择"启用"复选框。

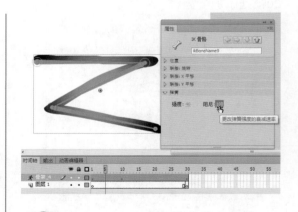

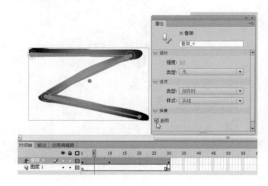

02 设置弹簧属性

①选择要添加弹簧属性的骨骼。②在"属性"面板中设置弹簧的"强度"和"阻尼"参数。

高手指点

弹簧属性包括两个选项，"强度"和"阻尼"。其中，"强度"表示弹簧强度，数值越高，创建的弹簧效果越强；"阻尼"表示弹簧效果的衰减速率，数值越高，弹簧属性减小得越快。

5. 更改骨骼样式

在IK骨架属性中，用户可以根据需要选择所需的样式，使用以下4种方式在舞台上绘制骨骼。

- 实线：默认样式，如下图（左）所示。
- 线框：此方法在纯色样式遮住骨骼下的插图太多时很有用，如下图（右）所示。

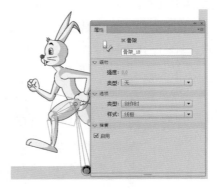

- 线：对于较小的骨架很有用，如下图（左）所示。
- 无：隐藏骨骼，仅显示骨骼下面的插图，如下图（右）所示。

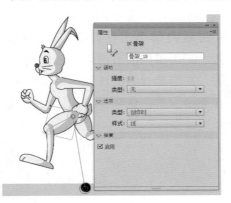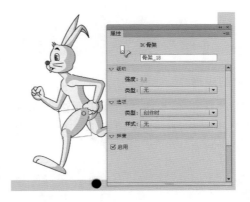

高手指点

如果将骨骼样式设置为"无"，并保存文档，则Flash在下次打开文档时会自动将骨骼样式更改为"线"。若动画类型选择"运行时"，则使用ActionScript 3.0控制骨架，且同一个骨架图层不能包含多个姿势。

8.3　制作骨骼动画

下面以制作两个IK动画实例为例，进一步巩固学习如何使用骨骼工具制作IK反向运动动画，包括制作简单的IK形状动画，以及向实例中添加骨骼并制作动画等。在制作过程中，读者应重点掌握如何使用选择工具改变骨架形状，以达到满意的效果。

8.3.1 制作IK形状动画

要向形状中添加骨骼，只需使用骨骼工具在形状内部单击并拖动鼠标即可。下面以制作一个简单的IK形状动画为例进行介绍，具体操作方法如下。

01 新建文档并设置尺寸

①新建Flash文档，并将其保存为"IK形状动画"。②打开"属性"面板，设置文档尺寸。

02 绘制矩形

①选择矩形工具，在其"属性"面板中设置各项参数。②使用矩形工具在舞台上绘制矩形。

03 调整矩形形状

选择旋转工具，调整矩形的形状。

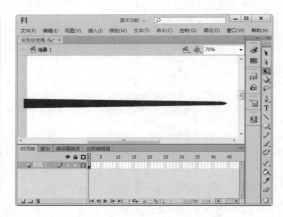

04 绘制骨骼

①选择骨骼工具，从形状的左端开始在形状内部单击并向右拖动，创建根骨骼。②用相同的方法依次创建其他子级骨骼。在绘制骨骼的过程中，建议将骨骼长度逐渐变短，这样就能创建出更加切合实际的动作。

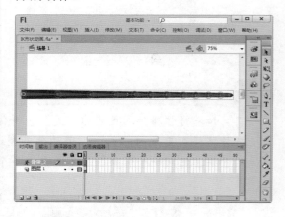

05 添加第20帧姿势

①延长骨架图层的帧数至第80帧。②将播放头移至第20帧。③使用选择工具编辑骨架，改变其形状。

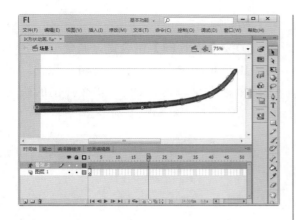

06 改变第1帧骨架形状

①将播放头置于第1帧。②使用选择工具编辑骨架，改变其形状。

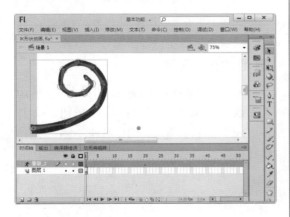

07 添加第40帧姿势

①将播放头置于第40帧。②使用选择工具编辑骨架，改变其形状。

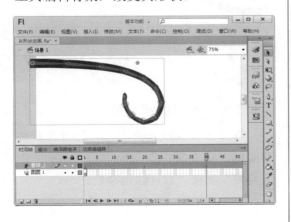

08 旋转单个骨骼

按住【Shift】键，拖动骨骼旋转该骨骼，而不改变其父级骨骼形状。

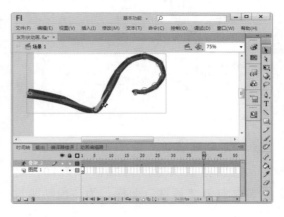

09 复制姿势

①在第20帧的姿势上单击鼠标右键。②在弹出的快捷菜单中选择"复制姿势"命令。

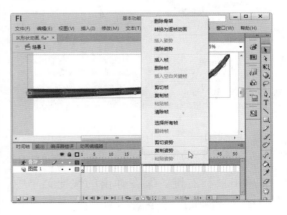

10 粘贴姿势

①在第60帧处单击鼠标右键。②在弹出的快捷菜单中选择"粘贴姿势"命令。③用相同的方法将第1帧中的姿势粘贴到第80帧。

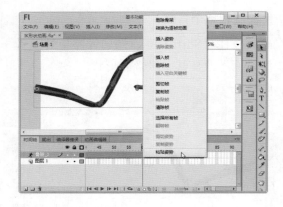

11 添加动画缓动

①将播放头置于第20帧～第40帧之间。②打开"属性"面板，为该段动画设置缓动效果。

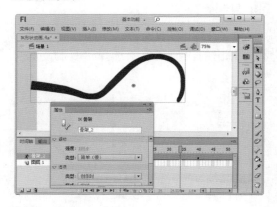

12 复制帧

①双击骨架图层的帧，将其全部选中并单击鼠标右键。②在弹出的快捷菜单中选择"复制帧"命令。

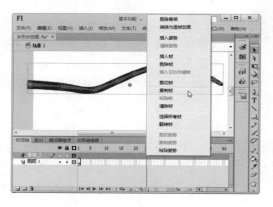

13 粘贴帧

①按【Ctrl+F8】组合键，新建一个名为"IK形状动画"的"影片剪辑"元件。②用鼠标右键单击第1帧。③在弹出的快捷菜单中选择"粘贴帧"命令。

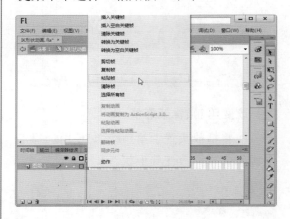

14 创建元件实例

①返回场景，选择骨架图层，单击"图层"面板下方的"删除"按钮。②打开"库"面板，拖动"IK形状动画"元件到舞台中。

15 添加"渐变斜角"滤镜

将文档背景设置为黑色。选择舞台中的实例，在"属性"面板中为其添加"渐变斜角"滤镜，设置滤镜参数。

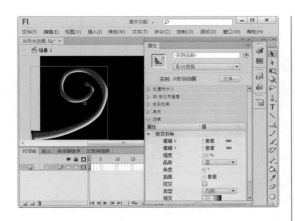

位置。在舞台中输入文字，并应用滤镜效果。

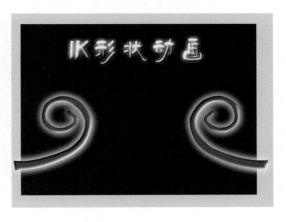

16 添加"发光"滤镜

采用同样的方法，继续添加"发光"滤镜，设置滤镜参数。

18 测试形状动画

按【Ctrl+Enter】组合键，测试制作的形状动画效果。

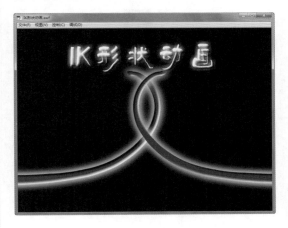

17 复制实例并添加文字

复制实例并将其进行水平翻转，调整

8.3.2 制作IK实例动画

◎ 光盘：素材文件\第8章\跳舞的机器人.fla

下面将综合运用本章所学的知识，制作一个简单的机器人跳舞动画，具体操作方法如下。

01 设置文档属性

①打开"素材文件\第8章\跳舞的机器人.fla"素材文件。②在"属性"面板中设置帧频为12。

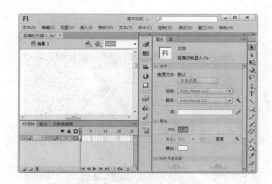

02 导入素材文件

①选择"文件"|"导入"|"导入到舞台"命令，弹出"导入"对话框。②选择要导入的素材图像。③单击"打开"按钮。

03 锁定"背景"图层

①导入素材图像后，将"图层1"图层重命名为"背景"。②单击锁定按钮🔒，锁定"背景"图层。

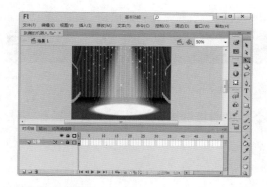

04 新建图层

①单击"新建图层"按钮，新建一

个名为"机器人"图层。②按【Ctrl+L】组合键，打开"库"面板，查看素材提供的机器人各部位的元件。

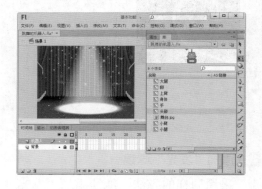

05 制作机器人图像

将"库"面板中的元件拖入舞台中，按位置将其摆放成机器人的样子。

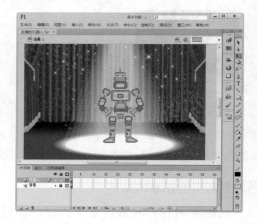

06 调整实例中心点位置

①选择任意变形工具。②调整各实例中心点的位置。

07 制作小圆影片剪辑

①选择椭圆工具，在机器人的颈部绘制小圆。②按【F8】键，在弹出的对话框中将其转换名为"点"的"影片剪辑"元件。

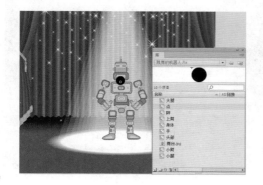

08 设置实例不可见

①选择"点"实例。②在"属性"面板中取消选择"可见"复选框，将其隐藏。

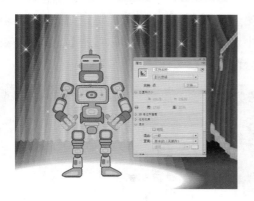

09 绘制骨骼

①选择骨骼工具。②自机器人身体的中心点到右上腿的中心点绘制骨骼。

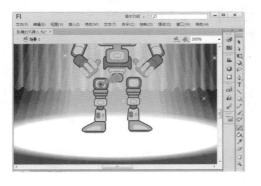

10 绘制腿部骨骼

采用相同的方法自右大腿向右小腿，然后向脚的实例上绘制骨骼。

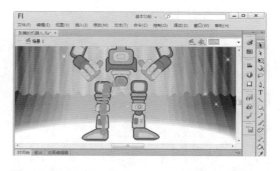

11 绘制其他骨骼

采用相同的方法为机器人的其他部位绘制骨骼。

12 固定根骨骼

①选择3个根骨骼。②在"属性"面板中选择"固定"复选框。

13 插入姿势

①将"背景"图层和骨架图层分别延长至第35帧。②在骨架图层的第10、20、30帧的位置按【F6】键，插入姿势。

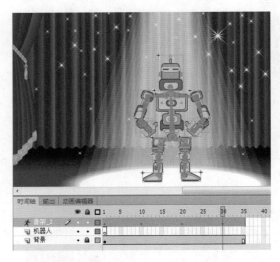

14 更改角色动作姿势

①将播放头移至第10帧的位置。②使用选择工具拖动骨骼，更改机器人的姿势。

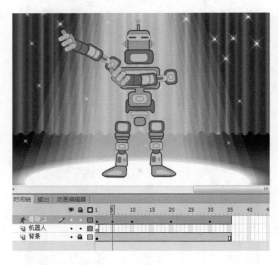

15 继续更改角色姿势

①将播放头移至第15帧的位置。②使用选择工具拖动骨骼，更改机器人的姿势。

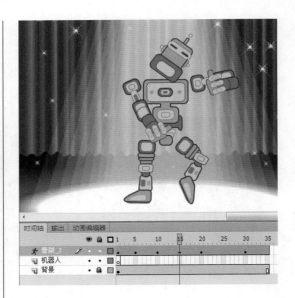

16 设置骨架缓动

①采用相同的方法在骨架图层的其他位置调整机器人的姿势。②将播放头移至第20帧～第25帧之间。③在"属性"面板中设置IK骨架缓动属性。按【Ctrl+S】组合键，保存文件。

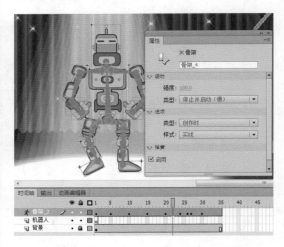

第9章

应用声音与视频

在Flash动画中，通过添加声音和视频文件等可以丰富动画的内容，增强动画效果，帮助渲染动画，使其更加生动、有趣。本章将详细介绍如何在Flash动画中添加和编辑声音与视频。

9.1　声音基础知识

　　动画中的音频，也就是动画中的声音。声音是影片的重要组成部分，在影片中加入声音，会使动画更加生动自然。如今很流行的Flash MV就是Flash对声音运用的典型代表。

9.1.1　关于声音和Flash

　　在Flash中，既可以为整部影片加入声音，也可以单独为影片中的某个元件添加声音。此外，在Flash中还可以对导入的声音文件进行编辑，制作出需要的声音效果。

　　在Flash中可以导入多种格式的音频文件。如果要将包含声音的FLA文件导出成SWF动画文件，必须选择声音的导出格式。

　　导入格式：Flash支持多种格式的声音文件，可以导入到Flash影片的声音格式有WAV、MP3、Aiff、AU和ASND等。

　　导出格式：Flash支持的音频导出格式有ADPCM音频格式，主要用于语音处理；MP3格式，Flash默认的音频输出格式；RAM音频格式，此格式不对音频进行任何压缩。

9.1.2　声道

　　人耳是非常灵敏的，具有立体感，能够辨别声音的方向和距离。声道是指声音在录制或播放时在不同空间位置采集或回放的相互独立的音频信号，所以声道数也就是声音录制时的音源数量或回放时相应的扬声器数量。

　　声卡所支持的声道数是衡量声卡档次的重要指标之一，包括单声道到最新的环绕立体声。通常所说的立体声就是双声道。声音在录制过程中被分配到两个独立的声道，即左声道和右声道，从而达到了很好的声音定位效果。

　　随着科技的发展，已经出现了更多声道的数字声音。每个声道的信息量几乎是一样的，因此增加一个声道也就意味着多一倍的信息量，声音文件也相应大一倍，这对Flash动画作品的发布有着很大的影响。为了减小声音文件的大小，一般在Flash动画中使用单声道就足够了。

9.2　导入声音

　　将声音文件导入到库中，即可为动画添加声音文件。在Flash中，一般是为按钮和影片添加声音。

9.2.1　声音类型

在Flash CS6中有两种声音类型，即事件声音和音频流。

事件声音是指将声音与一个事件相关联，只有当该事件被触发时才会播放声音。事件声音必须完全下载后才能开始播放，除非明确停止，否则其将一直连续播放。

音频流就是可以一边下载一边播放的声音，它与时间轴同步，以便于在网站、电影和MV中同步播放。

9.2.2　在Flash中导入声音文件

选择"文件"｜"导入"｜"导入到库（或"导入到舞台"）"命令，弹出"导入到库"对话框，在文件类型中选择要导入的音频文件的格式，单击"打开"按钮，如下图（左）所示。如果声音文件较大，就会看见声音进度条。

打开"库"面板，可以看到刚刚导入的声音文件，在预览框中可以看到声音的波形，如下图（右）所示。若当前导入的声音文件为双声道，就会有两条波形；若为单声道，则只有一条波形。

9.2.3　添加声音

◎光盘：素材文件\第9章\飞机飞.fla

在动画中添加声音，可以通过导入音频文件的方法来实现，然后在"属性"面板中设置它的各项属性。

导入影片的声音文件与导入的位图文件一样，均会被自动记录到"库"面板中，可以被反复使用。但声音文件只能被导入到"库"面板中，不能自动加载到当前图层中。因此，在导入声音文件时，选择"导入到库"与"导入到舞台"命令的效果是一样的。

　　另外，由于音频文件会占用较大的硬盘空间和内存空间，所以在导入文件时应考虑想要得到什么效果，然后根据需要选择不同质量的音频。例如，若从音效角度考虑，想要获得较高的音效质量，可以导入22KHz、16位立体声声音格式的文件；若为了提高动画文件的传输速度，则必须严格控制文件的大小，可以导入8KHz、8位单声道声音格式的文件。

　　下面将详细介绍如何在Flash动画中添加声音，具体操作方法如下。

01　拖动元件至场景

①打开"光盘：素材文件\第9章\飞机飞.fla"素材文件，单击"新建图层"按钮，新建"飞机"图层。②打开"库"面板，将"飞机"元件拖至舞台外的合适位置。

02　创建补间动画

①在"飞机"实例上单击鼠标右键。②在弹出的快捷菜单中选择"创建补间动画"命令。

03　拖动"飞机"实例

①在"飞机"图层的第200帧处按【F5】键，添加帧，将补间动画延长至第200帧。②使用选择工具将"飞机"实例移到结束时的合适位置。

04　调整飞机路径

当选择工具变为形状时，移动并调整飞机的路径。

05 导入音频文件

　　选择"文件"｜"导入"｜"导入到库"命令，将音频文件导入到库中。

06 拖动音频至场景中

　　①打开"库"面板，选择"声音"图层中的第1帧。②将音频文件拖至场景中。

07 查看设置效果

　　移动播放头，查看效果。按【Enter】键，自动播放影片和声音。

08 测试动画效果

　　按【Ctrl+Enter】组合键，测试添加了音频的飞机动画效果。

9.3　编辑声音

　　Flash提供了对声音进行简单编辑的功能，用户可以使用这些功能对导入的声音进行简单编辑，如删除多余的部分、对声音的音量进行调整等。

　　编辑声音的方法有两种，可以在"属性"面板中进行编辑，也可以在"库"面板中进行编辑，下面将分别进行介绍。

1. 使用"属性"面板来编辑声音

　　单击声音所在图层中的帧，并打开"属性"面板，如下图（左）所示。若要删除声音文件，可在"声音"选项组中单击"名称"下拉按钮，然后在打开的下拉列表框中选择"无"选项即可，如下图（右）所示。

如果"库"面板中导入了多个声音，还可以在该下拉列表框中选择其他声音，以改变当前所选的声音，如下图（左）所示。另外，还可以单击"效果"下拉按钮，在打开的下拉列表框中选择一种声音效果，如下图（右）所示。

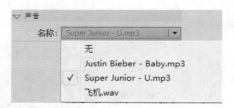

用户还可以自定义当前声音的效果。单击"效果"下拉列表框右侧的"编辑"按钮 ，弹出"编辑封套"对话框，如下图所示。

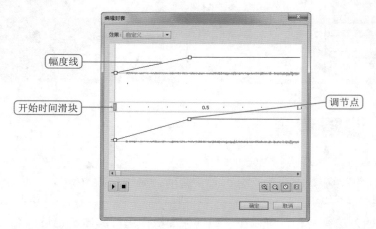

"编辑封套"对话框中各选项的含义如下。

- 开始时间滑块：拖动该滑块，可以定位声音开始播放的位置。
- 幅度线：它可以表示声音音量的变化。默认情况下，该直线是水平的，表示当前声音音量大小没有变化。

- 调节点：当在幅度线上单击时，即可在当前位置添加一个调节点。当拖动调节点时，即可改变当前段的音量。如下图（左）所示即为经过调整的声音。

在"属性"面板右下角的"同步"下拉列表框中可以调整声音在动画中的存在形式，其中包括4个选项，分别为"事件"、"开始"、"停止"和"数据流"，如下图（右）所示。

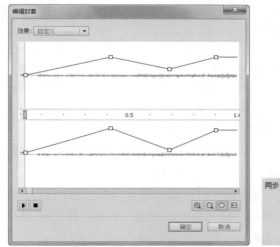

各选项的含义如下。

- 事件：选择该选项后，用户在浏览动画时必须等所有声音信息全部加载后才能播放，因此不利于大体积动画的播放。另外，当声音与动画长度不同时会出现一方播放完后另一方继续播放的现象。
- 开始：与"事件"选项功能相近，只是多出一项检测是否有重复声音的功能。如果声音开始播放，使用该选项后将不会播放新的声音实例。
- 停止：可以使指定的声音静音，如在影片的第1帧中导入了一个声音，而在第100帧处创建一个关键帧，选择要停止的声音，并选择该选项，则声音在播放到第100帧时停止播放。
- 数据流：选择该选项后，声音文件将被平均分配到所需要的帧中，强制动画和音频同步，当动画停止时声音也将同时停止。如果Flash显示动画帧的速度不够快，Flash会自动跳过一些帧。发布影片时，声音流混合在一起播放。

2．使用"库"面板来编辑声音

除了可以使用"属性"面板编辑声音外，还可以在"库"面板中选择并编辑声音。在"库"面板中相应的声音上单击鼠标右键，在弹出的快捷菜单中选择"属性"命令，如下图（左）所示。弹出"声音属性"对话框，然后在"压缩"下拉列表框中选择ADPCM选项，单击"确定"按钮，如下图（右）所示。

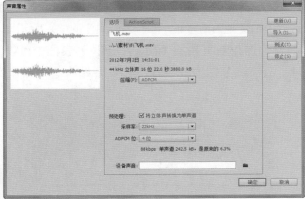

在"声音属性"对话框中，各选项的含义如下。

- 预处理：该选项可以设置是否将混合立体声转化为单声道。
- 采样率：该选项用于控制声音文件的保真度和文件的大小。使用较低的采样率可以减小文件的大小，但也会降低文件的品质。
- ADPCM位：该选项用于设置ADPCM压缩中所使用的位数，数值越小，则压缩后的体积越小，声音品质也越差。也可以使用自定义的MP3格式，如下图所示。

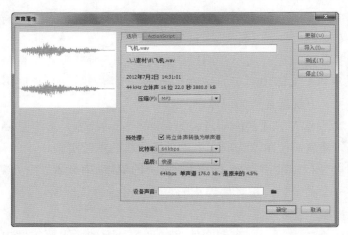

- 比特率：该选项主要用于设置声音每秒播放的位数，位数越高，声音相对越好。
- 品质：该选项主要用于确定压缩速度和声音品质，包括"快速"、"中"和"最佳"3个选项，压缩速度依次降低，而品质逐步提高。

9.4 声音的压缩与导出

在Flash动画中添加声音可以极大地丰富动画的表现效果，但如果编辑好的声音不能很好地与动画相衔接，或声音文件太大影响了Flash的运行速度，效果就会大打折扣，就需要对声音进行压缩。

9.4.1　声音的压缩

当用户将Flash文件导入到网页中时，由于网络速度的限制，不得不考虑Flash动画的大小，特别是带有声音的Flash动画。

利用声音压缩在既不影响动画效果的同时，又能减小数据量，效果非常明显。在Flash中压缩声音的具体操作方法如下。

01　选择"属性"选项

①打开"库"面板，选择声音文件并单击鼠标右键。②在弹出的快捷菜单中选择"属性"命令。

02　选择压缩方式

①弹出"声音属性"对话框，在"压缩"下拉列表框中选择一种压缩方式。②单击"测试"按钮，试听效果。③单击"确定"按钮。

9.4.2　导出Flash文档中的声音

下面将详细介绍如何导出Flash文档中的声音，具体操作方法如下。

01　单击"设置数据流"按钮

选择"文件"｜"发布设置"命令，弹出"发布设置"对话框，单击"音频流"选项右侧的"设置数据流"按钮。

02 声音设置

①弹出"声音设置"对话框，在"比特率"下拉列表框中选择所需的比特率。
②单击"确定"按钮。

"品质"选项用于确定压缩速度和声音质量，其中包含3个选项。

- 快速：选择该选项，可以使声音速度加快，而使声音质量降低。
- 中：选择该选项，可以获得稍慢一些的压缩速度和高一些的声音质量。
- 最佳：选择该选项，可以获得最慢的压缩速度和最高的声音质量。

9.5 导入视频

Flash CS6在视频处理功能上更是跃上了一个新的高度，Flash视频具备创新的技术优势，允许把视频、数据、图形、声音和交互式控制融为一体，从而创造出引人入胜的丰富体验。

9.5.1 在Flash中导入视频文件

在Flash中可以导入的视频格式有很多种，如果用户安装了Macintosh的QuickTime 7、Windows的QuickTime 6.5等，则可以导入多种文件格式的视频剪辑，如MOV、MVI和MPG/MPEG等格式，可以将带有嵌入视频的Flash文档发布为SWF文件。如果使用带有链接的Flash文档，就必须以QuickTime格式发布。

在Flash CS6中可以导入的视频格式如下图所示。

> QuickTime 影片 (*.mov,*.qt)
> MPEG-4 文件 (*.mp4,*.m4v,*.avc)
> Adobe Flash 视频 (*.flv,*.f4v)
> 适用于移动设备的 3GPP/3GPP2 (*.3gp,*.3gpp,*.3gp2,*.3gpp2;*.3g2)
> MPEG 文件 (*.mpg;*.m1v;*.m2p;*.m2t;*.m2ts;*.mts;*.tod;*.mpe)
> 数字视频 (*.dv,*.dvi)
> Windows 视频 (*.avi)

下面将简单介绍一下如何在Flash中导入视频文件，具体操作方法如下。

01 选择"导入视频"命令

新建Flash文件，选择"文件"｜"导入"｜"导入视频"命令。

02 选择导入视频

①弹出"导入视频"对话框,单击"浏览"按钮,在弹出的"打开"对话框中选择要导入的视频。②单击"打开"按钮。

03 准备导入视频

返回"导入视频"对话框,单击"下一步"按钮。

04 设定外观

单击"外观"下拉按钮,根据需要可以设定不同的视频外观,也可以自定义外观。

05 选择颜色

①在"外观"下拉列表框右侧选择颜色。②单击"下一步"按钮。

06 完成视频导入

完成视频导入后,单击"完成"按钮。

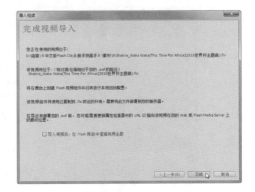

07 导入视频

导入视频后，视频将在场景中显示。

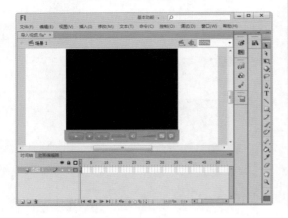

08 测试视频效果

按【Ctrl+Enter】组合键，测试添加的视频效果。

9.5.2 编辑导入的视频文件

在向Flash文档中导入视频时，不一定每个视频文件都适合用户的需要，这就需要在导入视频时进行修改设置，使其符合Flash文件的需求。

1. 使用"属性"面板来编辑视频

打开视频的"属性"面板，可以更改舞台中嵌入的视频或连接视频剪辑实例的属性，如下图（左）所示。

展开"组件参数"选项组，在列表框中可以对组件的播放方式、控件显示等参数进行设置，如下图（右）所示。

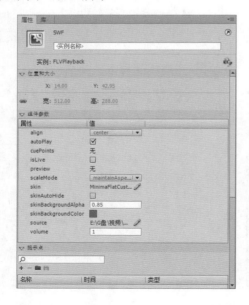

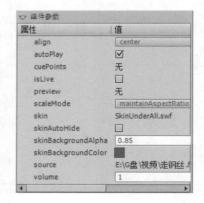

2．使用"库"面板来编辑视频

　　除了在视频的"属性"面板中可以对视频进行设置外，还可以在"库"面板中对视频进行相应的设置和更改：用鼠标右键单击视频文件，在弹出的快捷菜单中选择"属性"命令，如下图（左）所示，或单击"库"面板下方的"属性"按钮 🔘 。弹出"元件属性"对话框，可以查看视频的属性，根据需要进行编辑操作，如下图（右）所示。

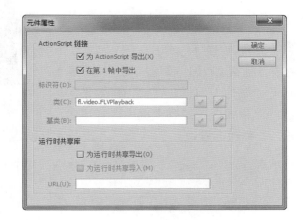

9.6　举一反三——制作"自然风光"动画

　　下面将综合运用本章所学的知识，将视频文件融入到Flash动画中，制作"自然风光"动画。

　　具体操作方法如下。

◎ 光盘：素材文件\第9章\自然风光.fla

01 新建影片剪辑

　　打开"光盘：素材文件\第9章\自然风光.fla"素材文件，单击"新建图层"按钮 🔳 ，新建"自然风光"图层。按【F8】键，在弹出的对话框中新建一个名为"自然风光"的"影片剪辑"元件，进入编辑状态。

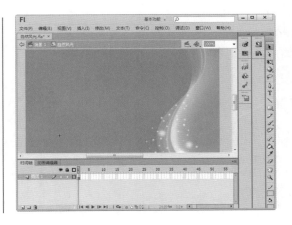

02 输入文字并转换为元件

选择文本工具，设置字体样式和大小，在舞台中输入"自然风光"，并将其转换为元件。

03 修改"色调"参数

在第5帧处按【F6】键，插入关键帧。打开"属性"面板，在"色彩效果"选项组的"样式"下拉列表框中选择"色调"选项，修改其参数。

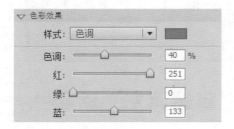

04 制作逐帧动画

在第10帧、第15帧和第20帧处分别按【F6】键，插入关键帧，按照上述方法调整实例色调，制作逐帧动画。

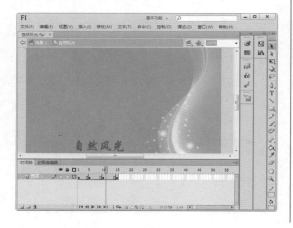

05 拖动元件至场景中

①返回到场景中，单击"新建图层"按钮，新建"相框"图层。②打开"库"面板，将"相框"元件拖至场景中的合适位置，并调整其大小。

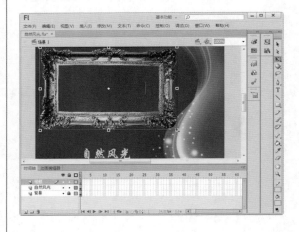

06 导入视频

①单击"新建图层"按钮，新建"视频"图层。②选择"文件"|"导入"|"导入视频"命令，将视频导入到场景中。③使用任意变形工具将其调整到合适大小。

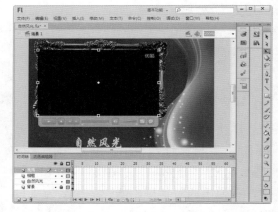

07 移动图层

将"视频"图层移到"相框"图层的下方，查看效果。

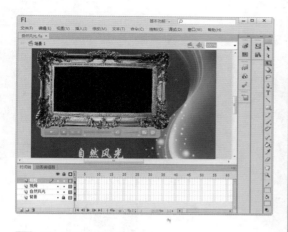

风光"动画效果。

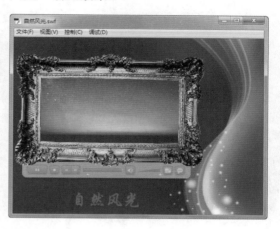

08 **测试动画效果**

按【Ctrl+Enter】组合键，测试"自然

高级篇

第10章　ActionScript
语言基础

第11章　Flash组件的
应用

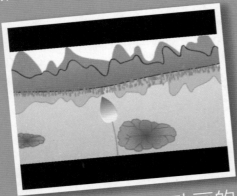

第12章　Flash动画的
导出与发布

第13章　按钮、导航
菜单动画制作

第14章　Flash动画制
作综合实战

第 10 章

ActionScript语言基础

ActionScript是Flash中的脚本撰写语言。使用ActionScript可以让应用程序以非线性方式播放，并添加无法在"时间轴"面板中表示的有趣或复杂的功能。本章将介绍ActionScript语言的基础知识，主要包括使用"动作"面板、ActionScript语法和面向对象编程等内容。

10.1 ActionScript概述

ActionScript含有一个很大的内置类库，可以帮助用户通过创建对象来执行许多有用的任务。用户可以使用"动作"面板、"脚本"窗口或外部编辑器在创作环境中添加ActionScript。ActionScript遵循自身的语法规则和保留关键字，并允许使用变量存储和检索信息。

10.1.1 ActionScript 3.0介绍

ActionScript 3.0的执行速度极快。与之前的ActionScript版本相比，此版本要求开发人员对面向对象的编程概念有更深入的了解。ActionScript 3.0完全符合ECMAScript规范，提供了更出色的XML处理、一个改进的事件模型，以及一个用于处理屏幕元素的改进的体系结构。例如，ActionScript 3.0以前的版本可以将代码写在实例上，而ActionScript 3.0则取消了这种书写方式，其只允许将代码写在关键帧上，可在专门的文档中编辑。

ActionScript 2.0比ActionScript 3.0更容易学习。尽管Flash Player运行编译后的ActionScript 2.0代码比ActionScript 3.0代码的速度慢，但ActionScript 2.0对于许多计算量不大的项目仍然十分有用，例如，更面向设计的内容。ActionScript 2.0也基于ECMAScript规范，但并不完全遵循该规范。

在Flash CS6中，为了照顾不同的用户，设计者可以根据自己的编程习惯创建所需的文档，如在启动界面中选择合适的文档，如下图（左）所示。

除了启动界面外，还可以在文档的"属性"面板中选择所需的脚本，如下图（右）所示。

10.1.2 "动作"面板

　　脚本主要书写在"动作"面板中。用户可以根据实际动画的需要，通过该面板为关键帧书写相应的代码，以控制实例或调用外部脚本文件。

　　选择"窗口"|"动作"命令或按【F9】键，即可打开"动作"面板，如下图所示。

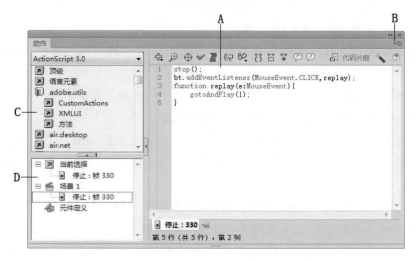

A. "脚本"窗格　B.面板菜单　C. "动作"工具箱　D.脚本导航器

1．使用"动作"工具箱

　　"动作"工具箱将项目分类，还提供按字母顺序排列的索引。要将ActionScript元素插入到"脚本"窗格中，可以双击该元素，或直接将它拖动到"脚本"窗格中，如右图所示。

2．使用"脚本"窗格

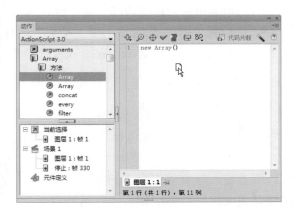

　　"脚本"窗格用于输入脚本代码。使用"动作"面板和"脚本"窗口的工具栏可以查看代码帮助功能，这些功能有助于简化在ActionScript中进行的编码工作。

- 将新项目添加到脚本中 ✦：显示语言元素，这些元素也显示在"动作"工具箱中。选择要添加到脚本中的项目即可。
- 查找 🔎：查找并替换脚本中的文本。
- 插入目标路径 ⊕：（仅限"动作"面板）帮助用户为脚本中的某个动作设置绝对或相对目标路径。

- 语法检查✔：检查当前脚本中的语法错误，语法错误将列在"输出"面板中。
- 自动套用格式▤：设置脚本的格式，以实现正确的编码语法和更好的可读性。
- 显示代码提示🔲：如果已经关闭了自动代码提示，可使用"显示代码提示"来显示正在处理的代码行的代码提示。
- 调试选项✂：（仅限"动作"面板）设置和删除断点，以便在调试时可以逐行执行脚本中的每一行。只能对ActionScript文件使用调试选项，而不能对ActionScript Communication或Flash JavaScript文件使用这些选项。
- 折叠成对大括号↥↧：对出现在当前包含插入点的成对大括号或小括号间的代码进行折叠。
- 折叠所选▤：折叠当前所选的代码块。
- 展开全部▤：展开当前脚本中所有折叠的代码。
- 应用块注释▢：将注释标记添加到所选代码块的开头和结尾。
- 应用行注释▢：在插入点处或所选多行代码中每一行的开头处添加单行注释标记。
- 删除注释▢：从当前行或当前选择内容的所有行中删除注释标记。
- 显示/隐藏工具箱▤：显示或隐藏"动作"工具箱。
- 脚本助手✎：在"脚本助手"模式中将显示一个用户界面，用于输入创建脚本所需的元素。
- 帮助⊙：显示"脚本"窗格中所选择ActionScript元素的参考信息。例如，如果单击trace语句，再单击"帮助"按钮，"帮助"面板中将显示trace的参考信息。
- 面板菜单▾☰：包含适用于"动作"面板的命令和首选参数。例如，可以设置行号和自动换行，设置ActionScript首选参数，以及导入或导出脚本。

3．使用脚本助手

使用"脚本助手"模式可以在不编写代码的情况下将ActionScript添加到FLA文件。选择动作，软件将显示一个用户界面，用于输入每个动作所需的参数。用户需要对完成特定任务应使用哪些函数有所了解，但不必学习语法。

脚本助手允许通过选择"动作"工具箱中的项目来构建脚本。单击某个项目一次，面板右上方会显示该项目的描述。双击某个项目，该项目就会被添加到"动作"面板的"脚本"窗格中。

4．使用脚本导航器

单击脚本导航器中的某一项目，与该项目关联的脚本将显示在"脚本"窗格中，并且播放头将移到"时间轴"面板上的相应位置。

双击脚本导航器中的某一项目，即可固定脚本（将其锁定在当前位置），如下图所示。

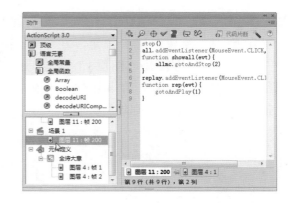

10.1.3 "脚本"窗口

除了使用"动作"面板为动画添加代码外，还可以通过建立专门的ActionScript文档为其添加代码。需要注意的是，当用户在脚本文档中输入代码后，该脚本文档并不能直接发挥作用，还需要在相应的关键帧中将其调用。

01 新建脚本文件

①选择"文件"｜"新建"命令，弹出"新建文档"对话框，选择"ActionScript文件"选项。②单击"确定"按钮。

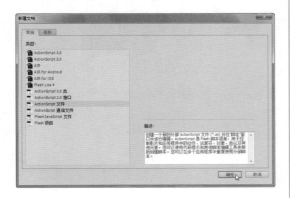

02 输入脚本代码

新建一个脚本文档，保存文档为tuodong。输入所需的脚本代码，此代码的作用为"拖放"对象。

03 设置实例名称

打开"光盘：素材文件\第10章\圣诞老人.fla"素材文件。选中舞台上的实例，在"属性"面板中设置实例名称为sd。

04 添加代码

①单击"新建图层"按钮，在"图层2"图层的上方新建"图层3"图层。
②打开"动作"面板，在其中输入代码"include"tuodong.as""，以调用脚本文件。

05 测试动画

按【Ctrl+Enter】组合键，测试动画，使用鼠标拖动实例对象。

10.1.4　"编译器错误"面板

"编辑器错误"面板是Flash中一个非常重要的信息输入工具，它可以输出影片中的错误提示信息，如右图所示。

用户可根据编译器中的提示信息，修改脚本中的错误。但编译器中的提示信息主要是脚本的格式错误、语法错误等，它并不能检测脚本的合理性等问题。因此，设计者在编写脚本时应养成良好的编程习惯，严格按照正确的格式进行编写，不应将纠错寄托于程序本身的自动检测。

10.1.5　"代码片断"面板

使用"代码片断"面板，可以使非程序设计师也能够轻易且快速地使用ActionScript 3.0。它可以使ActionScript 3.0程序代码添加到Flash文档中，进而实现常见功能。

1．准备事项

在使用"代码片断"面板前，应理解以下几个基本规则。

- 许多代码片断都要求打开"动作"面板，并对代码中的几项进行自定义。每个片断都包含对此任务的具体说明。
- 所有代码片断都是ActionScript 3.0，它与ActionScript 2.0不兼容。
- 有些片断会影响对象的行为，允许它被单击或导致它移动或消失。用户可以将这些代码片段应用到舞台上的对象。
- 当播放头进入包含该代码片断的帧时，会引起某个动作发生，可将这些片断应用到"时间轴"面板的帧上。
- 当应用代码片断时，代码将会添加到"时间轴"面板中的"动作"图层的当前帧。如果尚未创建动作图层，Flash将在"时间轴"面板的顶部图层之上添加一个"动作"图层。
- 为了使ActionScript能够控制舞台上的对象，必须在"属性"面板中为该对象指派实例名称。
- 每个代码片断都有描述片断功能的工具提示。

2．添加代码片断

要为舞台上的对象添加代码片断，用户需要将该对象转换为影片剪辑实例，并自定义实例名称。下面以"改变鼠标光标"为例进行介绍，具体操作方法如下。

◎光盘：素材文件\第10章\改变鼠标光标.fla

01　新建影片剪辑元件

①打开"光盘：素材文件\第10章\改变鼠标光标.fla"。②按【Ctrl+F8】组合键在弹出的对话框中新建一个名称为zhuan的"影片剪辑"元件。

02　创建传统补间动画

①进入元件编辑状态，将"库"面板中的"雪花"素材拖入舞台中。②按【F6】键，分别在第25帧和第50帧插入关键帧，并调整第25帧图形的透明度为10%。③依次创建传统补间动画。

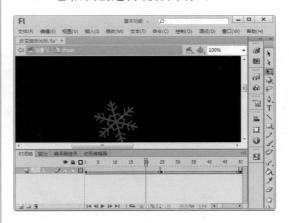

03　设置补间动属性

①打开"属性"面板。②为补间动画添加顺时针旋转1次的动作。

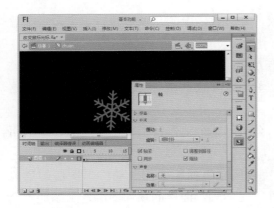

04 创建实例

①返回到场景中。②将影片剪辑从"库"面板中拖入舞台外部，创建实例。

05 输入实例名称

①选择实例。②在"属性"面板中输入实例名称。

06 添加代码

①选择"窗口"|"代码片断"命令，

打开"代码片断"面板。②展开"动作"选项组，双击"自定义鼠标光标"选项。

07 查看代码

这时将自动新建Actions图层，并打开"动作"面板，查看"自定义鼠标光标"代码。

08 测试动画

按【Ctrl+Enter】组合键，测试动画，查看鼠标效果。

用户也可通过以下两种方法添加代码片断。

方法一：选择代码片段后，单击"添加到当前帧"按钮，如下图（左）所示。

方法二：选择代码片断后，单击"显示代码"按钮，然后在弹出的代码显示框中单击下方的"插入"按钮，如下图（右）所示。

 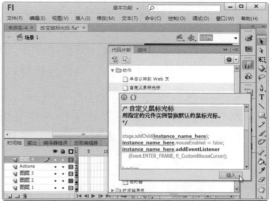

10.2　ActionScript 快速入门

ActionScript是一种编程语言，下面首先来了解几个通用的计算机编程概念，这样有助于读者学习ActionScript。

10.2.1　计算机程序的用途

首先，对计算机程序的概念及其用途有一个概念性的认识是非常有用的。计算机程序主要包括以下两个方面。

- 程序是计算机执行的一系列指令或步骤。
- 每一步最终都涉及对某一段信息或数据的处理。

计算机程序是用户提供给计算机并让它逐步执行的指令列表，每个单独的指令都称为"语句"。在ActionScript中编写的每个语句的末尾都有一个分号。

实质上，程序中给定指令所做的全部操作就是处理存储在计算机内存中的一些数据位。例如，计算机将两个数字相加并将结果存储在计算机的内存中。再如，在屏幕上绘制了一个矩形，若要编写一个程序将它移动到屏幕上的其他位置。计算机跟踪该矩形的某些信息，包括矩形所在位置的x、y光标、它的宽度和高度，以及颜色等。这些信息位中的每一位都存储在计算机内存中的某个位置。为了将矩形移动到其他位置，程序将采取类似于"将x坐标改为500；将y坐标改为200"的步骤，即为x和y坐标指定新值。

10.2.2　变量

和其他任何程序语言一样，ActionScript也有变量的定义，它存在于程序的方方面面，是开发应用程序的基础。本节将对ActionScript中的变量进行详细介绍。

1. 什么是"变量"

由于编程主要涉及更改计算机内存中的信息，因此在程序中需要一种方法来表示单条信息。"变量"是一个名称，它代表计算机内存中的值。

在通过编写语句来处理值时，编写变量名来代替值。只要计算机看到程序中的变量名，就会查看自己的内存并使用在内存中找到的值。例如，如果两个名为value1和value2的变量都包含一个数字，则可以编写如下语句将这两个数字相加。

value1+value2

2. 了解变量

变量可用来存储程序中使用的值。在ActionScript 3.0中，一个变量实际上包含3个不同部分。

- 变量名。
- 可以存储在变量中的数据类型。
- 存储在计算机内存中的实际值。

在ActionScript中创建变量时，应指定该变量将保存的数据的特定类型；此后，程序的指令只能在该变量中存储此类型的数据。要声明变量，必须将var语句和变量名结合使用。如下面的ActionScript语句，表示声明一个名为v1的变量。

var v1;

要将变量与一个数据类型相关联，则必须在声明变量时进行此操作。在声明变量时不指定变量的类型是合法的，但这在严格模式下将产生编译器警告。可通过在变量名后面追加一个后跟变量类型的冒号（:）来指定变量类型。例如，下面的代码表示声明一个int类型的变量v1。

var v1:int;

在本例中，指示计算机创建一个名为v1的变量，该变量仅保存int数据（int是在ActionScript中定义的整数类型）。

用户可以使用赋值运算符（=）为变量赋值。例如，下面的代码表示声明一个变量v1，并将值10赋给它：

var v1:int;

v1 = 10;

用户也可在声明变量时为变量赋值，这样将更加方便，如下面的示例。

```
var i:int = 10;
```

在声明变量的同时为变量赋值的方法不仅在赋予基元值（如整数和字符串）时很常用，而且在创建数组或实例化类的实例时也很常用。下面的示例显示了一个使用一行代码声明和赋值的数组。

```
var numArray:Array = ["zero", "one", "two"];
```

用户可以使用new运算符来创建类的实例。下面的示例用于创建一个名为CustomClass的实例，并向名为customItem的变量赋予对该实例的引用。

```
var customItem:CustomClass = new CustomClass();
```

如果要声明多个变量，则可以使用逗号运算符（,）来分隔变量，从而在一行代码中声明所有这些变量。例如，下面的代码表示在一行代码中声明a、b和c这3个变量。

```
var a:int, b:int, c:int;
```

也可以在同一行代码中为其中的每个变量赋值。例如，下面的代码表示声明a、b和c这3个变量，并为每个变量赋值：

```
var a:int = 10, b:int = 20, c:int = 30;
```

需要注意的是，使用逗号运算符将各个变量的声明组合到一条语句中，这样可能会降低代码的可读性。

在Flash CS6中，还包含另外一种变量声明方法。在将一个影片剪辑元件、按钮元件或文本字段放置在舞台上时，可以在"属性"面板中为它指定一个实例名称。在后台，Flash将创建一个与该实例名称同名的变量。用户可以在ActionScript代码中使用该变量来引用该舞台上的项目。例如，将一个影片剪辑元件放在舞台上并为它指定了实例名称yunduo，那么，只要在ActionScript代码中使用变量yunduo，实际上就是在处理该影片剪辑。

3．变量的作用域

变量的"作用域"是指可在其中通过引用词汇来访问变量的代码区域，可分为"全局变量"和"局部变量"。全局变量是指在代码的所有区域中定义的变量，而局部变量是指仅在代码的某个部分定义的变量。在ActionScript 3.0中，始终为变量分配声明它们的函数或类的作用域。

全局变量是在任何函数或类定义的外部定义的变量。例如，下面的代码通过在任何函数的外部声明一个名为strGlobal 的全局变量来创建该变量。从该示例中可以看出，全局变量在函数定义的内部和外部均可用。

```
var strGlobal:String = "Global";
function scopeTest()
{
    trace(strGlobal); // 全局
}
scopeTest();
trace(strGlobal); // 全局
```

可以通过在函数定义内部声明变量来将它声明为局部变量（可定义局部变量的最小代码区域就是函数定义）。在函数内部声明的局部变量仅存在于该函数中。例如，如果在名为localScope()的函数中声明一个名为str2的变量，该变量在该函数外部将不可用。

```
function localScope()
{
var strLocal:String = "local";
}

localScope();
trace(strLocal); //出错，因为未在全局
定义strLocal
```

如果用于局部变量的变量名已经被声明为全局变量，那么当局部变量在作用域内时，局部定义会隐藏（或遮蔽）全局定义。全局变量在该函数外部仍然存在。例如，下面的代码表示创建一个名为str1的全局字符串变量，然后在scopeTest()函数内部创建一个同名的局部变量。该函数中的trace语句输出该变量的局部值，而函数外部的trace语句则输出该变量的全局值。

```
var str1:String = "Global";
function scopeTest ()
{
var str1:String = "Local";

trace(str1); // 本地
}
scopeTest();
trace(str1); // 全局
```

4．默认值

"默认值"是在设置变量值之前变量中包含的值。首次，设置变量的值实际上就是"初始化"变量。如果声明了一个变量，但是没有设置它的值，则该变量便处于"未初始化"状态。未初始化变量的值取决于它的数据类型。下表说明了变量的默认值，并按数据类型对这些值进行组织。

数据类型	默认值
Boolean	false
int	0
Number	NaN
Object	null
String	null
uint	0
未声明（与类型注释 * 等效）	undefined
其他所有类（包括用户定义的类）	null

对于Number类型的变量，默认值是NaN，NaN是一个由IEEE 754标准定义的特殊值，它表示非数字的某个值。

ActionScript语言基础 第 10 章

如果声明某个变量，但是未声明它的数据类型，则将应用默认数据类型*，表示该变量是无类型变量。如果没有用值初始化无类型变量，则该变量的默认值是undefined。

对于Boolean、Number、int或uint类型的变量，null不是有效值。若尝试将值null赋予这样的变量，则该值会转换为该数据类型的默认值。对于Object类型的变量，可以赋予null值。若尝试将值undefined赋予Object类型的变量，则该值会转换为null。对于Number类型的变量，有一个名为isNaN()的特殊的顶级函数。如果变量不是数字，该函数将返回布尔值true，否则将返回false。

10.2.3 数据类型

1. 数据类型分类

在ActionScript中，可以将很多数据类型用做所创建的变量的数据类型。其中的某些数据类型可以看做是"简单"或"基本"数据类型（也可称这些数据类型为"基元值"）。

- String：一个文本值。例如，一个名称或书中某一章的文字。
- Numeric：对于numeric 型数据，ActionScript 3.0包含3种特定的数据类型。
  - Number：任何数值，包括有小数部分或没有小数部分的值。
  - Int：一个整数（不带小数部分的整数）。
  - Uint：一个"无符号"整数，即不能为负数的整数。
- Boolean：一个true或false值，例如开关是否开启或两个值是否相等。

简单数据类型表示单条信息：例如单个数字或单个文本序列。然而，ActionScript中定义的大部分数据类型都可以被描述为复杂数据类型，因为它们表示组合在一起的一组值。例如，数据类型为Date的变量表示单个值（时间中的某个片刻）。然而，该日期值实际上表示为几个值，如年、月、日、时、分和秒等，它们都是单独的数字。所以，虽然认为日期是单个值（可以通过创建一个 Date 变量将日期作为单个值来对待），而在计算机内部却认为日期是组合在一起、共同定义单个日期的一组值。

"复杂值"是指基元值以外的值。定义复杂值的集合的数据类型包括Array、Date、Error、Function、RegExp、XML和XMLList。

ActionScript 3.0中的所有值均是对象，而与它们是基元值还是复杂值无关。所有基元数据类型和复杂数据类型都是由ActionScript 3.0核心类定义的，通过ActionScript 3.0核心类，可以使用字面值（而非new运算符）创建对象。例如，可以使用字面值或Array类的构造函数来创建数组。

```
var someArray:Array = [1, 2, 3]; // 字面值
var someArray:Array = new Array(1,2,3); // Array 构造函数
```

Flash CS6 | 257 |

2．数据类型说明

下面对各数据类型进行具体介绍。

（1）Boolean数据类型

Boolean数据类型包含两个值：true和false。对于Boolean类型的变量，其他任何值都是无效的。已经声明但尚未初始化的布尔变量的默认值是false。

（2）int数据类型

int数据类型在内部存储为32位整数，它包含一组介于-2 147 483 648和2 147 483 647之间的整数（包括-2 147 483 648和2 147 483 647）。在ActionScript 3.0中，可以访问32位带符号整数和无符号整数的低位机器类型。对于小于int的最小值或大于int的最大值的整数值，应使用Number数据类型。Number数据类型可以处理-9 007 199 254 740 992和9 007 199 254 740 992（53位整数值）之间的值。int数据类型的变量的默认值是0。

（3）uint数据类型

uint数据类型在内部存储为32位无符号整数，它包含一组介于0 和 4 294 967 295之间的整数（包括0和4 294 967 295）。uint数据类型可用于要求非负整数的特殊情形。例如，必须使用uint数据类型来表示像素颜色值，因为int数据类型有一个内部符号位，该符号位并不适合处理颜色值。对于大于uint的最大值的整数值，应使用Number数据类型，该数据类型可以处理53位整数值。uint数据类型的变量的默认值是0。

（4）Number数据类型

在ActionScript 3.0中，Number数据类型可以表示整数、无符号整数和浮点数。但是，为了尽可能提高性能，应将Number数据类型仅用于浮点数，或用于int和uint类型可以存储的、大于32位的整数值。要存储浮点数，数字中应包括一个小数点。如果省略了小数点，数字将存储为整数。

（5）String数据类型

String数据类型表示一个16位字符的序列。字符串在内部存储为Unicode字符，并使用UTF-16格式。字符串是不可改变的值，对字符串值执行运算会返回字符串的一个新实例。用String数据类型声明的变量的默认值是null。虽然null值与空字符串（""）均表示没有任何字符，但两者并不相同。

（6）Null数据类型

Null数据类型仅包含一个值，即null。这是String数据类型和用来定义复杂数据类型的所有类（包括Object类）的默认值。其他基元数据类型（如Boolean、Number、int和uint）均不包含null值。如果尝试向Boolean、Number、int 或uint类型的变量赋予null，则Flash Player会将null值转换为相应的默认值。不能将Null数据类型用做类型注释。

Flash Player不但将NaN值用做Number类型的变量的默认值，而且还将其用做应返回数字、却没有返回数字的任何运算的结果。例如，尝试计算负数的平方根，结果将是NaN。其他特殊的Number值包括"正无穷大"和"负无穷大"。

（7）void数据类型

void数据类型仅包含一个值，即undefined。只能为无类型变量赋予undefined这一值。无类型变量是指缺乏类型注释或使用星号（*）作为类型注释的变量。只能将void用做返回类型注释。

（8）Object数据类型

Object数据类型是由Object类定义的。Object类用做ActionScript中的所有类定义的基类。

3．类型转换

在将某个值转换为其他数据类型的值时，就说发生了类型转换。要将对象转换为另一类型，应用小括号括起对象名并在它前面加上新类型的名称。例如，下面的代码表示提取一个布尔值并将它转换为一个整数。

```
var myBoolean:Boolean = true;
var myINT:int = int(myBoolean);
trace(myINT); // 1
```

10.3 ActionScript 语言及其语法

下面简要介绍ActionScript核心语言及其语法，以便使用户对如何处理数据类型和变量、如何使用正确的语法，以及如何控制程序中的数据流等方面有一个基本的了解。

10.3.1 ActionScript语法

语法定义了一组在编写可执行代码时必须遵循的规则，具体语法规则如下。

1．区分大小写

ActionScript 3.0是一种区分大小写的语言。只是大小写不同的标识符会被视为不同。例如，下面的代码表示创建两个不同的变量。

```
var a1:int;
var A1:int;
```

2．点语法

可以通过点运算符（.）来访问对象的属性和方法。使用点语法，可以使用后跟点运算符和属性名或方法名的实例名来引用类的属性或方法。以下面的类定义为例。

```
class DotExample
```

```
{
public var prop1:String;
public function method1():void {}
}
```

借助于点语法，可以使用在如下代码中创建的实例名来访问prop1属性和method1()方法。

```
var myDotEx:DotExample = new DotExample();
myDotEx.prop1 = "hello";
myDotEx.method1();
```

定义包时，可以使用点语法。可以使用点运算符来引用嵌套包。例如，Event Dispatcher 类位于一个名为events的包中，该包嵌套在名为flash的包中。可以使用下面的表达式来引用events包：flash.events。

还可以使用此表达式来引用EventDispatcher类：flash.events.EventDispatcher。

3．分号

可以使用分号字符（;）来终止语句。如果省略分号字符，则编译器将假设每一行代码代表一条语句。使用分号终止语句可以在一行中放置多个语句，但这样会使代码变得难以阅读。

4．注释

ActionScript 3.0代码支持两种类型的注释：单行注释和多行注释。编译器将忽略标记为注释的文本。

单行注释以两个正斜杠字符（//）开头并持续到该行的末尾。例如，下面的代码包含一个单行注释。

```
var someNumber:Number = 3; //单行注释
```

多行注释以一个正斜杠和一个星号（/*）开头，以一个星号和一个正斜杠（*/）结尾，如下面的代码所示。

```
/* 这是一个可以跨多行代码的多行注释。 */
```

5．斜杠语法

在早期的ActionScript版本中，斜杠语法用于指示影片剪辑或变量的路径。但在ActionScript 3.0中不支持斜杠语法。

6．字面值

"字面值"是直接出现在代码中的值。下面的示例都是字面值。

17、"hello"、-3、9.4、null、undefined、true、false

　　字面值还可以组合起来构成复合字面值。数组文本括在中括号字符（[]）中，各数组元素之间用逗号隔开。

　　数组文本可用于初始化数组。下面的几个示例显示了两个使用数组文本初始化的数组。用户可以使用new语句将复合字面值作为参数传递给Array类构造函数，但是，还可以在实例化下面的ActionScript核心类的实例时直接赋予字面值：Object、Array、String、Number、int、uint、XML、XMLList和Boolean。

```
//使用new语句。
var myStrings:Array = new Array(["alpha", "beta", "gamma"]);
var myNums:Array = new Array([1,2,3,5,8]);
//直接赋予字面值。
var myStrings:Array = ["alpha", "beta", "gamma"];
var myNums:Array = [1,2,3,5,8];
```

　　字面值还可用来初始化通用对象。通用对象是Object类的一个实例。对象字面值括在大括号（{}）中，各对象属性之间用逗号隔开。每个属性都用冒号字符（:）进行声明，冒号用于分隔属性名和属性值。

　　可以使用new语句创建一个通用对象并将该对象的字面值作为参数传递给Object类构造函数，也可以在声明实例时直接将对象字面值赋给实例。下面的示例表示创建一个新的通用对象，并使用3个值分别设置为1、2和3的属性（propA、propB 和 propC）初始化该对象。

```
//使用new语句。
var myObject:Object = new Object({propA:1, propB:2, propC:3});
//直接赋予字面值。
var myObject:Object = {propA:1, propB:2, propC:3};
```

7．小括号

在ActionScript 3.0中，可以通过3种方式来使用小括号（()）。

首先，可以使用小括号来更改表达式中的运算顺序。组合到小括号中的运算总是最先被执行。例如，小括号可用来改变如下代码中的运算顺序。

```
trace(2 + 3 * 4); // 14
trace( (2 + 3) * 4); // 20
```

第二，可以结合使用小括号和逗号运算符（,）来计算一系列表达式，并返回最后一个表达式的结果，如下面的示例。

```
var a:int = 2;
var b:int = 3;
trace((a++, b++, a+b)); // 7
```

第三，可以使用小括号来向函数或方法传递一个或多个参数，如下面的示例表示向trace()函数传递一个字符串值。

```
trace("hello"); // hello
```

8．保留字

"保留字"是一些单词，因为这些单词是保留给ActionScript使用的，所以不能在代码中将它们用做标识符。保留字包括3类："词汇关键字"、"句法关键字"和"供将来使用的保留字"。

- 词汇关键字，编译器将词汇关键字从程序的命名空间中删除。若用户将词汇关键字用做标识符，则编译器会报告一个错误。下表列出了ActionScript 3.0词汇关键字。

as	break	case	catch	class	const	continue	default
delete	do	else	extends	false	finally	for	function
if	implements	import	in	instanceof	interface	internal	is
native	new	null	package	private	protected	public	return
super	switch	this	throw	to	true	try	typeof
use	var	void	while	with			

- 句法关键字，这些关键字可用做标识符，但在某些上下文中具有特殊的含义，见下表。

each	get	set	namespace	include
dynamic	final	native	override	static

- "供将来使用的保留字"的标识符。这些标识符不是为ActionScript 3.0保留的，但是其中的一些可能会被采用ActionScript 3.0的软件视为关键字。用户可以在自己的代码中使用其中的许多标识符，但是不建议使用它们，因为它们可能会在以后的ActionScript版本中作为关键字出现，见下表。

abstract	boolean	byte	cast	char	debugger	double	enum
export	float	goto	intrinsic	long	prototype	short	synchronized
throws	to	transient	type	virtual	volatil		

9．常量

ActionScript 3.0支持const语句，该语句可用来创建常量。常量是指具有无法改变的固定值的属性。只能为常量赋值一次，而且必须在最接近常量声明的位置赋值。例如，如果将常量声明为类的成员，则只能在声明过程中或在类构造函数中为常量赋值。

下面的代码表示声明两个常量。第一个常量MINIMUM是在声明语句中赋值的，第二个常量MAXIMUM是在构造函数中赋值的。

```
class A                                          MAXIMUM = 10;
{                                                }
public const MINIMUM:int = 0;                    }
public const MAXIMUM:int;                         var a:A = new A();
public function A()                              trace(a.MINIMUM); // 0
{                                                trace(a.MAXIMUM); // 10
```

如果尝试以其他任何方法向常量赋予初始值，则会出现错误。例如，在类的外部设置MAXIMUM的初始值，将会出现"运行时错误"。

```
class A                                          }
{                                                var a:A = new A();
public const MINIMUM:int = 0;                     a["MAXIMUM"] = 10; // 运行时错误
public const MAXIMUM:int;
```

Flash Player API定义了一组广泛的常量供用户使用。按照惯例，ActionScript中的常量全部使用大写字母，各个单词之间用下画线字符（_）分隔。例如，MouseEvent类定义将此命名惯例用于其常量，其中每个常量都表示一个与鼠标输入有关的事件。

```
package flash.events
{
public class MouseEvent extends Event
{
public static const CLICK:String = "click";
public static const DOUBLE_CLICK:String = "doubleClick";
public static const MOUSE_DOWN:String = "mouseDown";
public static const MOUSE_MOVE:String = "mouseMove";
...
}
}
```

10.3.2 运算符

运算符是一种特殊的函数，它们具有一个或多个操作数并返回相应的值。"操作数"是被运算符用做输入的值，通常是字面值、变量或表达式。例如，在下面的代码中，将加法运算符（+）和乘法运算符（*）与3个字面值操作数（1、2和3）结合使用来返回一个值。赋值运算符（=）随后使用该值将所返回的值9赋给变量sumNumber。

```
var sumNumber:uint = 1 + 2 * 4; // sumNumber = 9
```

1. 了解运算符

运算符可以是一元、二元或三元的。"一元"运算符有1个操作数。例如，递增运算符（++）就是一元运算符，因为它只有一个操作数。"二元"运算符有2个操作数。例如，除法运算符（/）有2个操作数。"三元"运算符有3个操作数。例如，条件运算符（?:）具有3个操作数。

有些运算符是"重载的"，这意味着它们的行为因传递给它们的操作数的类型或数量而异。例如，加法运算符（+）就是一个重载运算符，其行为因操作数的数据类型而异。如果两个操作数都是数字，则加法运算符会返回这些值的和。如果两个操作数都是字符串，则加法运算符会返回这两个操作数连接后的结果。下面的示例代码说明了运算符的行为如何因操作数而异。

```
trace(5 + 5); // 10
trace("5" + "5"); // 55
```

运算符的行为还可能因所提供的操作数的数量而异。减法运算符（–）既是一元运算符又是二元运算符。对于减法运算符，如果只提供一个操作数，则该运算符会对操作数求反并返回结果；如果提供两个操作数，则减法运算符返回这两个操作数的差。下面的示例说明了首先将减法运算符用做一元运算符，然后再将其用做二元运算符。

```
trace(-3); // -3
trace(7-2); // 5
```

2. 运算符的优先级和结合律

运算符的优先级和结合律决定了运算符的处理顺序。虽然对于熟悉算术的人来说，编译器先处理乘法运算符（*）然后再处理加法运算符（+）似乎是自然而然的事情，但实际上编译器要求显式指定先处理哪些运算符。此类指令统称为"运算符优先级"。ActionScript定义了一个默认的运算符优先级，但用户可以使用小括号运算符"( )"来改变它。例如，下面的运算及先强制编译器先处理加法运算符，然后再处理乘法运算符。

```
var sumNumber:uint = (1 + 2) * 3; // sumNumber = 12
```

在同一个表达式中，若出现两个或更多个具有相同的优先级的运算符，编译器将使用"结合律"的规则来确定先处理哪个运算符。除了赋值运算符之外，所有二进制运算符都是"左结合"的，也就是说，先处理左边的运算符，然后再处理右边的运算符。赋值运算符和条件运算符（?:）都是"右结合"的，也就是说，先处理右边的运算符，然后再处理左边的运算符。

例如，小于运算符（<）和大于运算符（>）具有相同的优先级。如果将这两个运算符用于同一个表达式中，那么由于这两个运算符都是左结合的，因此先处理左边的运算符。也就是说，以下两个语句将生成相同的输出结果。

trace(3 > 2 < 1); // false

trace((3 > 2) < 1); // false

具体运算步骤为：首先处理大于运算符，这会生成值true，因为操作数3大于操作数2。随后，将值true与操作数1一起传递给小于运算符。下面的代码表示此中间状态：

trace((true) < 1);小于运算符将值true转换为数值1，然后将该数值与第二个操作数①进行比较，这将返回值false（因为值1不小于1）。

trace(1 < 1); // false

用户可以用括号运算符来改变默认的左结合律。通过用小括号括起小于运算符及其操作数来命令编译器先处理小于运算符。下面的示例使用与上一个示例相同的数，但是因为使用了小括号运算符，所以生成不同的输出结果。

trace(3 > (2 < 1)); // true

将首先处理小于运算符，这会生成值false，因为操作数2不小于操作数1。值false随后将与操作数3一起传递给大于运算符。下面的代码表示此中间状态。

trace(3 > (false));

大于运算符将值false转换为数值0，然后将该数值与另一个操作数3进行比较，这将返回true（因为3大于0）。

trace(3 > 0); // true

下表按优先级递减的顺序列出了ActionScript 3.0中的运算符。该表内同一行中的运算符具有相同的优先级。在该表中，每行运算符都比位于其下方的运算符的优先级高。

组	运算符
主要	[] {x:y} () f(x) new x.y x[y] <></> @ :: ..
后缀	x++ x--
一元	++x --x + - ~ ! delete typeof void
乘法	* / %
加法	+ -
按位	移位<< >> >>>
关系	< > <= >= as in instanceof is
等于	== != === !==
按位	"与" &
按位	"异或" ^
按位	"或"	
逻辑	"与" &&
逻辑	"或" ||
条件	?:
赋值	= *= /= %= += -= <<= >>= >>>= &= ^= |=
逗号	,

3．运算符简要说明

下面将对ActionScript 3.0中的运算符按其优先级的顺序进行简要说明。

（1）主要运算符

主要运算符包括那些用来创建Array和Object字面值、对表达式进行分组、调用函数、实例化类实例，以及访问属性的运算符。下表列出了所有主要运算符，它们具有相同的优先级。

运算符	执行的运算
[]	初始化数组
{x:y}	初始化对象
()	对表达式进行分组
f(x)	调用函数
new	调用构造函数
x.y x[y]	访问属性
<></>	初始化XMLList对象（E4X）
@	访问属性（E4X）
::	限定名称（E4X）
..	访问子级XML元素（E4X）

（2）后缀运算符

后缀运算符只有一个操作数，它递增或递减该操作数的值。虽然这些运算符是一元运算符，但是它们有别于其他一元运算符，被单独划归到了一个类别，因为它们具有更高的优先级和特殊的行为。在将后缀运算符用做较长表达式的一部分时，会在处理后缀运算符之前返回表达式的值。例如，下面的代码说明如何在递增值之前返回表达式xNum++的值：

var xNum:Number = 0;

trace(xNum++); // 0

trace(xNum); // 1

下表列出了所有的后缀运算符，它们具有相同的优先级。

运算符	执行的运算
++	递增（后缀）
--	递减（后缀）

（3）一元运算符

一元运算符只有一个操作数。这一组中的递增运算符（++）和递减运算符（--）是"前缀运算符"，这意味着它们在表达式中出现在操作数的前面。前缀运算符与它们对应的后缀运算符不同，因为递增或递减操作是在返回整个表达式的值之前完成的。例如，下面的代码说明如何在递增值之后返回表达式++xNum的值。

var xNum:Number = 0;

trace(++xNum); // 1

trace(xNum); // 1

下表列出了所有的一元运算符，它们具有相同的优先级。

运算符	执行的运算
++	递增（前缀）
--	递减（前缀）
+	一元+
-	一元-（非）
!	逻辑"非"
~	按位"非"
delete	删除属性
typeof	返回类型信息
void	返回undefined值

（4）乘法运算符

乘法运算符具有两个操作数，用于执行乘、除或求模计算。下表列出了所有的乘法运算符，它们具有相同的优先级。

运算符	执行的运算
*	乘法
/	除法
%	求模

（5）加法运算符

加法运算符有两个操作数，用于执行加法或减法计算。下表列出了所有加法运算符，它们具有相同的优先级。

运算符	执行的运算
+	加法
–	减法

（6）按位移位运算符

按位移位运算符有两个操作数，用于将第一个操作数的各位按第二个操作数指定的长度移位。下表列出了所有按位移位运算符，它们具有相同的优先级。

运算符	执行的运算
<<	按位向左移位
>>	按位向右移位
>>>	按位无符号向右移位

（7）关系运算符

关系运算符有两个操作数，用于比较两个操作数的值，然后返回一个布尔值。下表列出了所有关系运算符，它们具有相同的优先级。

运算符	执行的运算
<	小于
>	大于
<=	小于或等于
>=	大于或等于
as	检查数据类型
in	检查对象属性
instanceof	检查原型链
is	检查数据类型

（8）等于运算符

等于运算符有两个操作数，用于比较两个操作数的值，然后返回一个布尔值。下表列出了所有等于运算符，它们具有相同的优先级。

运算符	执行的运算
==	等于
!=	不等于
===	严格等于
!==	严格不等于

（9）按位逻辑运算符

按位逻辑运算符有两个操作数，用于执行位级别的逻辑运算。按位逻辑运算符具有不同的优先级。下表按优先级递减的顺序列出了按位逻辑运算符。

运算符	执行的运算
&	按位"与"
^	按位"异或"
|	按位"或"

（10）逻辑运算符

逻辑运算符有两个操作数，它返回布尔结果。逻辑运算符具有不同的优先级。下表按优先级递减的顺序列出了逻辑运算符。

运算符	执行的运算
&&	逻辑"与"
||	逻辑"或"

- 条件运算符：条件运算符是一个三元运算符，也就是说，它有3个操作数。条件运算符是应用if…else条件语句的一种简便方法。

运算符	执行的运算
?:	条件

- 赋值运算符：赋值运算符有两个操作数，它根据一个操作数的值对另一个操作数进行赋值。下表列出了所有赋值运算符，它们具有相同的优先级。

运算符	执行的运算
=	赋值
*=	乘法赋值
/=	除法赋值
%=	求模赋值
+=	加法赋值
-=	减法赋值
<<=	按位向左移位赋值
>>=	按位向右移位赋值
>>>=	按位无符号向右移位赋值
&=	按位"与"赋值
^=	按位"异或"赋值
|=	按位"或"赋值

10.3.3 条件语句

ActionScript 3.0提供了3个可用来控制程序流的基本条件语句。

1．if…else语句

If…else条件语句用于测试一个条件，如果该条件存在，则执行一个代码块，否则执行替代代码块。例如，下面的代码测试a1的值是否超过10，如果是，则生成一个trace()函数，否则生成另一个trace()函数：

```
if (a1 > 10)                        else
{                                   {
trace("a1 is > 10");                trace("a1 is <= 10");
}                                   }
```

如果不想执行替代代码块，可以仅使用if语句，而不用else语句。

2．if…else if语句

可以使用if…else if条件语句来测试多个条件。例如，下面的代码不仅测试a1的值是否超过10，而且还测试a1的值是否为负数。

```
if (a1 > 10)                        else if (a1 < 0)
{                                   {
trace("a1 is > 10");                trace("a1 is negative");
}                                   }
```

3. switch语句

如果多个执行路径依赖于同一个条件表达式，则switch语句非常有用。它的功能大致相当于一系列if…else if语句，但是它更便于阅读。switch语句不是对条件进行测试以获得布尔值，而是对表达式进行求值并使用计算结果来确定要执行的代码块。代码块以case语句开头，以break语句结尾。例如，下面的switch语句基于由Date.getDay()方法返回的日期值输出星期日期。

```
var someDate:Date = new Date();
var dayNum:uint = someDate.getDay();
switch(dayNum)
{
case 0:
trace("Sunday");
break;
case 1:
trace("Monday");
break;
case 2:
trace("Tuesday");
break;
case 3:
trace("Wednesday");
break;
case 4:
trace("Thursday");
break;
case 5:
trace("Friday");
break;
case 6:
trace("Saturday");
break;
default:
trace("Out of range");
break;
}
```

10.3.4　循环语句

循环语句允许使用一系列值或变量来反复执行一个特定的代码块。用户应使用大括号"{}"来括起代码块。

1. for

for循环用于循环访问某个变量以获得特定范围的值。必须在for语句中提供3个表达式：一个是设置了初始值的变量；另一个用于确定循环何时结束的条件语句；第三个是在每次循环中都更改变量值的表达式。例如，下面的代码循环5次。变量i的值从0开始到4结束，输出结果是从0～4的5个数字，每个数字各占1行。

```
var i:int;
for (i = 0; i < 5; i++)
{
trace(i);
}
```

2. for...in

for...in循环用于循环访问对象属性或数组元素。例如，可以使用for...in循环来循环访问通用对象的属性（不按任何特定的顺序来保存对象的属性，因此属性可能以看似随机的顺序出现）。

```
var myObj:Object = {x:20, y:30};          }
for (var i:String in myObj)                // 输出：
{                                          // x: 20
trace(i + ": " + myObj[i]);                // y: 30
```

还可以循环访问数组中的元素。

```
var myArray:Array = ["one", "two",         }
"three"];                                  // 输出：
for (var i:String in myArray)              // one
{                                          // two
trace(myArray[i]);                         // three
```

> **高手指点**
>
> 如果对象是自定义类的一个实例，则除非该类是动态类，否则将无法循环访问该对象的属性。即便对于动态类的实例，也只能循环访问动态添加的属性。

3. for each...in

for each...in循环用于循环访问集合中的项目，它可以是XML或XMLList对象中的标签、对象属性保存的值或数组元素。例如，如下面的代码所示，可以使用for each...in循环来循环访问通用对象的属性。与for...in循环不同的是，for each...in循环中的迭代变量包含属性所保存的值，而不包含属性的名称。

```
var myObj:Object = {x:20, y:30};          }
for each (var num in myObj)                // 输出：
{                                          // 20
trace(num);                                // 30
```

可以循环访问XML或XMLList对象，如下面的示例。

```
var myXML:XML = <users>                    trace(item);
<fname>Jane</fname>                        }
<fname>Susan</fname>                       /* 输出
<fname>John</fname>                        Jane
</users>;                                  Susan
for each (var item in myXML.fname)         John
{                                          */
```

还可以循环访问数组中的元素，如下面的示例。

```
var myArray:Array = ["one", "two",           }
"three"];                                    // 输出：
for each (var item in myArray)               // one
{                                            // two
trace(item);                                 // three
```

如果对象是密封类的实例，则将无法循环访问该对象的属性。即使对于动态类的实例，也无法循环访问任何固定属性（即作为类定义的一部分定义的属性）。

4．while

while循环与if语句相似，只要条件为true，就会反复执行。例如，下面的代码与for循环示例生成的输出结果相同。

```
var i:int = 0;                               trace(i);
while (i < 5)                                i++;
{                                            }
```

使用while循环的一个缺点是，编写的while循环中更容易出现无限循环。如果省略了用来递增计数器变量的表达式，则for循环示例代码将无法编译，而while循环示例代码仍然能够编译。若没有用于递增i的表达式，循环将成为无限循环。

5．do…while

do…while循环是一种while循环，它保证至少执行一次代码块，这是因为在执行代码块后才会检查条件。下面的代码为do...while循环的一个简单示例，即使条件不满足，该示例也会生成输出结果。

```
var i:int = 5;                               i++;
do                                           } while (i < 5);
{                                            // 输出：5
trace(i);
```

10.3.5　函数

"函数"是执行特定任务并可以在程序中重用的代码块。ActionScript 3.0中有两类函数："方法"和"函数闭包"。将函数称为方法还是函数闭包取决于定义函数的上下文。如果将函数定义为类定义的一部分或将它附加到对象的实例，则该函数称为方法。如果以其他任何方式定义函数，则该函数称为函数闭包。

1．函数基本概念

下面将介绍基本的函数定义和调用方法。

（1）调用函数

可以通过使用后跟小括号运算符"( )"的函数标识符来调用函数。要发送给函数的任何函数参数都括在小括号中。例如，trace()函数，它是Flash Player API中的顶级函数。

trace("Use trace to help debug your script");

如果要调用没有参数的函数，则必须使用一对空的小括号。例如，可以使用没有参数的Math.random()方法来生成一个随机数：

var randomNum:Number = Math.random();

（2）自定义函数

在ActionScript 3.0中可通过两种方法来定义函数：使用函数语句和使用函数表达式。用户可以根据自己的编程风格来选择相应的方法。如果倾向于采用静态或严格模式的编程，则应使用函数语句来定义函数。函数表达式更多地用在动态编程或标准模式编程中，在此不再赘述。

（3）函数语句

函数语句是在严格模式下定义函数的首选方法。函数语句以function关键字开头，后跟以下内容。

- 函数名。
- 用小括号括起来的逗号分隔参数列表。
- 用大括号括起来的函数体（即在调用函数时要执行的ActionScript代码）。

例如，下面的代码创建一个定义一个参数的函数，然后将字符串hello用做参数值来调用该函数。

```
function traceParameter(aParam:String)
{
trace(aParam);
}
traceParameter("hello"); // hello
```

（4）从函数中返回值

要从函数中返回值，需使用后跟要返回的表达式或字面值的return语句。例如，下面的代码返回一个表示参数的表达式。

```
function doubleNum(baseNum:int):int
{
return (baseNum * 2);
}
```

需要注意的是，return语句会终止该函数，因此不会执行位于return语句下面的任何语句，如下所示。

```
function doubleNum(baseNum:int):int {
return (baseNum * 2);
trace("after return"); //不会执行这条 trace语句。
}
```

（5）嵌套函数

可以嵌套函数，意味着函数可以在其他函数内部声明。除非将对嵌套函数的引用传递给外部代码，否则嵌套函数将仅在其父函数内可用。例如，下面的代码用于在getNameAndVersion()函数内部声明两个嵌套函数。

```
function getNameAndVersion():String
{
function getVersion():String
{
return "11";
}
function getProductName():String
{
return "Flash Player";
}
return (getProductName() + " " +
getVersion());
}
trace(getNameAndVersion()); // Flash
Player 11
```

2．函数参数

ActionScript 3.0为函数参数提供了一些功能，这些功能对于那些刚接触ActionScript语言的程序员来说可能是很陌生的。

（1）按值或按引用传递参数

在许多编程语言中，一定要了解按值传递参数与按引用传递参数之间的区别，两者之间的区别会影响代码的设计方式。

按值传递意味着将参数的值复制到局部变量中，以便在函数内使用。按引用传递意味着将只传递对参数的引用，而不传递实际值。这种方式的传递不会创建实际参数的任何副本，而是会创建一个对变量的引用并将它作为参数传递，并且会将它赋给局部变量，以便在函数内部使用。

在ActionScript 3.0中，所有的参数均按引用传递，因为所有的值都存储为对象。但是，属于基元数据类型（包括Boolean、Number、int、uint和String）的对象具有一些特殊运算符，这使它们可以像按值传递一样工作。例如，下面的代码表示创建一个名为passPrimitives()的函数，该函数定义了两个类型均为int、名称分别为xParam和yParam的参数。这些参数与在passPrimitives()函数体内声明的局部变量类似。当使用xValue和yValue参数调用函数时，xParam和yParam参数将用对int对象的引用进行初始化，int对象由xValue和yValue表示。因为参数是基元值，所以它们像按值传递一样工作。尽管xParam和yParam最初仅包含对xValue和yValue对象的引用，但是，对函数体内的变量的任何更改都会导致在内存中生成这些值的新副本。

```
function passPrimitives(xParam:int,
yParam:int):void
{
xParam++;
yParam++;
trace(xParam, yParam);
}
var xValue:int = 10;
```

```
var yValue:int = 15;
trace(xValue, yValue); // 10 15
```

```
passPrimitives(xValue, yValue); // 11 16
trace(xValue, yValue); // 10 15
```

在passPrimitives()函数内部，xParam和yParam的值递增，但这不会影响xValue和yValue的值，如上一条trace语句所示。即使参数的命名与xValue和yValue变量的命名完全相同也是如此，因为函数内部的xValue和yValue将指向内存中的新位置，这些位置不同于函数外部同名的变量所在的位置。

其他所有对象（即不属于基元数据类型的对象）始终按引用传递，这样就可以更改初始变量的值。例如，下面的代码用于创建一个名为objVar的对象，该对象具有两个属性：x和y，该对象作为参数传递给passByRef()函数。因为该对象不是基元类型，所以它不但按引用传递，而且还保持一个引用。这意味着对函数内部的参数的更改将会影响到函数外部的对象属性。

```
function passByRef(objParam:
Object):void
  {
  objParam.x++;
  objParam.y++;
  trace(objParam.x, objParam.y);
```

```
}
var objVar:Object = {x:10, y:15};
trace(objVar.x, objVar.y); // 10 15
passByRef(objVar); // 11 16
trace(objVar.x, objVar.y); // 11 16
```

objParam参数与全局objVar变量引用相同的对象。正如在本示例的trace语句中所看到的一样，对objParam对象的x和y属性所做的更改将反映在objVar对象中。

（2）默认参数值

ActionScript 3.0中新增了为函数声明"默认参数值"的功能。如果在调用具有默认参数值的函数时省略了具有默认值的参数，那么将使用在函数定义中为该参数指定的值。所有具有默认值的参数都必须放在参数列表的末尾。指定为默认值的值必须是编译时的常量。如果某个参数存在默认值，则会有效地使该参数成为"可选参数"。没有默认值的参数被视为"必需的参数"。例如，下面的代码表示创建一个具有3个参数的函数，其中的两个参数具有默认值。当仅用一个参数调用该函数时，将使用这些参数的默认值。

```
function defaultValues(x:int, y:int = 3,
z:int = 5):void
  {
```

```
trace(x, y, z);
}
defaultValues(1); // 1 3 5
```

3．函数作为对象

ActionScript 3.0中的函数是对象。当创建函数时，就是在创建对象，该对象不仅可以作为参数传递给另一个函数，而且还可以有附加的属性和方法。作为参数传递给另一个函数的函数是按引用传递的。在将某个函数作为参数传递时，只能使用标识符，而不能使用在调用方法时所用的小括号运算符。例如，下面的代码将名为clickListener()的函数作为参数传递给addEventListener()方法。

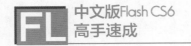

addEventListener(MouseEvent.CLICK, clickListener);

用户可以定义自己的函数属性，方法是在函数体外部定义它们。函数属性可以用做准静态属性，用来保存与该函数有关的变量的状态。例如，可能希望跟踪对特定函数的调用次数。如果正在编写游戏，并且希望跟踪用户使用特定命令的次数，则这样的功能会非常有用。下面的代码表示在函数声明外部创建一个函数属性，在每次调用该函数时都递增此属性。

```
someFunction.counter = 0;                          }
function someFunction():void                  someFunction();
{                                             someFunction();
someFunction.counter++;                       trace(someFunction.counter); // 2
```

4．函数作用域

函数的作用域不但决定了可以在程序中的什么位置调用函数，而且还决定了函数可以访问哪些定义。适用于变量标识符的作用域规则同样也适用于函数标识符。在全局作用域中声明的函数在整个代码中都可用。例如，ActionScript 3.0包含可在代码中的任意位置使用的全局函数，如isNaN()和parseInt()。嵌套函数（即在另一个函数中声明的函数）可以用在声明它的函数中的任意位置。

（1）作用域链

无论何时开始执行函数，都会创建许多对象和属性。首先，会创建一个被称为"激活对象"的特殊对象，该对象用于存储在函数体内声明的参数，以及任何局部变量或函数。由于激活对象属于内部机制，因此无法直接访问它。接着会创建一个"作用域链"，其中包含由Flash Player检查标识符声明的对象的有序列表。所执行的每个函数都有一个存储在内部属性中的作用域链。对于嵌套函数，作用域链始于其自己的激活对象，后跟其父函数的激活对象。作用域链以这种方式延伸，直到到达全局对象。全局对象是在ActionScript程序开始时创建的，其中包含所有的全局变量和函数。

（2）函数闭包

"函数闭包"是一个对象，其中包含函数的快照及其"词汇环境"。函数的词汇环境包括函数作用域链中的所有变量、属性、方法和对象，以及它们的值。无论何时在对象或类之外的位置执行函数，都会创建函数闭包。函数闭包保留定义它们的作用域，这样在将函数作为参数或返回值传递给另一个作用域时，就会产生有趣的结果。

例如，下面的代码表示创建两个函数：foo()（返回一个用来计算矩形面积的嵌套函数rectArea()）和bar()（调用foo()并将返回的函数闭包存储在名为myProduct的变量中）。即使bar()函数定义了自己的局部变量x（值为2），当调用函数闭包myProduct()时，该函数闭包仍保留在函数foo()中定义的变量x（值为40）。因此，bar()函数将返回值160，而不是8。

```
function foo():Function
{
var x:int = 40;
function rectArea(y:int):int //定义函数
闭包
{
return x * y
}
return rectArea;
```

```
}
function bar():void
{
var x:int = 2;
var y:int = 4;
var myProduct:Function = foo();
trace(myProduct(4)); //调用函数闭包
}
bar(); // 160
```

方法的行为与函数闭包类似，因为方法也保留有关创建它们的词汇环境的信息。当方法提取自它的实例（这会创建绑定方法）时，此特征尤为突出。函数闭包与绑定方法之间的主要区别在于，绑定方法中this关键字的值始终引用它最初附加到的实例，而函数闭包中this关键字的值可以改变。

10.3.6　类和对象

在ActionScript 3.0中，每个对象都是由类定义的。可将类视为某一类对象的模板或蓝图。ActionScript中包含许多属于核心语言的内置类。其中的某些内置类（如Number、Boolean和String）表示ActionScript中可用的基元值。其他类（如Array、Math和XML）用于定义属于ECMAScript标准的更复杂对象。

所有的类（无论是内置类还是用户定义的类）都是从Object类派生的。在ActionScript 3.0中引入了无类型变量这一概念，这一类变量可通过以下两种方法来指定。

var someObj:*;

var someObj;

无类型变量与Object类型的变量不同。两者的主要区别在于无类型变量可以保存特殊值undefined，而Object类型的变量则不能保存该值。

1. 类定义

类定义语法为：class关键字后跟类名。类体要放在大括号"{}"内，且放在类名后面。例如，以下代码表示创建了一个名为Shape的类，其中包含名为visible的变量。

```
public class Shape
{
```

```
var visible:Boolean = true;
}
```

对于包中的类定义，有一项重要的语法更改。在ActionScript 2.0中，如果类在包中，则在类声明中必须包含包名称。在ActionScript 3.0中引入了package语句，包名称必须包含在包声明中，而不是包含在类声明中。例如，以下类声明说明如何在ActionScript 2.0和

ActionScript 3.0中定义BitmapData类（该类是flash.display包的一部分）。

```
// ActionScript 2.0
class flash.display.BitmapData {}
// ActionScript 3.0
package flash.display
```

```
{
public class BitmapData {}
}
```

2．类属性

在ActionScript 3.0中，可使用以下4个属性之一来修改类定义。

属 性	定 义
Dynamic（动态）	允许在运行时向实例添加属性
final （不可扩展）	不得由其他类扩展
Internal（默认）	对当前包内的引用可见
public（公共）	对所有位置的引用可见

使用internal以外的每个属性时，必须显式包含该属性才能获得相关的行为。例如，如果定义类时未包含dynamic属性（attribute），则不能在运行时向类实例中添加属性（property）。通过在类定义的开始处放置属性，可显式地分配属性，如下面的代码。

```
dynamic class Shape {}
```

3．类体

类体放在大括号内，用于定义类的变量、常量和方法。下面的示例显示Adobe Flash Player API中Accessibility类的声明。

```
public final class Accessibility
{
public static function get active():
Boolean;
```

```
public static function update
Properties():void;
}
```

ActionScript 3.0不但允许在类体中包括定义，而且还允许包括语句。如果语句在类体中但在方法定义之外，这些语句只在第一次遇到类定义并且创建了相关的类对象时执行一次。下面的示例包括一个对hello()外部函数的调用和一个trace语句，该语句在定义类时输出确认消息。

```
function hello():String
{
trace("hola");
}
class SampleClass
{
```

```
hello();
trace("class created");
}
// 创建类时输出
hola
class created
```

10.3.7　包和命名空间

包和命名空间是两个相关的概念。使用包可以通过有利于共享代码并尽可能减少命名冲突的方式将多个类定义捆绑在一起，使用命名空间可以控制标识符（如属性名和方法名）的可见性。无论命名空间位于包的内部还是外部，都可以应用于代码。

1. 包

在ActionScript 3.0中，包是用命名空间实现的，但包和命名空间并不同义。在声明包时，可以隐式创建一个特殊类型的命名空间，并保证它在编译时是已知的。显式创建的命名空间在编译时不必是已知的。下面的示例使用package指令来创建一个包含单个类的简单包。

```
package samples
{
public class SampleCode
{
public var sampleGreeting:String;
public function sampleFunction()
{
trace(sampleGreeting + " from sample Function()");
}
}
}
```

在本例中，该类的名称是SampleCode。由于该类位于samples包中，因此编译器在编译时会自动将其类名称限定为完全限定名称samples.SampleCode。编译器还限定任何属性或方法的名称，以便sampleGreeting和sampleFunction()分别变成samples.SampleCode.sampleGreeting和samples.SampleCode.sampleFunction()。

使用包还有助于确保所使用的标识符名称是唯一的，而且不与其他标识符名称冲突。例如，假设两个希望相互共享代码的程序员各创建了一个名为SampleCode的类。如果没有包，这样就会造成名称冲突，唯一的解决方法就是重命名其中的一个类。但是，使用包就可以将其中的一个类放在具有唯一名称的包中，从而轻松地避免了名称冲突。

2. 创建包

ActionScript 3.0在包、类和源文件的组织方式上具有很大的灵活性，它允许在一个源文件中包括多个类，但每个文件中只有一个类可供该文件外部的代码使用。也就是说，每个文件中只有一个类可以在包声明中进行声明。用户必须在包定义的外部声明其他任何类，以使这些类对于该源文件外部的代码不可见。在包定义内部声明的类的名称必须与源文件的名称匹配。

ActionScript 3.0在包的声明方式上也具有更大的灵活性。它使用package语句来声明包，这意味着用户还可以在包的顶级声明变量、函数和命名空间，甚至还可以在包的顶级包括可执行语句。

3. 导入包

如果希望使用位于某个包内部的特定类，则必须导入该包或该类。以前面的SampleCode类示例为例。如果该类位于名为samples的包中，那么在使用SampleCode类之前，必须使用下列导入语句。

"import samples.*;"或"import samples.SampleCode;"

通常，import语句越具体越好。如果只打算使用samples包中的SampleCode类，则应只导入SampleCode类，而不应导入该类所属的整个包。因为导入整个包可能会导致意外的名称冲突。用户还必须将定义包或类的源代码放在类路径内部。类路径是用户定义的本地目录路径列表，它决定了编译器将在何处搜索导入的包和类。在正确地导入类或包之后，可以使用类的完全限定名称（samples.SampleCode），也可以只使用类名称本身（SampleCode）。

当同名的类、方法或属性会导致代码不明确时，完全限定的名称非常有用，但如果将它用于所有的标识符，则会使代码变得难以管理。例如，在实例化SampleCode类的实例时，使用完全限定的名称会导致代码冗长。

var mySample:samples.SampleCode=new samples.SampleCode();

创建包时，该包的所有成员的默认访问说明符是internal，这意味着默认情况下包成员仅对其所在包的其他成员可见。如果希望某个类对包外部的代码可用，则必须将该类声明为public。例如，下面的包包含SampleCode和CodeFormatter两个类。

```
// SampleCode.as 文件
package samples
{
public class SampleCode {}
}
```

```
// CodeFormatter.as 文件
package samples
{
class CodeFormatter {}
}
```

SampleCode类在包的外部可见，因为它被声明为public类。但是，CodeFormatter类仅在samples包的内部可见。如果尝试访问位于samples包外部的CodeFormatter类，将会产生一个错误，如下面的示例所示。

```
import samples.SampleCode;
import samples.CodeFormatter;
var mySample:SampleCode = new SampleCode(); //正确，public类
var myFormatter:CodeFormatter = new CodeFormatter(); //错误
```

完全限定的名称可用来解决在使用包时可能发生的名称冲突。如果导入两个包，但它们用同一个标识符来定义类，就可能会发生名称冲突。例如，请考虑下面的包，该包也有一个名为SampleCode的类。

```
package langref.samples
{
```

```
public class SampleCode {}
}
```

如果按以下方式导入两个类，在引用SampleCode类时将会发生名称冲突。

import samples.SampleCode;

import langref.samples.SampleCode;

var mySample:SampleCode = new SampleCode(); //名称冲突

编译器无法确定要使用哪个SampleCode类。要解决此冲突，必须使用每个类的完全限定名称，如下所示。

var sample1:samples.SampleCode = new samples.SampleCode();

var sample2:langref.samples.SampleCode = new langref.samples.SampleCode();

4．命名空间

通过命名空间可以控制所创建的属性和方法的可见性。用户可将public、private、protected和internal访问控制说明符视为内置的命名空间。如果这些预定义的访问控制说明符无法满足要求，则可以创建自己的命名空间。

（1）基本步骤

在使用命名空间时，应遵循以下3个基本步骤。

第一，必须使用namespace关键字来定义命名空间。例如，下面的代码用于定义version1命名空间。

namespace version1;

第二，在属性或方法声明中，使用命名空间（而非访问控制说明符）来应用命名空间。下面的示例表示将一个名为myFunction() 的函数放在version1命名空间中。

version1 function myFunction() {}

第三，在应用了该命名空间后，可以使用use指令引用它，也可以使用该命名空间来限定标识符的名称。下面的示例就是通过use指令来引用myFunction()函数。

use namespace version1;

myFunction();

还可以使用限定名称来引用myFunction()函数，如下面的示例所示。

version1::myFunction();

（2）定义命名空间

命名空间中包含一个名为统一资源标识符（URI）的值，使用URI可确保命名空间定义的唯一性。可以通过使用以下两种方法来声明命名空间定义，以创建命名空间。

第一种方法，像定义XML命名空间那样使用显式URI定义命名空间。

第二种方法，省略URI。

下面的示例说明了如何使用URI来定义命名空间。

namespace flash_proxy = "http://www.adobe.com/flash/proxy";

URI被用做该命名空间的唯一标识字符串。如果省略URI（如下面的示例），则编译器将创建一个唯一的内部标识字符串来代替URI。对于这个内部标识字符串，用户不具有访问权限。

```
namespace flash_proxy;
```

在定义了命名空间后，就不能在同一个作用域内重新定义该命名空间。如果尝试定义的命名空间以前在同一个作用域内定义过，则将生成编译器错误。

如果在某个包或类中定义了一个命名空间，则该命名空间可能对于此包或类外部的代码不可见，除非使用了相应的访问控制说明符。例如，下面的代码显示了在flash.utils包中定义的flash_proxy命名空间。在下面的示例中，缺乏访问控制说明符意味着flash_proxy命名空间将仅对于flash.utils包内部的代码可见，而对于该包外部的任何代码都不可见。

```
package flash.utils                    namespace flash_proxy;
{                                      }
```

下面的代码使用public属性使flash_proxy命名空间对该包外部的代码可见。

```
package flash.utils                    public namespace flash_proxy;
{                                      }
```

（3）应用命名空间

应用命名空间意味着在命名空间中放置定义。可以放在命名空间中的定义包括函数、变量和常量。例如，一个使用public访问控制命名空间声明的函数。在函数的定义中使用public属性会将该函数放在public命名空间中，从而使该函数对于所有的代码都可用。在定义了某个命名空间之后，可以按照与使用public属性相同的方式来使用所定义的命名空间，该定义将对于可以引用的自定义命名空间的代码可用。例如，如果定义一个名为example1的命名空间，则可以添加一个名为myFunction()的方法，并将example1用做属性，如下面的示例所示。

```
namespace example1;                    example1 myFunction() {}
class someClass                        }
{
```

在声明myFunction()方法时将example1命名空间用做属性，则意味着该方法属于example1命名空间。

在应用命名空间时，应切记以下几点。

- 对于每个声明只能应用一个命名空间。
- 不能一次将同一个命名空间属性应用于多个定义。换而言之，如果希望将自己的命名空间应用于10个不同的函数，则必须将该命名空间作为属性分别添加到这10个函数的定义中。
- 如果应用了命名空间，则不能同时指定访问控制说明符，因为命名空间和访问控制说明符是互斥的。换而言之，如果应用了命名空间，就不能将函数或属性声明为public、private、protected或internal。

（4）引用命名空间

对于自定义的命名空间，若要使用其中的方法或属性，必须引用该命名空间。可以用use namespace指令来引用命名空间，也可以使用名称限定符（::）来以命名空间限定名称。用use namespace指令引用命名空间会打开该命名空间，这样它便可以应用于任何未限定的标识符。例如，如果已经定义了example1命名空间，则可以通过使用usenamespace example1来访问该命名空间中的名称。

use namespace example1;

myFunction();

用户可以一次打开多个命名空间。在使用use namespace打开了某个命名空间之后，它会在打开它的整个代码块中保持打开状态。不能显式关闭命名空间。但是，如果同时打开多个命名空间，则会增加发生名称冲突的可能性。如果不愿意打开命名空间，则可以用命名空间和名称限定符来限定方法或属性名，从而避免使用use namespace指令。例如，下面的代码说明了如何用example1命名空间来限定myFunction()名称。

example1::myFunction();

10.4　面向对象编程

ActionScript是一种面向对象的编程语言。面向对象的编程仅仅是一种编程方法，它与使用对象来组织程序中的代码的方法没有什么差别。下面将对如何使用ActionScript进行面对对象编程进行详细介绍。

10.4.1　了解面向对象的编程

面向对象的编程（OOP）是一种组织程序代码的方法，它将代码划分为对象，即包含信息（数据值）和功能的单个元素。通过使用面向对象的方法来组织程序，可以将特定信息（例如唱片标题、音轨标题或歌手名字等音乐信息）及其关联的通用功能或动作（如"在播放列表中添加音轨"或"播放此歌手的所有歌曲"）组合在一起。这些项目将合并为一个项目，即对象（如"唱片"或"音轨"）。能够将这些值和功能捆绑在一起会带来很多好处，其中包括只需跟踪单个变量而非多个变量、将相关功能组织在一起，以及能够以更接近实际情况的方式构建程序。

10.4.2　处理对象

前面讲过将计算机程序定义为计算机执行的一系列步骤或指令。那么从概念上讲，人们可能认为计算机程序只是一个很长的指令列表。然而，在面向对象的编程中，程序指令被划分到不同的对象中——代码构成功能块，因此相关类型的功能或相关的信息被组合到一个容器中。

事实上，在处理过元件的过程中，已经是在处理对象了。例如，创建了一个影片剪辑元件（假设它是一幅矩形图画），并且已将它的一个副本放在了舞台上。从严格意义上来说，该影片剪辑元件也是ActionScript中的一个对象，即MovieClip类的一个实例。

用户可以修改该影片剪辑的不同特征。例如，当选中该影片剪辑时，可以在"属性"面板中更改许多值，如它的x坐标、宽度，进行各种颜色调整（如更改它的Alpha值），或对它应用投影滤镜。还可以使用其他Flash工具进行更多更改，例如，使用"任意变形"工具旋转该矩形。在Flash创作环境中修改一个影片剪辑元件时所做的更改同样可在ActionScript中通过更改组合在一起，构成称为MovieClip对象的单个包的各数据片断来实现。

在 ActionScript 面向对象的编程中，任何类都可以包含3种类型的特性：属性、方法和事件。这些元素共同用于管理程序使用的数据块，并用于确定执行哪些动作及动作的执行顺序。

1. 属性

属性表示某个对象中绑定在一起的若干数据块中的一个。例如，Song对象可能具有名为artist和title的属性；MovieClip类具有rotation、x、width和alpha等属性。用户可以将属性视为包含在对象中的"子"变量，像处理单个变量那样处理属性。例如，处理一个名为square的影片剪辑。

以下代码行将名为square的影片剪辑移动到100个像素的x坐标处。

square.x = 100;

以下代码使用rotation属性旋转square以便与triangle的旋转相匹配。

square.rotation = triangle.rotation;

以下代码用于更改square的水平缩放比例，以使其宽度为原始宽度的1.5倍。

square.scaleX = 1.5;

通过以上示例，可以看出其通用结构为：变量名——点——属性名。

将变量（square和triangle）用做对象的名称，后跟一个句点（.）和属性名（x、rotation和scaleX）。

2. 方法

"方法"是指可以由对象执行的操作。例如，如果在Flash中为影片剪辑元件制作了一个简单的运动动画，则可以播放或停止该影片剪辑，或指示它将播放头移到特定的帧。

下面的代码指示名为shortFilm的影片剪辑元件开始播放。

shortFilm.play();

下面的代码使shortFilm停止播放（播放头停在原地，就像暂停播放视频一样）。

shortFilm.stop();

下面的代码使shortFilm将其播放头移到第1帧，然后停止播放（就像后退视频一样）。

shortFilm.gotoAndStop(1);

通过以上实例可以看出，可以通过依次写下对象名（变量）、句点、方法名和小括号来访问方法，这与属性类似。小括号是指示要"调用"某个方法（即指示对象执行该动作）的方式。有时，为了传递执行动作所需的额外信息，将值（或变量）放入小括号中。这些值称为方法"参数"。例如，gotoAndStop()方法需要知道应转到哪一帧，所以要求小括号中有一个参数。有些方法（如play()和stop()）自身的意义已非常明确，因此不需要额外信息，但书写时仍然带有小括号。

与属性（和变量）不同的是，方法不能用做值占位符。然而，一些方法可以执行计算并返回可以像变量一样使用的结果。例如，Number类的toString()方法将数值转换为文本表示形式。

var numericData:Number = 9;

var textData:String = numericData.toString();

例如，如果希望在屏幕上的文本字段中显示Number变量的值，应使用toString()方法。

TextField类的text属性（表示实际在屏幕上显示的文本内容）被定义为String，所以它只能包含文本值。下面的一行代码将变量numericData中的数值转换为文本，然后使这些文本显示在屏幕上名为calculatorDisplay的TextField对象中。

calculatorDisplay.text = numericData.toString();

3．事件

"事件"就是所发生的、ActionScript能够识别并可响应的事情。ActionScript程序可以保持运行、等待用户输入或等待其他事件发生。

许多事件与用户交互有关。例如，用户单击按钮，或按键盘上的键。当然，也有许多其他类型的事件。例如，如果使用ActionScript加载外部图像，有一个事件可让用户知道图像何时加载完毕。当ActionScript程序正在运行时，Adobe Flash Player只是等待某些事件的发生，当这些事件发生时，Flash Player将运行用户为这些事件指定的特定ActionScript代码。

指定为响应特定事件而应执行的某些动作的技术称为"事件处理"。在编写执行事件处理的ActionScript代码时，需要识别以下3个重要元素。

- 事件源：发生该事件的是哪个对象？例如，哪个按钮会被单击，或哪个Loader对象正在加载图像？事件源也称为"事件目标"，因为Flash Player（即Flash播放器）将此对象（实际在其中发生事件）作为事件的目标。

- 事件：将要发生什么事情，以及用户希望响应什么事情。识别事件是非常重要的，因为许多对象都会触发多个事件。
- 响应：当事件发生时，希望执行哪些步骤。

在编写处理事件的ActionScript代码时，都会包括以上3个元素，并且代码遵循以下基本结构（以粗体显示的元素是将针对具体情况填写的占位符）。

```
function eventResponse(eventObject:EventType):void
{
// 此处是为响应事件而执行的动作。
}
eventSource.addEventListener(EventType.EVENT_NAME,eventResponse);
```

此代码执行两个操作。首先，定义一个函数，这是指定为响应事件而要执行的动作的方法。接下来，调用源对象的addEventListener()方法，实际上就是为指定事件"订阅"该函数，以便当该事件发生时，执行该函数的动作。

该代码结构介绍如下。

"函数"提供了一种将若干个动作组合在一起、用类似于快捷名称的单个名称来执行这些动作的方法。函数与方法完全相同，只是不必与特定类关联（事实上，方法可以被定义为与特定类关联的函数）。在创建事件处理函数时，必须选择函数名称（本例中为eventResponse），还必须指定一个参数（本例中的名称为eventObject）。指定函数参数类似于声明变量，所以还必须指明参数的数据类型。将为每个事件定义一个ActionScript类，并且为函数参数指定的数据类型始终是与要响应的特定事件关联的类。最后，在左大括号与右大括号之间({ ...})，编写希望计算机在事件发生时执行的指令。

一旦编写了事件处理函数，就需要通知事件源对象（发生事件的对象，如按钮）希望在该事件发生时调用函数。可通过调用该对象的addEventListener()方法来实现此目的（所有具有事件的对象都同时具有addEventListener()方法）。

addEventListener()方法有以下两个参数。

- 第一个参数是希望响应的特定事件的名称。同样，每个事件都与一个特定类关联，而该类将为每个事件预定义一个特殊值；类似于事件自己的唯一名称（应将其用于第一个参数）。
- 第二个参数是事件响应函数的名称。请注意，如果将函数名称作为参数进行传递，则在写入函数名称时不使用括号。

4．创建对象实例

在ActionScript中使用对象之前，该对象首先必须存在。创建对象的步骤之一是声明变量；然而，声明变量仅仅是在计算机的内存中创建一个空位置。因此必须为变量指定实际值，即创建一个对象并将它存储在该变量中，然后再尝试使用或处理该变量。创建对象的过程称为对象"实例化"，也就是说，创建特定类的实例。

有一种创建对象实例的简单方法完全不必涉及ActionScript。在Flash中，当将一个影片剪辑元件、按钮元件或文本字段放置在舞台上，并在"属性"面板中为它指定实例名时，Flash会自动声明一个拥有该实例名的变量，创建一个对象实例并将该对象存储在该变量中。用户还可以通过几种方法来仅使用ActionScript创建对象实例。首先，可以使用"文本表达式"（直接写入ActionScript代码的值）创建一个实例。举例如下。

- 文本数字值（直接输入数字）。

var someNumber:Number = 13.78;

var someNegativeInteger:int = -67;

var someUint:uint = 22;

- 文本字符串值（用双引号将本文引起来）。

var firstName:String = "White";

var soliloquy:String = "No pains, no gains.";

- 文本布尔值（使用字面值true或false）。

var niceWeather:Boolean = true;

var playingOutside:Boolean = false;

- 文本XML值（直接输入XML）。

var employee:XML = <employee>
<firstName>Harold</firstName>
<lastName>Webster</lastName>
</employee>;

对于其他任何数据类型而言，要创建一个对象实例，应将new运算符与类名一起使用，如下所示。

var raceCar:MovieClip = new MovieClip();

var birthday:Date = new Date(2012, 3, 9);

通常，将使用new运算符创建对象称为"调用类的构造函数"。"构造函数"是一种特殊方法，在创建类实例的过程中将调用该方法。请注意，当以此方法创建实例时，应在类名后加上小括号，有时还可以指定参数值。

熟悉使用new ClassName()创建对象的方法是非常重要的。如果需要创建无可视化表示形式的ActionScript数据类型的一个实例（无法通过该项目放置在Flash舞台上来创建，也无法在Flex Builder MXML编辑器的设计模式下创建），则只能通过使用new运算符在ActionScript中直接创建对象来实现此目的。

10.4.3 制作简单交互动画

下面将制作一个简单的交互示例，演示如何为一个线性动画添加启动动画并导航到单独的网页。该示例的目的是让读者了解如何将多段ActionScript合并为一个完整的应用程序。具体操作步骤如下。

01 打开素材文件

打开"光盘：素材文件\第10章\Action.fla"素材文件，本文件包含一个简单的线性动画运动。

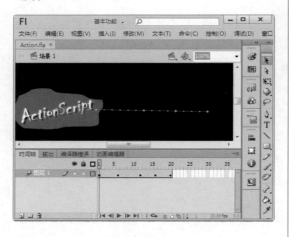

02 新建"按钮"图层

①单击"新建图层"按钮。②将其重命名为"按钮"。该图层为要放置交互按钮的图层。

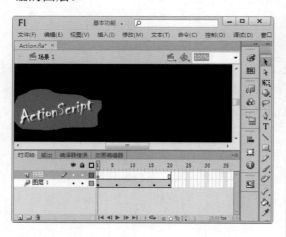

03 打开按钮库

①选择"窗口"|"公用库"|"Buttons"选项，打开"外部库"面板。②展开classic buttons|Arcade buttons文件夹。③选择要使用的按钮。

04 添加按钮

将按钮从"外部库"面板中拖入舞台并置于合适的位置。用户可以直接从预览框中拖入，也可以从下方的列表框中拖入。该按钮用于执行启动动画。

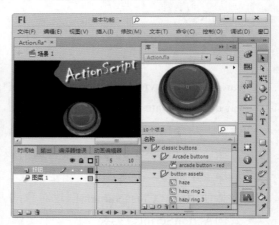

05 输入按钮文字

①双击按钮进入按钮的编辑状态，新建"文字"图层。②在按钮上输入英文Play，并在"属性"面板中设置合适的字体格式。

06　编辑"按下"帧

①在"文字"图层的"按下"帧按【F6】键，插入关键帧。②选中文字，在"属性"面板中修改文字大小及颜色。③按【↓】键将文字向下稍微移动。

07　编辑"点击"帧

①在文字图层的"点击"帧上单击鼠标右键。②在弹出的快捷菜单中选择"删除帧"命令。

08　为按钮实例命名

①单击"场景"超链接，返回到动画场景中。②选择按钮，在"属性"面板中将其命名为playbutton。

09　新建actions图层

①单击"新建图层"按钮。②将新建的图层重命名为actions。该图层用于添加ActionScript代码。

10　添加停止代码

①选择actions图层的第1帧。②按【F9】键，打开"动作"面板。③输入停止代码"stop();"。该代码用于一旦SWF文件开始加载（当播放头进入第1帧时），就停止播放头。

11 定义startMovie()函数

在"动作"面板中，连续按【Enter】键，向下插入一个空行。输入以下代码。

```
function startMovie(event:MouseEvent):void
{
this.play();
}
```

> **高手指点**
>
> 该代码定义一个名为startMovie()的函数。调用startMovie()时，该函数会使主时间轴开始播放。

12 输入事件代码

在上一步中添加的代码的下一行中，输入以下代码行。

playButton.addEventListener
(MouseEvent.CLICK, startMovie);

> **高手指点**
>
> 该代码行用于将startMovie()函数注册为playButton的click事件的侦听器。也就是说，它使得只要单击名为 playButton 的按钮，就会调用startMovie() 函数。

13 测试动画

①按【Ctrl+Enter】组合键，测试动画。②单击"Play"按钮，开始播放动画。

14 选择按钮

①再次打开"外部库"面板。②选择一个与Play按钮不同颜色的按钮元件。

15 编辑按钮

①将所选按钮拖入舞台中。②双击按钮进入其编辑状态，按照前面编辑Play按钮的方法为该按钮添加文字Home。

16 为按钮实例命名

①单击"场景"超链接，返回到动画场景中。②选择Home按钮，在"属性"面板中将其命名为homebutton。

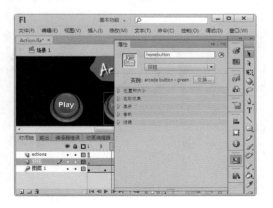

17 定义gotohomePage函数

按【F9】键，打开"动作"面板，按【Enter】键，在最后一句代码后向下插入一个空行。输入以下代码。

```
function gotohomePage(event:MouseEvent):void
{
var targetURL:URLRequest = new URLRequest("http://baidu.com/");
navigateToURL(targetURL);
}
```

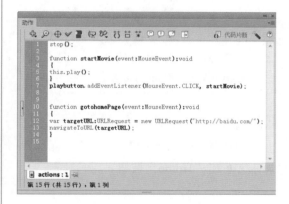

> **高手指点**
>
> 该代码定义一个名为gotohomePage()的函数。该函数首先创建一个代表主页地址http://baidu.com/的URLRequest实例，然后将该地址传递给navigateToURL()函数，使用户浏览器打开该URL。

18 输入事件代码

在上一步中添加的代码的下一行中，输入以下代码行。

```
homebutton.addEventListener(MouseEvent.CLICK, gotohomePage);
```

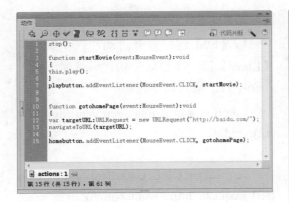

该代码行用于将gotohomePage()函数注册为homebutton的click事件的侦听器。也就是说，它使得只要单击名为homeButton的按钮，就会调用gotoAuthorPage()函数。

19 测试动画

①按【Ctrl+Enter】组合键，测试动画。②单击"Home"按钮。

20 打开网页

单击Home按钮后将打开Actions代码中编写的百度首页（即代码中的"http://baidu.com/"）。

10.5 举一反三——制作交互3D旋转动画

下面将制作一个简单的交互实例，以控制影片剪辑的播放与暂停，从而温习如何使用ActionScript编写处理事件的代码。

◎ 光盘：素材文件\第10章\3D旋转.fla

具体操作方法如下。

01 打开素材文件

打开"光盘：素材文件\第10章\3D旋转.fla"素材文件，本动画为前面制作过的3D旋转动画。

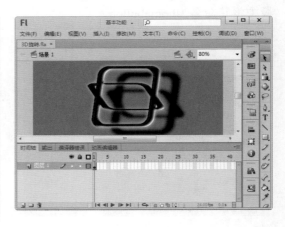

02 设置矩形工具属性

①在工具箱中选择矩形工具。②在
"属性"面板中设置矩形的线条颜色为
"无"，填充颜色为渐变填充。

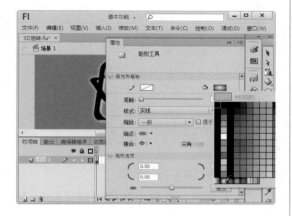

03 制作背景图层

新建图层并将其移至最下方。将图层
重命名为"背景"。使用矩形工具绘制渐
变填充的矩形形状。

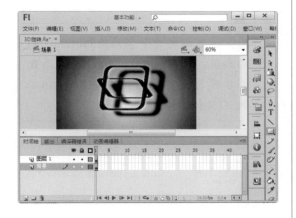

04 新建图层

新建两个图层，分别将其命名为"按
钮"和actions。其中"按钮"图层用于放
置交互的按钮元件；actions图层用于添加
ActionScript代码。

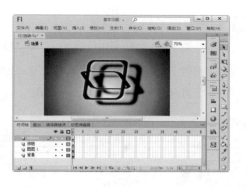

05 制作"播放"按钮

①选择"按钮"图层的第1帧。②选择
"窗口"|"公用库"|"Buttons"命令，打
开"外部库"面板。③展开playback flat文
件夹，选择要使用的按钮，并将其拖入舞
台中。

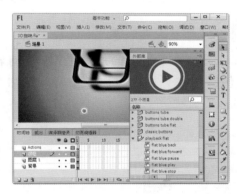

06 设置实例名称

①选择舞台上的按钮实例。②在"属
性"面板中设置其宽和高均为40像素。③将
实例命名为play3d。

07 制作暂停按钮

①用前面的方法制作"暂停"按钮。
②在"属性"面板中设置"暂停"按钮的
宽和高均为40像素，名称为pause3d。

08 命名影片剪辑实例

①选择舞台上的3D旋转影片剪辑
实例。②在"属性"面板中将其命名为
zhuan。

09 停止影片剪辑播放

选择actions图层的第1帧。按【F9】
键，打开"动作"面板，输入代码
zhuan.stop（用于停止舞台上影片剪辑
实例的播放）。

10 定义startzhuan()函数

在"动作"面板中，连续按【Enter】
键，向下插入一个空行。输入以下代码。

```
function startzhuan(event:MouseEvent):void
{
zhuan.play();
}
```

> **高手指点**
>
> 该代码定义一个名为startzhuan()
> 的函数。调用startzhuan()时，该函数
> 会导致影片剪辑实例（及名为zhuan
> 的3D旋转实例）开始播放。

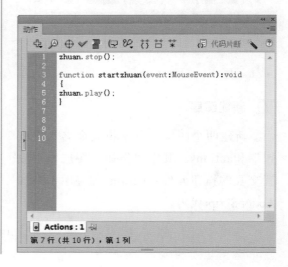

11 输入事件代码

在上一步中添加的代码的下一行中，输入以下代码行。

play3d.addEventListener(MouseEvent.CLICK, startzhuan);

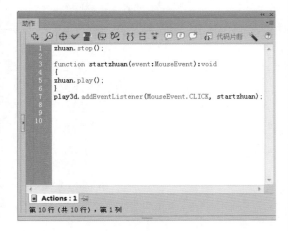

高手指点　　该代码行将startzhuan()函数注册为play3d的click事件的侦听器。也就是说，它使得只要单击名为play3d的按钮，就会调用starzhuan()函数。

12 输入停止转动代码

按【Enter】键，在最后一句代码后向下插入一个空行。输入以下停止转动代码。

function stopzhuan(event:MouseEvent):void

{

zhuan.stop();

}

pause3d.addEventListener(MouseEvent.CLICK, stopzhuan);

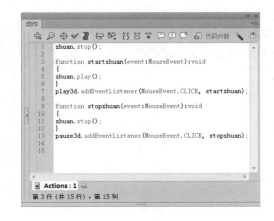

高手指点　　该代码定义一个名为gotohomePage()的函数。该函数首先创建一个代表主页地址http://baidu.com/的URLRequest实例，然后将该地址传递给navigateToURL()函数，使用户浏览器打开该URL。该代码行将gotohomePage()函数注册为homebutton的click事件的侦听器。也就是说，它使得只要单击名为homeButton的按钮，就会调用gotoAuthorPage()函数。

13 测试动画

①按【Ctrl+Enter】组合键，测试动画。②单击"播放"按钮，开始播放影片剪辑；单击"暂停"按钮，将暂停影片剪辑的播放。

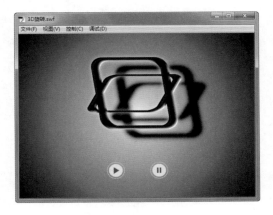

读书笔记

第 11 章

Flash组件的应用

组件是带参数的影片剪辑，使用它可将应用程序的设计过程和编码过程分开，方便地构建功能强大且具有一致外观和行为的应用程序。本章将详细介绍Flash CS6组件，User Interface组件参数，以及组件应用等知识。

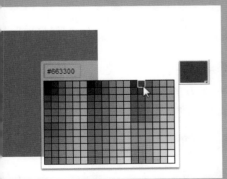

11.1　使用Flash组件

下面学习Flash组件的基础知识，其中包括组件类型、添加与删除组件、编辑组件外观、大小、参数及处理事件等。

11.1.1　Flash组件类型

在安装Flash CS6时会同时安装Flash组件，下面首先了解组件的类型。Flash组件主要分为User Interface和video组件。其中video组件是一个视频播放器，用于播放FLV视频文件，这里主要对User Interface组件进行介绍。

01 打开"组件"面板

按【Ctrl+F7】组合键，或选择"窗口"|"组件"命令，即可打开"组件"面板。

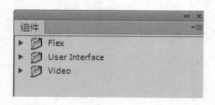

02 查看用户界面组件

双击User Interface文件夹，即可查看Flash CS6中的用户界面组件。

03 查看Video组件

双击Video文件夹，查看其中的组件。

04 查看面板菜单

单击面板右上方的面板菜单按钮，在打开的下拉菜单中可以设置重新加载组件。

在Flash CS6中用户界面组件位于C:\Program Files\Adobe\Adobe Flash CS6\Common\Configuration\Components\User Interface目录下。用户界面组件（User Interface）包括以下组件。

Button	List	TextArea
CheckBox	NumericStepper	TextInput
ColorPicker	RadioButton	TileList
ComboBox	ProgressBar	UILoader
DataGrid	ScrollPane	UIScrollBar
Label	Slider	

Video组件主要用于在向文档添加视频时提供视频播放框架，前面的章节已经简单介绍过，本章将不再赘述。

每个ActionScript 3.0组件都是基于一个ActionScript 3.0类构建的，该类位于一个包文件夹中，其名称格式为fl.packagename.classname。例如，Button组件是Button类的实例，其包名称为fl.controls.Button。将组件类导入应用程序中时，必须引用包名称。可以用以下语句导入Button类。

import fl.controls.Button;

组件的类定义了一些方法、属性、事件和样式，使用它们可以在应用程序中与该组件进行交互。

11.1.2 在文档中添加组件

下面将介绍如何在Flash文档中添加组件，用户可以通过以下两种方法添加组件，下面以添加按钮组件为例进行介绍。

1. 在创作时添加组件

通过在"组件"面板中拖动组件，可以将组件添加到文档中。在"属性"面板的"组件参数"选项组中可以设置组件每个实例的属性。

打开"组件"面板，并展开User Interface文件夹，双击Button组件或将其拖至舞台，如下图（左）所示。选中添加的按钮组件，打开"属性"面板，在其中可设置组件实例名称，如下图（右）所示。

打开“库”面板，查看其中的按钮组件，如下图（左）所示。可以看到在库中除了有一个Button组件外，Flash还将导入其资源的文件夹，该文件夹包含该组件在不同状态下的外观。例如，在ButtonSkins文件夹中，Button_disabledSkin外观提供了组件处于禁用状态时的图形表示形式。Button_downSkin外观提供了组件在按下状态时显示的图像，如下图（右）所示。

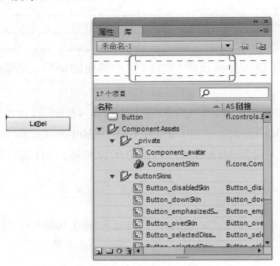

2．使用ActionScript在运行时添加组件

使用ActionScript在运行时将组件添加到文档，应执行以下步骤。

（1）将组件从“组件”面板拖曳到“库”面板中。

（2）使用import语句指定包名称和类名称，如使用下面的语句导入Button类。

import fl.controls.Button;

（3）使用组件的ActionScript构造函数方法，创建组件一个实例。例如，使用下面的语句创建一个名为aButton的Button实例。

var aButton:Button = new Button();

（4）使用静态的addChild()方法将组件实例添加到舞台或应用程序容器例。例如，使用下面的语句添加aButton实例。

addChild(aButton);

以上操作执行完成后，用户可以使用组件的API动态指定组件的大小，以及在舞台上的位置和侦听事件，并设置属性以修改组件的行为。

下面将以添加按钮组件为例进行介绍，具体操作方法如下。

01 **在库中添加组件**

将按钮组件从“组件”面板移至“库”面板中。

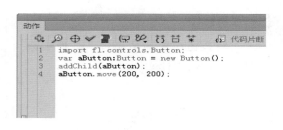

02 输入代码

①按【F9】键，打开"动作"面板。②输入所需的ActionScript语句，在舞台上添加按钮组件。

03 输入代码

在第4行输入代码，以设置按钮组件实例的位置。

04 测试动画

按【Ctrl+Enter】组合键，测试动画。

11.1.3 删除组件

若要从舞台上删除组件实例，只需选择该组件，然后按【Delete】键即可。若要从Flash文档中删除组件，则必须从"库"面板中删除组件，以及与其关联的资源，如右图所示。

11.1.4 编辑组件外观

ActionScript 3.0用户界面组件是具有内置外观的基于FLA的文件，用户可以通过在舞台上双击组件访问此类文件，以对其进行编辑，具体操作方法如下。

01 双击组件

①将按钮组件拖至舞台。②使用选择工具双击按钮组件实例。

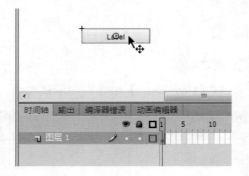

02 双击外观实例

①进入按钮实例编辑界面，可以看到其外观调色板。②双击over字样左侧的实例。

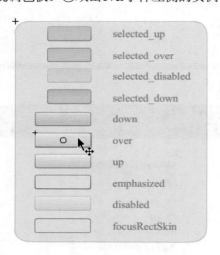

03 设置颜色

①在"时间轴"面板中单击fill图层的第1帧，选中舞台上相应的形状。②打开"颜色"面板，重新设置形状颜色。

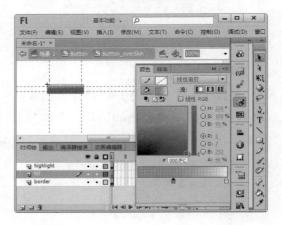

04 测试效果

按【Ctrl+Enter】组合键，测试动画，查看自定义的按钮外观样式。

11.1.5　设置组件参数

每个组件都带有参数，通过设置这些参数可以更改组件的外观和行为。最常用的属性可以在与其对应的"属性"面板中找到，其他参数必须使用ActionScript来设置。在创作时设置的所有参数都可以使用ActionScript来设置。使用ActionScript设置参数将覆盖在创作时设置的任何值。

1. 在"属性"面板中设置组件参数

在"属性"面板中设置组件参数的具体操作方法如下。

01 添加组件

打开"组件"面板，双击CheckBox组件，将其添加到舞台上。

02 设置组件实例名称

在舞台上选中CheckBox组件实例，打开"属性"面板，设置其实例名称为myCh。

03 设置组件参数

在"组件参数"选项组中设置CheckBox组件的各项属性。

04 查看组件所属类

打开"库"面板，查看组件所属类。

在为组件实例命名时，建议使用用于指示组件类型的扩展名，这样可以使ActionScript代码更加易读。

2．在ActionScript中设置组件属性

在ActionScript中，可以使用点（.）运算符（点语法）访问属于舞台上的对象或实例的属性或方法。点语法表达式以实例的名称开头，后面跟着一个点，最后以要指定的元素结尾。例如，以下ActionScript代码用于设置CheckBox实例myCh的width属性，使其宽度为60像素。

myCh.width = 60;

下面的if语句用于检查用户是否已选中该复选框。

if (myCh.selected == true) {
displayImg(plane);
}

11.1.6　调整组件大小

用户可以通过3种方法来调整组件大小，具体如下。

1．通过"属性"面板调整组件大小

选中组件实例后，在"属性"面板中调整实例的大小。

2. 使用工具调整组件大小

在工具箱中选择任意变形工具，使用它调整组件的大小。

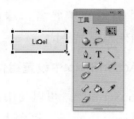

3. 使用setSize()方法调整组件大小

01 输入代码

①设置组件实例名称为myBt。②按

【F9】键，打开"动作"面板，并输入代码。

```
myBt.setSize(100, 200);
//设置宽为100像素，高为200像素。
```

02 查看实例大小

按【Ctrl+Enter】组合键，测试动画，查看组件实例大小。

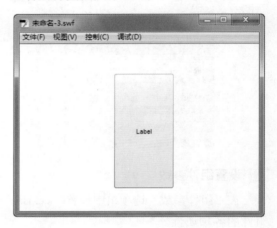

11.1.7 处理事件

每一个组件在用户与它进行交互时都会广播事件。例如，当单击一个Button时，它会调用MouseEvent.CLICK事件；当选择List中的一个项目时，List会调用Event.CHANGE事件。当组件发生重要事情时也会引发事件，当UILoader实例完成内容加载时会生成一个Event.COMPLETE事件。若要处理事件，需要编写在该事件被触发时需要执行的ActionScript代码。

1. 关于事件侦听器

以下要点适用于ActionScript 3.0组件的事件处理。

- 所有事件均由组件类的实例广播，组件实例为"广播器"。
- 通过调用组件实例的addEventListener()方法，可以注册事件的"侦听器"。例如，下面这行代码向Button实例aButton添加了一个MouseEvent.CLICK事件的侦听器。

aButton.addEventListener(MouseEvent.CLICK, clickHandler);

addEventListener()方法的第二个参数注册在该事件发生时要调用的函数的名称，即clickHandler。此函数也称为"回调函数"。

- 可以向一个组件实例注册多个侦听器。

aButton.addEventListener(MouseEvent.CLICK, clickHandler1);

aButton.addEventListener(MouseEvent.CLICK, clickHandler2);

- 也可以向多个组件实例注册一个侦听器。

aButton.addEventListener(MouseEvent.CLICK, clickHandler1);

bButton.addEventListener(MouseEvent.CLICK, clickHandler1);

- 会将一个事件对象传递给该事件处理函数，该对象包含有关该事件类型和广播该事件的实例的信息。
- 在应用程序终止或使用removeEventListener()显式删除侦听器之前，侦听器会一直保持活动状态。例如，下面这行代码用于删除aButton上MouseEvent.CLICK事件的侦听器。

aButton.removeEventListener(MouseEvent.CLICK, clickHandler);

2. 关于事件对象

事件对象继承自Event对象类，它的一些属性包含了有关所发生事件的信息，其中包括提供事件基本信息的target和type属性。

- type表示事件类型的字符串。
- target对广播事件的组件实例的引用。

事件对象是自动生成的，当事件发生时会将它传递给事件处理函数。用户可以在该函数内使用事件对象来访问所广播的事件的名称，或访问广播该事件的组件的实例名称。通过该实例名称，可以访问其他组件属性。

例如，下面的代码使用evtObj事件对象的target属性来访问aButton的label属性，并将它显示在"输出"面板中。

01 将组件拖入库中

将按钮组件从"组件"面板拖入"库"面板中。也可以先将组件添加到舞台，然后再从舞台上删除。

02 输入代码

①选择"时间轴"面板上的的第1帧。
②按【F9】键，打开"动作"面板，输入代码。

03 测试动画

①按【Ctrl+Enter】组合键，测试动画。②单击Next按钮。

04 查看输出信息

在"输出"面板中显示输出信息。

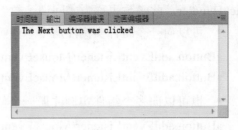

11.2　User Interface组件参数详解

虽然可以使用ActionScript代码设置组件的属性，但对于初学ActionScript代码者难免有些困难。User Interface（简称UI）组件的常用参数在与其所对应的"属性"面板中已列出，可以在"属性"面板中很方便地设置组件参数。下面将对各UI组件的属性参数进行详细介绍。

11.2.1　Button组件

Button组件表示常用的矩形按钮，它可以显示文本标签、图标或同时显示两者。用户可以通过鼠标或空格键按下该按钮，以在应用程序中启动操作。

Button组件通常与事件处理函数方法关联，该方法将侦听click事件，并在click事件被调用后执行指定任务。当单击启用的按钮时，该按钮调用click和buttonDown事件。即使按钮尚未启用，也可以调用其他事件，其中包括mouseMove、mouseOver、mouseOut、rollOver、rollOut、mouseDown和mouseUp等。在"属性"面板中，其组件参数如右图所示。

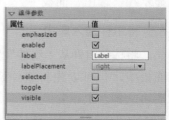

Button组件参数的含义分别如下。

- emphasized属性：获取或设置一个布尔值，指示当按钮处于弹起状态时，Button组件周围是否带有边框。true值指示当按钮处于弹起状态时其四周带有边框；false值指示当按钮处于弹起状态时其四周不带边框。默认值为false。

- enabled属性：获取或设置一个值，该值指示组件是否可以接受用户交互。true值指示组件可以接受用户交互；false值指示组件无法接受用户交互。默认值为true。

如果将enabled属性设置为false，则容器的颜色将变暗，并且禁止用户输入（Label和ProgressBar组件除外）。

- label属性：获取或设置组件的文本标签。默认情况下，标签文本显示在按钮的中央。
- labelPlacement属性：标签相对于指定图标的位置，有right、left、bottom和t共4个选项。
- selected属性：获取或设置一个布尔值，指示切换按钮是否处于选中状态。true值指示按钮处于选中状态；false值指示按钮未处于选中状态。如果toggle属性未设置为true，则此属性无效。
- toggle属性：获取或设置一个布尔值，指示按钮能否进行切换。true值指示按钮可以进行切换，false指示按钮不能进行切换。默认值为false。

如果该值为true，则单击按钮将在选中状态和未选中状态之间进行切换。可以通过编程方式获取或设置此状态，方法是使用selected属性。

如果该值为false，则释放按钮后它不再保持按下状态。在这种情况下，它的selected属性始终为false。

- visible属性：获取或设置一个值，该值指示当前组件实例是否可见。true值指示当前组件可见，false值指示其不可见，默认值为true。该属性设置为true时，对象将调用show事件；该属性设置为false时，对象将调用hide事件。

11.2.2　CheckBox组件

CheckBox组件是一个可以选中或取消选中的方框。当它被选中后，框中会出现一个复选标记。CheckBox组件为响应鼠标单击将更改其状态，或从选中状态变为取消选中状态，或从取消选中状态变为选中状态。CheckBox组件包含一组非相互排斥的true或false值。在"属性"面板中，其组件参数如右图所示。

CheckBox组件参数与Button组件基本相同，在此不再赘述。

11.2.3　ColorPicker组件

ColorPicker组件允许用户从样本列表中选择颜色。ColorPicker的默认模式是在方形按钮中显示单一颜色。用户单击按钮时，样本面板中将出现可用的颜色列表，同时出现一个文本字段，显示当前所选颜色的十六进制值。
在"属性"面板中，其组件参数如下图所示。

ColorPicker组件参数的含义分别如下。

- selectedColor属性：获取或设置在
  ColorPicker组件的调色板中当前加亮显
  示的样本，默认值为0x000000。

- showTextField属性：获取或设置一个布尔值，指示是否显示ColorPicker组件的内部
  文本字段。true值指示显示内部文本字段，false值指示不显示内部文本字段，默认
  值为true。

11.2.4 ComboBox组件

ComboBox组件包含一个下拉列表框，用
户可以从其中选择单个值，如右图所示。其
功能与HTML中的SELECT表单元素的功能相
似。ComboBox组件可以是可编辑的，在这种
情况下，可以在ComboBox组件的TextInput部
分键入不在下拉列表框中的条目。在"属性"
面板中，其组件参数如右图所示。

ComboBox组件参数的含义分别如下。

- dataProvider属性：获取或设置要查看的项目列表的数据模型。数据提供者可由多
  个基于列表的组件共享。对数据提供者所做的更改会立即应用于将其用做数据源
  的所有组件。

- editable属性：获取或设置一个布尔值，该值指示ComboBox组件为可编辑还是只
  读。true值指示ComboBox组件可编辑，false值指示该组件不可编辑。在可编辑
  ComboBox组件中，可以在文本框中输入下拉列表框中未显示的值。

- prompt属性：获取或设置对ComboBox组件的提示。如果未设置提示，则
  ComboBox组件将在dataProvider属性中显示第一个项目。

- restrict属性：获取或设置可以在文本字段中输入的字符。

  如果restrict属性的值为一串字符，则只能在文本字段中输入该字符串中的字符。字符
串的读取顺序为从左到右；如果restrict属性的值为null，则可以输入任何字符；如果restrict
属性的值为空字符串（""），则不能输入任何字符，可以使用连字符（-）指定一个范
围。它只限制用户交互，脚本可将任何字符放入文本字段中。

- rowCount属性：获取或设置没有滚动条的下拉列表框中可显示的最大行数。

  如果下拉列表框中的项数超过该值，则会调整列表的大小，并在必要时显示滚动条；
如果下拉列表框中的项数小于该值，则会调整下拉列表的大小，以适应其所包含的项数。

11.2.5 DataGrid组件

DataGrid组件由子组件构成，其中包括ScrollBar、HeaderRenderer、CellRenderer、DataGridCellEditor和ColumnDivider组件，所有这些子组件的外观均可在创作过程中或运行时设置。

DataGrid组件是基于列表的组件，提供呈行和列分布的网格。可以在该组件顶部指定一个可选标题行，用于显示所有属性名称。每一行由一列或多列组成，其中每一列表示属于指定数据对象的一个属性。在"属性"面板中，其组件参数如下图所示。

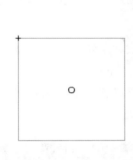 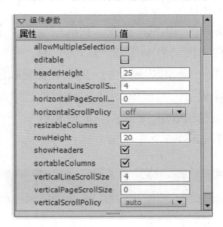

DataGrid组件参数的含义分别如下。

- allowMultipleSelection属性：获取一个布尔值，指示能否一次选择多个列表项目。true值指示可以一次选择多个项目，false值指示一次只能选择一个项目，默认值为false。
- editable属性：指示用户能否编辑数据提供者中的项目。true值指示用户可以编辑数据提供者中的项目，false值指示用户不能编辑数据提供者中的项目，默认值为false。

如果该值为true，则组件中的项目渲染器是可编辑的。用户单击项目渲染器，可以打开一个编辑器。

- headerHeight属性：获取或设置DataGrid标题的高度，以"像素"为单位，默认值为25。
- horizontalLineScrollSize属性：获取或设置一个值，该值描述当单击滚动箭头时要在水平方向上滚动的内容量。该值以"像素"为单位，默认值为4。
- horizontalPageScrollSize属性：获取或设置按滚动条轨道时水平滚动条上滚动滑块要移动的像素数。当该值为0时，该属性检索组件的可用宽度。
- horizontalScrollPolicy属性：获取或设置一个布尔值，指示水平滚动条是否始终打开，包括on、off和auto共3个选项。

- rowHeight属性：获取或设置DataGrid组件中每一行的高度，以"像素"为单位，默认值为20。

- showHeaders属性：获取或设置一个布尔值，该值指示DataGrid组件是否显示列标题。true值指示DataGrid组件显示列标题，false值指示该组件不显示列标题，默认值为true。

- sortableColumns属性：指示能否通过单击列标题单元格对数据提供者中的项目进行排序。如果该值为true，则可以通过单击列标题单元格对数据提供者项目进行排序；如果该值为false，则不能通过单击列标题单元格对数据提供者项目进行排序。默认值为true。

- verticalLineScrollSize属性：获取或设置一个值，该值描述当单击滚动箭头时要在垂直方向上滚动多少像素，默认值为4。

- verticalPageScrollSize属性：获取或设置按滚动条轨道时垂直滚动条上滚动滑块要移动的像素数。当该值为0时，该属性检索组件的可用高度。

- verticalScrollPolicy属性：获取或设置一个值，该值指示垂直滚动条的状态，包括on、off和auto共3个选项。

11.2.6 Label组件

Label组件将显示一行或多行纯文本或HTML格式的文本，这些文本的对齐和大小格式可进行设置。Label组件没有边框，无法获得焦点，并且不广播任何事件。在"属性"面板中，其组件参数如右图所示。

Label组件参数的含义分别如下。

- autoSize属性：获取或设置一个字符串，指示如何调整标签大小和对齐标签以适合其text属性的值。以下是有效值。

  - TextFieldAutoSize.none：不调整标签大小或对齐标签来适合文本。

  - TextFieldAutoSize.left：调整标签右边和底边的大小以适合文本，不会调整左边和上边的大小。

  - TextFieldAutoSize.center：调整标签左边和右边的大小以适合文本。标签的水平中心锚定在它原始的水平中心位置。

  - TextFieldAutoSize.right：调整标签左边和底边的大小以适合文本，不会调整上边和右边的大小。

- condenseWhite属性：获取或设置一个值，该值指示是否应从包含HTML文本的Label组件中删除额外空白，如空格和换行符。true值指示删除多余的空白，false值指示保留多余的空白。如果将condenseWhite属性设置为true，则必须使用标准

HTML命令（如
和<p>）使文本字段中的文本换行。

- htmlText属性：获取或设置由Label组件显示的文本，包括表示该文本样式的HTML标签。可以使用TextField对象支持的HTML标签的子集在此属性中指定HTML文本。

- selectable属性：获取或设置一个值，指示文本是否可选。true值指示文本可选，false值指示文本不可选。可选的文本可由用户从Label组件进行复制。

- text属性：获取或设置由Label组件显示的纯文本。

注意，字符串中表示HTML标记的字符没有任何特殊含义，将与输入时的显示一样。若要显示包含HTML标签的文本，应使用htmlText属性。

- wordWrap属性：获取或设置一个值，指示文本字段是否支持自动换行。true值指示支持自动换行，false值指示不支持自动换行。

11.2.7　List组件

List组件是一个可滚动的单选或多选列表框，列表框中还可显示图形及其他组件。在单击标签或数据参数字段时会弹出"值"对话框，可以使用该对话框来添加显示在列表框中的项。在"属性"面板中，其组件参数如右图所示。

Label组件参数的含义请参考前面的DataGrid组件。

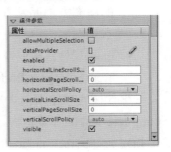

11.2.8　NumericStepper组件

NumericStepper组件显示一组已排序的数字，可以从中进行选择。此组件包括一个单行字段和一对箭头按钮，前者用于文本输入，后者用于单步调试该组数值。也可以使用向上键和向下键查看该组数值。在"属性"面板中，其组件参数如右图所示。

NumericStepper组件参数的含义分别如下。

- maximum属性：获取或设置数值序列中的最大值，默认值为10。

- minimum属性：获取或设置数值序列中的最小值，默认值为0。

- stepSize属性：获取或设置一个非零数值，该值描述值与值之间的变化单位。value
属性是该数值的倍数减去最小值。NumericStepper组件将结果值舍入为最接近的步
长大小，默认值为1。

- value属性：获取或设置NumericStepper组件的当前值，默认值为1。

11.2.9 ProgressBar组件

ProgressBar组件显示内容的加载进
度，通常用于显示图像和部分应用程序
的加载状态。在"属性"面板中，其组
件参数如右图所示。

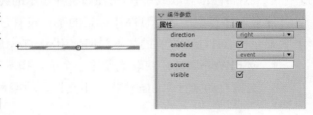

ProgressBar组件参数的含义分别
如下。

- direction属性：指示进度栏的填充方向。ProgressBarDirection.right值指示进度栏
  的填充方向是从左到右，ProgressBarDirection.left值指示进度栏的填充方向是从
  右到左。

- mode属性：获取或设置用于更新进度栏的方法。此属性的有效值有ProgressBarMode.
  event、ProgressBarMode.polled和ProgressBarMode.manual。

事件模式和轮询模式是最常用的模式。在事件模式下，source属性指定生成progress和
complete事件的加载内容，在此模式下，应使用UILoader对象。在轮询模式下，source属
性指定公开bytesLoaded和bytesTotal属性的加载内容（如自定义类）。在轮询模式下，任
何公开这些属性的对象均可以用做源。

用户也可以在手动模式下使用ProgressBar组件，方法是手动设置maximum和minimum
属性并调用ProgressBar.setProgress()方法。

- source属性：获取或设置对待加载内容的引用，ProgressBar将测量对此内容的加载
  操作的进度。只能在事件模式和轮询模式下使用此属性。

11.2.10 RadioButton组件

使用RadioButton组件可以强制用户只
能从一组选项中选择一项。该组件必须用于
至少有两个RadioButton实例的组。在任何
给定的时刻，都只有一个组成员被选中。在
"属性"面板中，其组件参数如右图所示。

RadioButton组件参数的含义分别如下。

- groupName属性：单选按钮实例或组的组名，可以使用此属性来获取或设置单选按钮实例或单选按钮组的组名，默认值为RadioButtonGroup。
- selected属性：指示单选按钮当前处于选中状态（true）还是取消选中状态（false）。
- value属性：与单选按钮关联的用户定义值。

11.2.11　ScrollPane组件

如果某些内容对于它们要加载到其中的区域而言过大，则可以使用ScrollPane组件来显示这些内容。ScrollPane组件在一个可滚动区域中呈现显示对象，以及JPEG、GIF、PNG和SWF文件。可以使用滚动窗格来限制这些媒体类型所占用的屏幕区域。在"属性"面板中，其组件参数如右图所示。

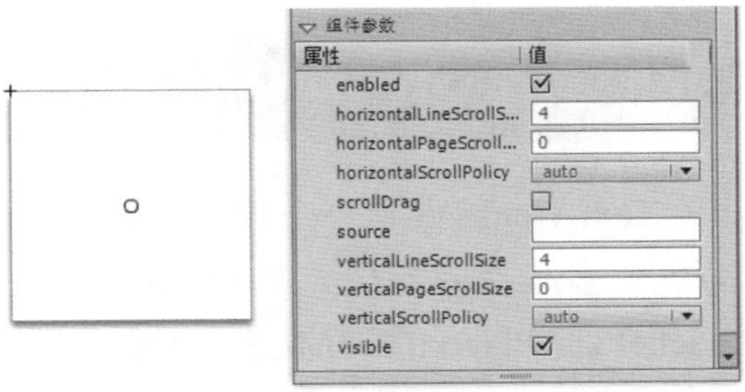

ScrollPane组件参数的含义分别如下。

- scrollDrag属性：获取或设置一个值，该值指示当用户在滚动窗格中拖动内容时是否发生滚动。true值指示当用户拖动内容时发生滚动，false值指示不发生滚动。
- source属性：获取或设置的内容有：绝对或相对URL（该URL标识要加载的SWF或图像文件的位置）；库中影片剪辑的类名称；对显示对象的引用或与组件位于同一层上的影片剪辑的实例名称。

11.2.12　Slider组件

通过使用Slider组件，可以在滑块轨道的端点之间移动滑块来选择值。Slider组件的当前值由滑块端点之间滑块的相对位置确定，端点对应于Slider组件的minimum和maximum值。在"属性"面板中，其组件参数如右图所示。

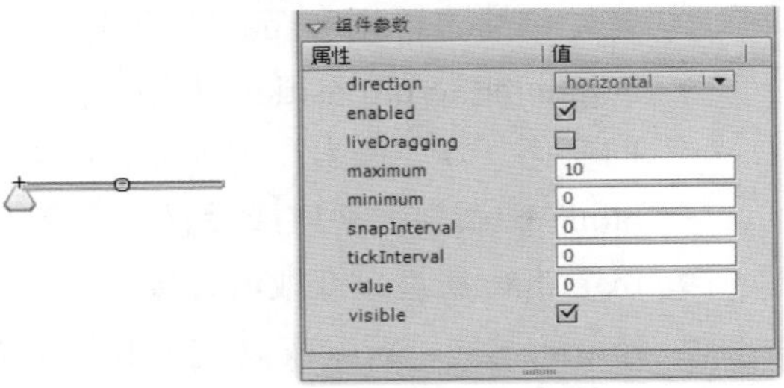

Slider组件参数的含义分别如下。

- direction属性：设置滑块的方向，可接受的值为SliderDirection.horizontal（水平的）和SliderDirection.vertical（垂直的）。
- liveDragging属性：获取或设置一个布尔值，该值指示在移动滑块时是否持续调用SliderEvent.CHANGE事件。如果liveDragging属性为false，则在释放滑块时调用SliderEvent.CHANGE事件。

- maximum属性：Slider组件实例所允许的最大值，默认值为10。
- minimum属性：Slider组件实例所允许的最小值，默认值为0。
- snapInterval属性：获取或设置用户移动滑块时值增加或减小的量。例如，如果此属性设置为2，minimum值为0，并且maximum值为10，则滑块的位置将始终为0、2、4、6、8或10；如果此属性设置为0，则滑块将在minimum和maximum值之间连续移动。
- tickInterval属性：相对于组件最大值的刻度线间距。只要将tickInterval属性设置为非零值，Slider组件就会显示刻度线。
- value属性：获取或设置Slider组件的当前值，该值由最小值和最大值之间的滑块位置确定。

11.2.13　TextArea组件

TextArea组件是一个带有边框和可选滚动条的多行文本字段。TextArea组件支持AdobeFlashPlayer的HTML呈现功能。在"属性"面板中，其组件参数如右图所示。

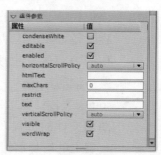

TextArea组件参数的含义分别如下。

- editable属性：获取或设置一个布尔值，指示用户能否编辑组件中的文本。true值指示用户可以编辑组件所包含的文本；false值指示用户不能编辑组件所包含的文本。
- horizontalScrollBar属性：获取对水平滚动条的引用。
- horizontalScrollPolicy属性：获取或设置一个布尔值，指示水平滚动条是否始终打开，包括on、off和auto共3个选项。
- horizontalScrollPosition属性：获取或设置用户水平滚动文本字段后滚动条滑块位置的变化，以"像素"为单位。如果该值为0，则文本字段未水平滚动。
- htmlText属性：获取或设置文本字段所含字符串的HTML表示形式。
- maxChars属性：获取或设置用户可以在文本字段中输入的最大字符数。
- restrict属性：获取或设置文本字段从用户处接受的字符串，默认值为null。

需要注意的是，未包含在本字符串中的以编程方式输入的字符也为文本字段所接受。字符串中字符的读取顺序为从左到右。可以使用连字符（-）指定一个字符范围。如果此属性的值为null，则文本字段会接受所有字符。如果此属性设置为空字符串（""），则文本字段不接受任何字符。如果字符串以尖号（^）开头，则先接受所有字符，然后从接受字符集中排除字符串中^之后的字符。如果字符串不以尖号（^）开头，则最初不接受任何字符，然后将字符串中的字符包括在接受字符集中。

- text属性：获取或设置字符串，其中包含当前TextInput组件中的文本。此属性包含无格式文本，不包含HTML标签。若要检索格式为HTML的文本，应使用htmlText属性。

- verticalScrollPolicy属性：获取或设置一个值，该值指示垂直滚动条的状态，包括on、off和auto共3个选项。

- wordWrap属性：获取或设置一个布尔值，指示文本是否在行末换行。true值指示文本换行，false值指示文本不换行。

11.2.14　TextInput组件

TextInput组件是单行文本组件，该组件是ActionScript TextField对象的包装。在"属性"面板中，其组件参数如右图所示。

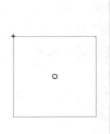

TextInput组件参数的含义分别如下。

- displayAsPassword属性：获取或设置一个布尔值，该值指示当前创建的TextInput组件实例用于包含密码还是文本。true值指示组件实例为密码文本字段，false值指示组件实例为正常文本字段。

- editable属性：获取或设置一个布尔值，指示用户能否编辑文本字段。true值指示用户可以编辑文本字段，false值指示用户不能编辑文本字段。

- maxChars属性：获取或设置用户可以在文本字段中输入的最大字符数。

11.2.15　TileList组件

TileList组件由一个列表组成，该列表由通过数据提供者提供数据的若干行和列组成。在"属性"面板中，其组件参数如右图所示。

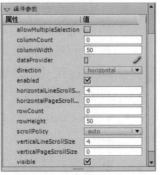

TileList组件参数的含义分别如下。

- columnCount属性：获取或设置在列表中至少部分可见的列的列数。设置columnCount属性将改变列表的宽度，但TileList组件不会保持该值。设置columnCount值之前，需先设置dataProvider和rowHeight值，这一点非常重要。唯一例外的是通过属性检查器设置rowCount的情况。在这种情况下，在第一次绘制组件之前将保持该属性。

- columnWidth属性：获取或设置应用于列表中的列的宽度，以"像素"为单位，默认值为50。
- rowCount属性：获取或设置在列表中至少部分可见的行的行数。

设置rowCount属性将改变列表的高度，但TileList组件不会保持该值。在设置rowCount值之前，需先设置dataProvider和rowHeight值。

- rowHeight属性：获取或设置应用于列表中每一行的高度，以"像素"为单位，默认值为50。
- scrollPolicy属性：获取或设置TileList组件的滚动策略。该值用于指定由direction属性设置的滚动条的滚动策略。

> **高手指点**
>
> TileList组件只支持在一个方向上滚动。当该值设置为ScrollPolicy.AUTO时，滚动条仅在必须滚动TileList组件以显示所有项目时可见。

11.2.16　UILoader组件

UILoader类可让用户设置要加载的内容，然后在运行时监视加载操作。在"属性"面板中，其组件参数如右图所示。

UILoader组件参数的含义分别如下。

- autoLoad属性：获取或设置一个值，该值指示UILoader实例是否自动加载指定的内容。true值指示UILoader自动加载内容，false值指示直到调用load()方法时才加载内容。

- maintainAspectRatio属性：获取或设置一个值，该值指示是要保持原始图像中使用的高宽比，还是要将图像的大小调整为UILoader组件的当前宽度和高度。true值指示要保持原始高宽比，false值指示应该将已加载内容的大小调整到UILoader的当前尺寸。若要使用该属性，必须将scaleContent属性设置为false，否则该属性会被忽略。

- scaleContent属性：获取或设置一个值，该值指示是否要将图像自动缩放到UILoader实例的大小。true值指示将图像自动缩放到UILoader实例的大小，false值指示将加载的内容自动缩放到其默认大小。

11.2.17　UIScrollBar组件

UIScrollBar组件包括所有滚动条功能，它增加了scrollTarget()方法，可以被附加到

TextField组件实例。在"属性"面板中，其组件参数如右图所示。

　　UIScrollBar组件参数的含义分别如下。

- direction属性：获取或设置一个值，该值指示滚动条是水平滚动还是垂直滚动。
- scrollTargetName属性：将TextField组件实例注册到ScrollBar组件实例中。

11.3　组件应用

　　下面将介绍在创作动画时如何将UI组件添加到应用程序。需要设计ActionScript程序，以便用于交互。通过下面的学习，可以对ActionScript语言有更进一步的理解。

11.3.1　ColorPicker组件状态控制

　　下面将制作一个示例，设计在单击按钮时会更改ColorPicker组件的状态，具体操作方法如下。

01　设置文档属性

　　①新建一个Flash文档。②在"属性"面板中设置文档属性。

02　设置Button组件属性

　　①将一个Button组件从"组件"面板中拖至舞台上。②在"属性"面板中为该组件设置名称为myBt，设置label

属性为"显示"。

03　设置ColorPicker组件属性

　　①将一个ColorPicker组件从"组件"面板中拖至舞台上。②在"属性"面板中为该组件设置名称为myCp，将Visible属性设置为false（即取消选择后面的复选框）。

05 测试组件功能

按【Ctrl+Enter】组合键，测试组件功能。

04 输入动作代码

①选择"时间轴"面板上的第1帧。②按【F9】键，打开"动作"面板，输入代码。

11.3.2 CheckBox组件应用示例

下面将制作一个示例，使用CheckBox组件和RadioButton询问是否同意协议，具体操作方法如下。

01 设置文档属性

①新建一个Flash文档。②在"属性"面板中设置文档属性。

02 设置CheckBox组件参数

①将CheckBox组件从"组件"面板中拖至舞台上。②在"属性"面板中为该组件设置名称为aCh，设置label属性为"是否同意此协议？"。

03 设置CheckBox组件位置和大小

在"属性"面板中设置CheckBox组件的位置和大小。

04 设置RadioButton组件属性

①将RadioButton组件从"组件"面板中拖至舞台上。②在"属性"面板中为该组件设置名称为yesRb，设置enabled为false，groupName为xyGrp，label属性输入"是的，我同意。"。

05 设置RadioButton组件位置和大小

在"属性"面板中设置RadioButton组件的位置和大小。

06 设置另一个RadioButton组件

①用同样的方法将RadioButton组件从"组件"面板中拖至舞台上。②在"属性"面板中设置其各项属性。

07 输入动作代码

①选择"时间轴"面板上的第1帧。②按【F9】键，打开"动作"面板，输入代码。

08 测试组件功能

按【Ctrl+Enter】组合键，测试组件功能。

09 查看测试效果

当选择复选框时，下面的单选按钮将变得可用。

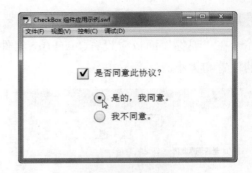

下面将介绍如何在运行动画时使用ActionScript来创建CheckBox和RadioButton组件，以达到和上述同样的功能。

将舞台上的组件实例全部删除，选择"时间轴"面板上的第1帧。按【F9】键，打开"动作"面板，并输入以下代码。

```
import fl.controls.CheckBox;
import fl.controls.RadioButton;
var aCh:CheckBox = new CheckBox();
var yesRb:RadioButton = new RadioButton();
var noRb:RadioButton = new RadioButton();
addChild(aCh);
addChild(yesRb);
addChild(noRb);
yesRb.groupName = "xyGrp";
noRb.groupName = "xyGrp";
aCh.move(150, 50);
aCh.width = 120;
aCh.label = "是否同意此协议？";
yesRb.move(170, 80);
yesRb.enabled = false;
yesRb.width = 120;
yesRb.label = "是的，我同意。";
noRb.move(170, 100);
noRb.enabled = false;
noRb.width = 120;
noRb.label = "我不同意。";
aCh.addEventListener(MouseEvent.CLICK, clickHandler);
function clickHandler(event:MouseEvent):void {
    yesRb.enabled = event.target.selected;
    noRb.enabled = event.target.selected;
}
```

11.3.3 ColorPicker组件应用示例

下面将制作两个示例，使用ColorPicker组件更改矩形的填充颜色，并更改TextArea组件中文本的颜色，具体操作方法如下。

1. 更改矩形填充颜色

在此示例中，当在ColorPicker中更改颜色时，changeHandler()函数将调用drawBox()函数，用在ColorPicker中所选择的颜色绘制一个新的框，具体操作方法如下。

01 设置文档属性。

①新建一个Flash文档。②在"属性"面板中设置文档属性。

02 调整ColorPicker组件大小

①将ColorPicker组件从"组件"面板中拖至舞台上。②使用任意变形工具调整组件实例大小。

03 输入代码

①选择"时间轴"面板上的第1帧。②按【F9】键,打开"动作"面板,输入代码。

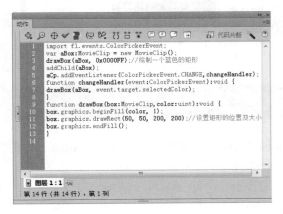

04 测试组件功能

按【Ctrl+Enter】组合键,测试组件功能。

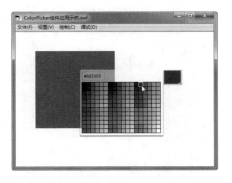

2. 更改文本颜色

在此示例中,当在ColorPicker中更改颜色时,TextArea的text属性(即其中的文本)颜色将随之改变,具体操作方法如下。

01 设置文档属性

①新建一个Flash文档。②在"属性"面板中设置文档属性。

02 添加组件

①将ColorPicker组件和TextArea组件从"组件"面板中拖至舞台上。②将两个组件实例置于合适的位置。

03 设置ColorPicker组件

①选择ColorPicker组件实例。②在"属性"面板中设置名称为aCp。

04 设置TextArea组件

①选择TextArea组件实例。②在"属性"面板中设置名称为aTa。

05 输入代码

①选择"时间轴"面板上的第1帧。②按【F9】键，打开"动作"面板，输入代码。

06 测试组件功能

按【Ctrl+Enter】组合键，测试组件功能。

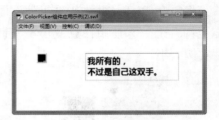

07 查看测试效果

在"颜色"面板中选择一种颜色后，文字的颜色将变为相同的颜色。

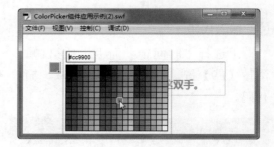

11.3.4 ComboBox组件应用示例

下面将制作一个网址导航示例，使用ComboBox组件选择网站，使用TextArea组件显示网址，使用Button组件登录网站，具体操作方法如下。

01　设置文档属性

①新建一个Flash文档。②在"属性"面板中设置文档属性。

02　单击编辑按钮

①将ComboBox组件从"组件"面板中拖至舞台上。②在"属性"面板中单击dataProvider属性右侧的"编辑"按钮 。

03　单击"添加"按钮

在弹出的"值"对话框中单击"添加"按钮 。

04　添加项目

①设置label的值为"网易"。②设置data的值为与其对应的网址。

05　继续添加项目

①用同样的方法继续添加其他项目。②单击"确定"按钮。

06　测试ComboBox组件

①按【Ctrl+Enter】组合键，测试组件功能。②单击"网址导航"下拉按钮，查看ComboBox组件效果。

07 添加组件

①将两个TextArea组件从"组件"面板中拖至舞台上。②调整两个组件实例的大小和位置。

08 设置TextArea组件

①选择上方的TextArea组件实例。②在"属性"面板中设置名称为aTa，设置text属性为"网站名称"。

09 设置TextArea组件

①选择下方的TextArea组件实例。②在"属性"面板中设置名称为bTa，text属性为"网站地址"。

10 设置Button组件

①将Button组件从"组件"面板中拖至舞台上。②在"属性"面板中设置名称为myBt，设置label属性为"登录此网站"。

11 输入代码

①选择"时间轴"面板上的第1帧。②按【F9】键，打开"动作"面板，输入代码。

```
aCb.addEventListener(Event.CHANGE, cbHandler);
function cbHandler(event:Event):void {
aTa.text = event.target.selectedItem.label;
bTa.text = ComboBox(event.target).selectedItem.data;
}
myBt.addEventListener(MouseEvent.CLICK, gourl);
function gourl(event:MouseEvent):void
{
var request:URLRequest = new URLRequest();
request.url = bTa.text
navigateToURL(request);
}
```

12 测试组件功能

①按【Ctrl+Enter】组合键，测试组件功能。在ComboBox组件中选择"百度"选项，在两个TextArea组件中分别显示网站名称及网站地址。②单击"登录此网站"按钮。

13 打开网站首页

此时，即可打开"百度"网站首页。

11.3.5 List组件应用示例

下面将制作一个示例，当选择List中的汽车型号时，在其下方将使用TLF文本实例显示相应价格，具体操作方法如下。

01 设置文档属性

①新建一个Flash文档。②在"属性"面板中设置文档属性。

02 单击编辑按钮

①将List组件从"组件"面板中拖至舞台上。②在"属性"面板中单击dataProvider属性右侧的"编辑"按钮 ✎ 。

03 添加项目

①在弹出的对话框中为List组件添加项目。②单击"确定"按钮。

04 设置TLF文本

①选择文本工具，在"属性"面板中设置文本类型为"TLF文本"。②设置其实例名称为aTF。

05 绘制文本框

①在舞台上绘制文本框。②将文本框放在List组件实例的下方。

06 输入代码

①选择"时间轴"面板上的第1帧。

②按【F9】键，打开"动作"面板，输入代码。

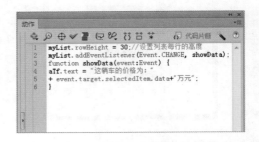

07 测试组件功能

①按【Ctrl+Enter】组合键，测试组件功能。②在列表框中选择一个项目后，在下方将显示其对应的价格。

11.3.6 NumericStepper组件应用示例

下面将制作一个示例，将一个NumericStepper组件和一个Label组件放置到舞台上，然后在NumericStepper实例上创建一个Event.CHANGE事件的侦听器。当数字步进器中的值更改时，就会在Label实例的text属性中显示新值，具体操作方法如下。

01 设置文档属性

①新建一个Flash文档。②在"属性"面板中设置文档属性。

02 设置NumericStepper组件

①将NumericStepper组件从"组件"面板中拖至舞台上。②在"属性"面板中设置名称为aNs。③设置NumericStepper组件的各项参数。

03 设置Label组件

①将Label组件从"组件"面板中拖至舞台上。②在"属性"面板中设置名称为aLabel。

04 输入代码

①选择"时间轴"面板上的第1帧。②按【F9】键，打开"动作"面板，输入代码。

05 测试组件功能

按【Ctrl+Enter】组合键，测试组件功能。

11.3.7 ProgressBar组件应用示例

下面将制作两个ProgressBar组件示例，一个使用ProgressBar组件来指示加载网络音乐的进度，另一个使用NumericStepper来手动调节ProgressBar组件的进度。

1. 指示加载进度

下面将使用ProgressBar组件来指示网络音乐的加载进度，并将进度值显示在Label组件的text属性中，具体操作方法如下。

01 设置文档属性

①新建一个Flash文档。②在"属性"面板中设置文档属性。

02 设置ProgressBar组件

①将ProgressBar组件从"组件"面板中拖至舞台上。②在"属性"面板中设置名称为aPb。

03 设置Label组件

①将Label组件从"组件"面板中拖至舞台上。②在"属性"面板中设置名称为progLabel。

04 输入代码

①选择"时间轴"面板上的第1帧。②按【F9】键,打开"动作"面板,输入代码。

05 测试组件功能

按【Ctrl+Enter】组合键,测试组件功能。

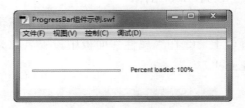

06 查看输出信息

在"输出"面板中将显示下载的百分比。

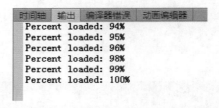

2. 手动调整进度

下面将ProgressBar设置为手动模式。在手动模式下,必须通过调用setProgress()方法来手动设置进度,并为其提供当前值和最大值来确定进度。

01 设置文档属性

①新建一个Flash文档。②在"属性"面板中设置文档属性。

02 设置Label组件

①将Label组件从"组件"面板中拖至舞台上。②在"属性"面板中设置名称为progLabel，text属性为"进度提示"。

03 设置ProgressBar组件

①将ProgressBar组件从"组件"面板中拖至舞台上。②在"属性"面板中设置名称为aPb。

04 设置NumericStepper组件

①将NumericStepper组件从"组件"

面板中拖至舞台上。②在"属性"面板中设置名称为aNs。③设置NumericStepper组件的各项参数。

05 输入代码

①选择"时间轴"面板上的第1帧。②按【F9】键，打开"动作"面板，输入代码。

06 测试组件功能

按【Ctrl+Enter】组合键，测试组件功能。

11.3.8 RadioButton组件应用示例

下面将制作两个RadioButton组件示例，一个使用RadioButton组件来改变文字大小，另一个使用RadioButton组件来选择矩形的填充颜色。

1．调节文字大小

下面将制作一个示例，当选择RadioButton组件时，TextArea组件的text属性字号将变大，具体操作方法如下。

01 设置文档属性

①新建一个Flash文档。②在"属性"面板中设置文档属性。

02 添加组件

①将两个TextArea组件和两个RadioButton组件从"组件"面板中拖至舞台上。②调整各组件实例的大小和位置。

03 设置TextArea组件

①选择左侧的TextArea组件实例。②在"属性"面板中设置名称为aTa，text属性为"Hello world!"。

04 设置TextArea组件

选择右侧的TextArea组件实例，在"属性"面板中设置实例名称为bTa。

05 设置RadioButton组件

①选择上方的RadioButton组件实例。②在"属性"面板中设置实例名称为largerRb。③设置RadioButton组件的各项参数。

06　设置RadioButton组件

①选择下方的RadioButton组件实例。②在"属性"面板中设置实例名称为largestRb。③设置RadioButton组件的各项参数。

07　输入代码

①选择"时间轴"面板上的第1帧。②按【F9】键，打开"动作"面板，输入代码。

08　输入代码

在第16行继续输入代码。

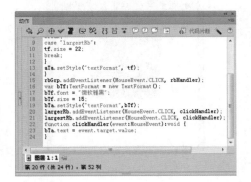

09　测试组件功能

按【Ctrl+Enter】组合键，测试组件功能。

2．更改矩形颜色

下面将制作一个示例，每个RadioButton的value属性指定与此按钮关联的颜色的十六进制值，当单击它时，clickHandler()函数调用drawBox()，同时传递此RadioButton的value属性中的颜色值来为矩形着色，具体操作方法如下。

01　设置文档属性

①新建一个Flash文档。②在"属性"面板中设置文档属性。

02　添加组件

①从"组件"面板中拖曳3个Button组件至舞台上。②调整各组件实例的位置。

03 设置RadioButton组件

①选择左侧的RadioButton组件实例。②在"属性"面板中设置实例名称为redRb。③设置RadioButton组件的各项参数。

04 设置RadioButton组件

①选择中间的RadioButton组件实例。②在"属性"面板中设置实例名称为blueRb。③设置RadioButton组件的各项参数。

05 设置RadioButton组件

①选择右侧的RadioButton组件实例。②在"属性"面板中设置实例名称为greenRb。③设置RadioButton组件的各项参数。

06 输入代码

①选择"时间轴"面板上的第1帧。②按【F9】键，打开"动作"面板，输入代码。

```
import fl.controls.RadioButtonGroup;
var rbGrp:RadioButtonGroup = new RadioButtonGroup("colorGrp");
var aBox:MovieClip = new MovieClip();
drawBox(aBox, 0xCCCCCC);
addChild(aBox);
redRb.group = blueRb.group = greenRb.group = rbGrp;
rbGrp.addEventListener(MouseEvent.CLICK, clickHandler);
function clickHandler(event:MouseEvent):void {
drawBox(aBox, event.target.selection.value);
}
function drawBox(box:MovieClip,color:uint):void {
box.graphics.beginFill(color, 1.0);
box.graphics.drawRect(50, 30, 100, 100);
box.graphics.endFill();
}
```

07 测试组件功能

按【Ctrl+Enter】组合键，测试组件功能。

11.3.9　ScrollPane组件应用示例

　　下面将制作一个示例，ScrollPane组件从source属性指定的路径加载一张网络图片，具体操作方法如下。

01 设置文档属性

　　①新建一个Flash文档。②在"属性"面板中设置文档属性。

02 调整ScrollPane组件

　　①将ScrollPane组件从"组件"面板中拖至舞台上。②使用任意变形工具调整组件实例的大小。

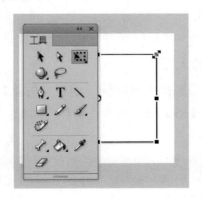

03 设置ScrollPane组件

　　①在"属性"面板中设置实例名称为aSp。②在组件的source属性中输入图片的网络地址。

04 测试组件功能

　　按【Ctrl+Enter】组合键，测试组件功能。

11.3.10　Slider组件应用示例

　　下面将制作一个示例，当拖动Slider滑块时使用Label组件的text属性显示满意度，具体操作方法如下。

01 设置文档属性

①新建一个Flash文档。②在"属性"面板中设置文档属性。

02 添加组件

①将两个Label组件和一个Slider组件从"组件"面板中拖至舞台上。②调整各组件实例的位置及大小。

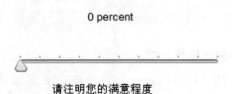

03 设置Label组件

①选择上方的Label组件实例。②在"属性"面板中设置实例名称为valueLabel，text属性为0 percent。

04 设置Slider组件

①选择Slider组件实例。②在"属性"

面板中设置实例名称为aSider。③设置Slider组件的各项参数。

05 设置Label组件

①选择下方的Label组件实例。②在"属性"面板中设置text属性为"请注明您的满意程度"。

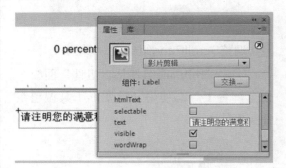

06 输入代码

①选择"时间轴"面板上的第1帧。②按【F9】键，打开"动作"面板，输入代码。

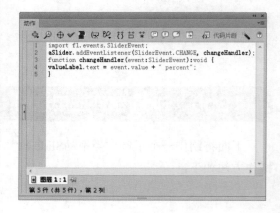

```
import fl.events.SliderEvent;
aSlider.addEventListener(SliderEvent.CHANGE, changeHandler);
function changeHandler(event:SliderEvent):void {
valueLabel.text = event.value + " percent";
}
```

07 测试组件功能

按【Ctrl+Enter】组合键，测试组件功能。

11.3.11 TextArea组件应用示例

下面将制作一个示例，在TextArea实例上设置了一个focusOut事件处理函数，用于验证用户在将焦点移到界面其他部分前是否在文本区域中键入了内容，具体操作方法如下。

01 设置文档属性

①新建一个Flash文档。②在"属性"面板中设置文档属性。

02 添加组件

①将两个TextArea组件从"组件"面板中拖至舞台上。②设置两个组件实例的大小和位置。

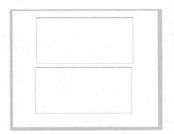

03 设置TextArea组件

①选择上方的TextArea组件实例。②

在"属性"面板中设置实例名称为aTa。

04 设置TextArea组件

①选择下方的TextArea组件实例。②在"属性"面板中设置实例名称为bTa。

05 输入代码

①选择"时间轴"面板上的第1帧。
②按【F9】键,打开"动作"面板,输入
代码。

06 测试组件功能

按【Ctrl+Enter】组合键,测试组件
功能。

11.3.12 TextInput组件应用示例

下面将制作一个示例,使用两个TextInput字段来接收和确认密码,具体操作方法
如下。

01 设置文档属性

①新建一个Flash文档。②在"属性"
面板中设置文档属性。

02 添加组件

①将两个Label组件和两个TextInput
组件从"组件"面板中拖至舞台上。②调
整各组件实例的大小和位置。③设置两个
Label组件的text属性分别为"输入密码"
和"确认密码"。

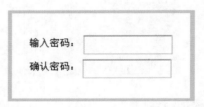

03 设置TextInput组件

①选择上方的TextInput组件实例。
②在"属性"面板中设置实例名称为
pwdTi。

04 设置TextInput组件

①选择下方的TextInput组件实例。
②在"属性"面板中设置实例名称为
confirmTi。

05 输入代码

①选择"时间轴"面板上的第1帧。
②按【F9】键，打开"动作"面板，输入
代码。

06 测试组件功能

①按【Ctrl+Enter】组合键，测试
组件功能。②输入并确认密码，然后按
【Enter】键。

07 查看输出信息

此时，即可查看输出信息。

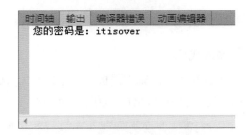

11.3.13 UILoader组件应用示例

下面将制作一个示例，使用UILoader组件加载一个网络的JPG图像，具体操作方
法如下。

01 设置文档属性

①新建一个Flash文档。②在"属性"
面板中设置文档属性。

02 设置UILoader组件

①将UILoader组件从"组件"面板中拖至舞台上。②在"属性"面板中设置实例名称为aLoader。③在source属性中输入网络图片地址，将scaleContent属性设置为false（即取消选择该复选框）。

03 输入代码

①选择"时间轴"面板上的第1帧。②按【F9】键，打开"动作"面板，输入代码。

04 测试组件功能

按【Ctrl+Enter】组合键，测试组件功能。

05 查看输出信息

此时，即可查看输出信息。

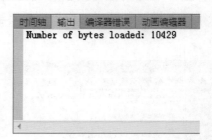

11.3.14 UIScrollBar组件应用示例

下面将创建一个垂直方向的UIScrollBar实例，并将其附加到TLF文本字段，具体操作方法如下。

01 设置文档属性

①新建一个Flash文档。②在"属性"面板中设置文档属性。

02　设置TLF实例

①使用文本工具在舞台上绘制TLF文本框。②在"属性"面板中设置实例名称为myText。

03　输入文本

①在文本框中输入所需的文本。②在"属性"面板中设置字体格式。

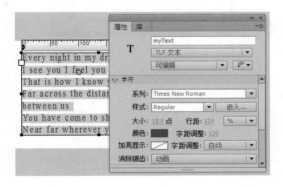

04　设置贴紧至对象

选择"视图"|"贴紧"|"贴紧至对象"命令。

05　添加UIScrollBar组件

①将UIScrollBar组件从"组件"面板中拖至文本输入字段上，靠近要附加该实例的一边。②设置实例名称为mySb，scrollTargetName属性将自动填充为文本输入字段的实例名。

06　测试组件功能

按【Ctrl+Enter】组合键，测试组件功能。

　　下面使用ActionScript脚本为TLF文本字段添加边框，并导入外部记事本文件，具体操作方法如下。

01 删除文本

　　删除文本输入字段中的文本。

02 创建记事本文件

　　①在Flash文档所在位置新建记事本文件，并保存为yesterday.txt。②在记事本中输入所需的文本。

03 输入代码

　　①选择"时间轴"面板上的第1帧。②按【F9】键，打开"动作"面板，输入代码。

04 测试组件功能

　　按【Ctrl+Enter】组合键，测试组件功能。

第 12 章

Flash动画的导出与发布

利用Flash制作动画的过程中，使用测试动画或测试场景功能可以查看动画播放时的效果。如果动画播放得不是很顺畅，还可以对其进行优化操作。如果需要在别的软件上使用Flash文件，则可以使用发布功能将Flash文件发布成其他模式，以便在其他地方使用Flash文件。

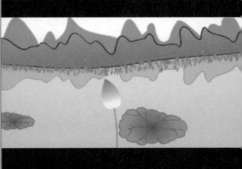

12.1　测试Flash动画

　　在发布影片前，通常需要对影片进行相应的测试，以查看影片是否符合要求。下面将详细介绍如何测试Flash动画。

12.1.1　测试影片

◎光盘：素材文件\第12章\中秋贺卡.fla

　　当动画制作完成后，可以对动画进行简单测试，以查看该动画是否符合用户的要求。按【Ctrl+Enter】组合键，或选择"控制"｜"测试影片"｜"测试"命令，即可调试影片。

　　测试影片的操作方法如下。

01　打开素材文件

　　打开"光盘：素材文件\第12章\中秋贺卡.fla"素材文件。

02　测试影片

　　按【Ctrl+Enter】组合键，测试影片。

12.1.2　ActionScript 3.0介绍

◎光盘：素材文件\第12章\中秋贺卡.fla

　　在制作动画的过程中，根据需要将会创建多个场景，或在一个场景中创建多个影片剪辑动画效果。若要对当前的场景或元件进行测试，可以选择"控制"｜"测试场景"命令，如右图所示。

　　下面将简要介绍如何测试场景，具体操作方法如下。

01 进入编辑状态

打开素材文件，双击场景中的任意动画元件，进入其编辑状态。

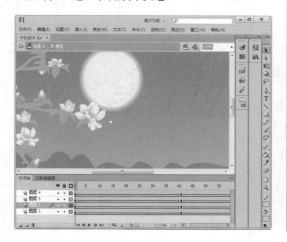

02 测试场景

选择"控制"|"测试场景"命令或按【Ctrl+Alt+Enter】组合键，即可预览播放效果。

12.2 优化动画

当Flash动画在因特网上进行展示时，其质量与数量会直接影响动画的播放速度和时间。质量越高，文档越大，下载时间就越长，从而导致动画播放的速度会越慢，所以对Flash影片的优化是非常必要的。

由于受网络带宽的限制，Flash影片的大小不可能太大，因此在导出或发布影片前需要对制作的影片进行优化，以减小动画文件的大小。

1. 影片整体优化

当一个动画影片制作完成后，需要对其进行一些后期处理，使制作的动画效果更加完善。从整体上来说，优化影片需要从以下几个方面进行考虑。

（1）在制作动画时，对于需要多次使用的对象应将其转化为元件，这样既可以减少工作量，提高工作效率，也可以减小动画文件的大小。

（2）在制作动画时，应尽可能少地使用关键帧，以减小文件的大小。

（3）在制作大的动画时，可以将其分解为多个小动画来实现。

（4）若用到外部位图图像，尽可能将其作为背景或静态元素使用。

（5）向动画中添加声音时，应尽量使用MP3格式的声音文件。

2. 对象和线条优化

（1）不同的对象应放置在不同的图层中，以便于制作动画。

（2）使用"优化"命令对线条进行优化处理，尽可能减少描述形状的分割线条数量。

（3）尽量使用实线，避免使用虚线、点状线或锯齿状线等特殊线条。

3．优化文字

尽可能少地使用嵌入字体，以减小文件的大小。当必须使用嵌入字体时，应在"嵌入字体"选项中设置需要的字符，而不要包括全部字体。

4．优化动作脚本

在脚本中尽量少使用全局变量，并将多次用到的代码块设置为函数。

选择"文件"|"发布设置"命令，弹出"发布设置"对话框，在右侧的"发布"选项组中选择"Flash（.swf）"选项，选择"省略trace语句"复选框，则在发布影片时不使用trace动作，如下图所示。

12.3 发布Flash动画

当动画制作完成后，用户即可将其发布为所需的格式，并应用在不同的其他文档中，从而实现动画的制作目的或使用价值。

12.3.1 发布概述

默认情况下，使用"发布"命令会创建一个Flash SWF文件和一个HTML文档。该HTML文档会将Flash内容插入到浏览器窗口中。"发布"命令还为Adobe的Macromedia Flash 4及更高版本创建和复制检测文件。如果更改发布设置，Flash将更改与该文档一并保存。在创建发布配置文件之后将其导出，以便在其他文档中使用，或供在同一项目上工作的其他人员使用。

Flash Player 6及更高版本都支持Unicode文本编码。使用Unicode支持，用户可以查看多语言文本，与运行播放器的操作系统使用的语言无关。

用户可以用替代文件格式（如GIF、JPEG、PNG和QuickTime）及在浏览器窗口中显示这些文件所需的HTML发布FLA文件。对于尚未安装目标Adobe Flash Player的用户，替代格式可以使他们在浏览器中浏览自己的SWF文件动画并进行交互。使用替代文件格式发布Flash文档（FLA文件）时，每种文件格式的设置都会与该FLA文件一并存储。

用户可以用多种格式导出FLA文件，与用替代文件格式发布FLA文件类似，只是每种文件格式的设置不会与该FLA文件一并存储。或使用任意HTML编辑器创建自定义的HTML文档，并在其中包括显示SWF文件所需的标签。

若要在发布SWF文件之前测试SWF文件的运行情况，请执行"测试影片"和"测试场景"命令。

1．播放Flash SWF文件

Flash SWF文件格式用于部署Flash内容。可以采用以下几种方式播放内容。

（1）在安装了Flash Player的Internet浏览器中播放。

（2）在Adobe的Director和Authorware中用Flash Xtra播放。

（3）利用Microsoft Office和其他ActiveX主机中的Flash ActiveX控件播放。

（4）作为QuickTime视频的一部分播放。

（5）作为一种被称为放映文件的独立应用程序播放。

2．HTML文档

在Web浏览器上播放SWF文件，需要一个HTML文档并指定浏览器设置。要在Web浏览器中显示SWF文件，HTML文档必须使用具有正确参数的object和embed标记。

12.3.2 发布设置

下面将详细介绍Flash动画的发布格式，以及如何发布Flash动画。

1．SWF文件的发布设置

在"发布设置"对话框的"发布"选项组中选择"Flash（.swf）"选项，如右图所示。在该对话框中，可以对Flash文档的相关属性进行设置。

其中，各选项的功能如下。

- 目标：用于设置输出动画的版本。
- 脚本：用于设置导出Flash影片的ActionScript版本。
- JPEG品质：用于将动画中的所有位图保存为具有一定压缩率的JPEG文件。
- 音频流和音频事件：用于设置动画中的声音文件。

- 覆盖声音设置：选择该复选框，覆盖在属性检查器的"声音"选项中为个别声音进行的设置。
- 导出设备声音：选择该复选框，导出适合设备（包括移动设备）的声音，而不是原始库声音。
- 压缩影片：选择该复选框，可以对动画进行压缩处理，这样能减小动画所占用的空间。
- 包括隐藏图层：选择该复选框，将导出Flash文档中的所有隐藏图层。
- 包括XMP元数据：选择该复选框，单击 按钮，弹出"文件信息"对话框，导出输入的所有元数据。
- 生成大小报告：选择该复选框，可以创建一个文本文件，记录最终导出动画的相关参数。
- 省略trace语句：选择该复选框，可使Flash忽略当前动画中的"跟踪"命令。
- 允许调试：选择该复选框，激活调试器，并允许远程调试Flash SWF文件。
- 防止导入：选择该复选框，可防止发布的动画文件被他人下载后导入到Flash应用程序中进行编辑。
- 密码：为SWF文件设置保护密码。

发布设置完成后，即可查看发布效果，如右图所示。

2. HTML文档的发布设置

若要在Internet上浏览Flash动画，就必须创建含有动画的HTML文件，并设置好浏览器的属性，此时可通过"发布"命令自动生成所需的HTML文件。

在"发布设置"对话框中选择"HTML包装器"选项，如下图所示。在该对话框中，可以对HTML文档的相关发布属性进行设置。

其中，各选项的功能如下。

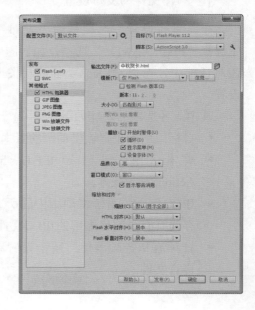

- 模板：用于设置所使用的模板，当选定模板后，单击其右侧的"信息"按钮，就会显示出该模板的有关信息。
- 大小：用于设置OBJECT或EMBED标签中嵌入动画的宽和高。其中有3个选项，如下图所示。

- 匹配影片：将尺寸设置为动画的实际尺寸大小。
- 像素：可在"宽"和"高"文本框中分别输入所需宽度和高度的值。
- 百分比：用于设置该动画相对于浏览器窗口的尺寸大小，在"宽"和"高"文本框中可分别输入宽度和高度百分比。

- 播放：在该选项组中可为OBJECT或EMBED标签的LOOP、PLAY、MENU和DEVICEFONT参数赋值。
- 品质：通过设置品质的高低，决定抗锯齿的性能水平。
- 窗口模式：用于设置动画在Internet Explorer的透明显示、绝对定位及分层功能。
- 缩放：用于设置影片的缩放参数，定义动画该如何放置到所设置的尺寸范围中。只有在文本框中输入的尺寸与动画的原始尺寸不同时，设置此选项才有意义。
- HTML对齐：用于设置ALIGN属性，并决定动画窗口在浏览器窗口中的位置，如下图（左）所示。
- Flash水平对齐和Flash垂直对齐：用于设置动画与HTML文档"水平"和"垂直"方向的对齐形式，定义动画在动画窗口中的位置，以及将动画裁剪到窗口尺寸的方式。

发布设置完成后，即可查看发布效果，如下图（右）所示。

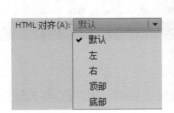

3．GIF文件的发布设置

GIF图像是网页中常见的一种图片格式，在Flash中也可以将自己制作的动画导出为GIF图像。

在导出GIF图像时，将当前动画中所有的帧导出为GIF动画。如果在适当的帧上定义标签名称为#First和#Last，即可设置动画导出帧的范围。

在"发布设置"对话框中选择"GIF图像"选项，如下图（左）所示。在该对话框中，可以对GIF文档的相关发布属性进行设置。

其中，各选项的功能如下。

- 大小：设置输出GIF图像时的尺寸大小（单位为"像素"）。若选择"匹配影片"复选框，则文本框中的尺寸设置无效。
- 播放：在该选项组中可以设置是创建静止图片还是动画图片。
- 颜色：在该选项组中可以设置GIF图像的颜色显示属性。
- 透明：用来定义如何将Flash中的动画背景和透明度转换到GIF图像中。
- 抖动：用于设置抖动功能是否打开，并设置抖动方式。
- 调色板类型：该下拉列表框用于定义调色板。
- 最多颜色：用于设置用在GIF图像中的颜色数量。
- 调色板：当在"调色板类型"下拉列表框中选择"自定义"选项时，才能将该选项激活。

发布设置完成后，即可查看发布效果，如下图（右）图所示。

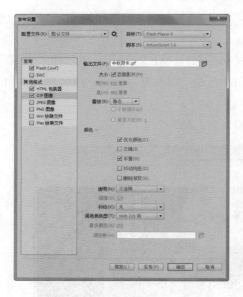 

4．JPEG文件的发布设置

JPEG格式可将图像导出为位图。GIF格式适合于导出线条图形，而JPEG格式适合导出含有大量渐变色和位图的图像。

在"发布设置"对话框中选择"JPEG图像"选项，如下图（左）所示。在该对话框中，可以对JPEG文档的相关发布属性进行设置。

其中，各选项的功能如下。

- 大小：用于设置输出位图的尺寸。若选择"匹配影片"复选框，则不能设置尺寸文本框的值。
- 品质：拖动滑块，或在其右侧文本框中输入所需的数值，可以控制所有JPEG文件的压缩率。数值越大，压缩程度越大，文件容量越小，但质量也越差。
- 渐进：显示渐进JPEG图像。渐进JPEG图像就是图形在浏览器上渐渐地显示出来。

在低速网络上载入JPEG图像时，该显示模式有可能会使图像显示得更快些，这与GIF和PNG图像的交错显示相似。

发布设置完成后，即可查看发布效果，如下图（右）所示。

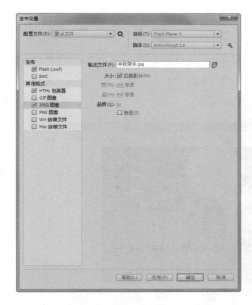

5．PNG文件的发布设置

PNG格式是一种可跨平台、支持透明度的图像格式，在导出PNG格式的图像时，只将动画的第1帧导出为PNG格式。

在"发布设置"对话框中选择"PNG图像"选项，如右图所示。在该对话框中，可以对PNG文档的相关发布属性进行设置。

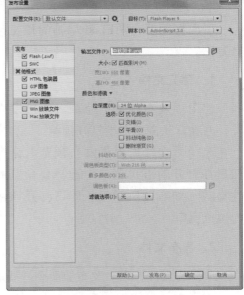

其中，各选项的功能如下。

- 大小：用于设置导出图像的尺寸大小。若选择"匹配影片"复选框，则导出的PNG图像与原始动画的尺寸相同。

- 位深度：用于设置创建图像时每个像素点所占的位数。位数越高，文件体积就越大，如下图所示。

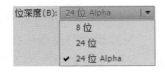

- 选项：在该选项组中可以为导出的PNG图像设置显示属性范围，其中包括"优化颜色"、"平滑"、"交错"、"抖动纯色"和"删除渐变"。

- 抖动：用于设置抖动功能是否打开，并设置抖动方式，其选项包括"无"、"有序"及"扩散"。
- 调色板类型：用于为图像定义调色板，其选项包括"Web 216色"、"最合适"、"接近Web最适色"及"自定义"。
- 最多颜色：用于设置用在PNG图像中的颜色数量。
- 滤镜选项：用于设置PNG图像的过滤方式，主要包括"无"、Sub、Up、Average、Paeth及Adaptive选项，如下图（左）所示。

发布设置完成后，查看发布效果，如下图（右）所示。

12.3.3 文件预览与发布

下面将简要介绍Flash动画的预览与发布方法。

1．预览文件

使用"发布预览"命令，即可发布文件，并在默认浏览器上打开预览。

选择"文件"｜"发布预览"命令，然后在打开的下拉菜单中选择要预览的文件格式（如右图所示），即可打开该格式的预览窗口。

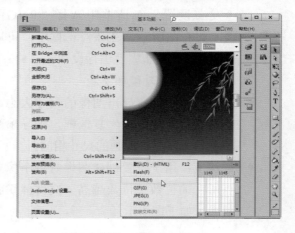

2．发布文件

选择"文件"｜"发布"命令，或选择"文件"｜"发布设置"命令，在弹出的"发布设置"对话框中进行参数设置，单击"发布"按钮，即可发布文件，如下图（左）所示。

打开发布文件所在的目录，双击动画文件，如下图（右）所示，即可运行。

12.4　导出Flash动画

当对动画完成优化与测试后，即可将其导出。使用Flash程序一次只能将动画按照一种格式导出，但可以将多种格式的文件同时发布到网上。

12.4.1　导出图像文件

◎ 光盘：素材文件\第12章\中秋贺卡.fla

使用Flash导出图像文件的具体操作方法如下。

01　打开素材文件

打开"光盘：素材文件\第12章\中秋贺卡.fla"。

02 选择"导出图像"命令

选择"文件"｜"导出"｜"导出图像"命令。

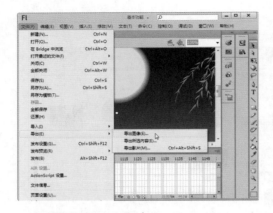

03 选择存放位置并命名

弹出"导出图像"对话框，选择合适的位置，并为其命名。

04 选择保存类型

①单击"保存类型"下拉按钮。②在打开的下拉列表框中选择所需的保存类型，如"GIF图像（*.gif）"。③单击"保存"按钮。

05 设置导出参数

①弹出"导出GIF"对话框，设置各项参数。②单击"确定"按钮。

06 查看导出图像

此时，即可将其保存到相应的位置，查看导出的图像。

12.4.2 导出影片文件

Flash不仅可以导出Flash动画或精致的图像，还可以导出单独的声音或视频。使用Flash导出影片文件的具体操作方法如下。

01　选择"导出影片"命令

选择"文件"｜"导出"｜"导出影片"命令。

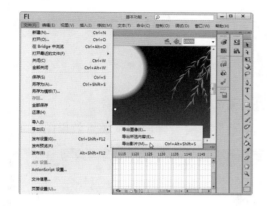

02　选择"AVI格式"

①弹出"导出影片"对话框,单击"保存类型"下拉按钮。②在打开的下拉列表框中选择AVI格式,单击"保存"按钮。

03　设置参数

①弹出"导出Windows AVI"对话框。②在其中设置相应参数,单击"确定"按钮。

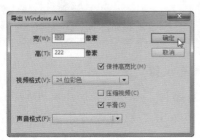

04　显示进度条

弹出"正在导出AVI影片"进度条。

05　保存完成视频

保存完成的视频文件。

06　播放视频

双击该视频文件,即可使用视频播放器进行播放。

> **高手指点**
>
> 导出音频与导出视频的方法基本相同,在"导出影片"对话框中选择保存类型为WAV格式即可。

12.5 举一反三——发布"风中的荷花"动画

下面将综合运用本章所学的知识，使用Flash CS6来优化、导出和发布"风中的荷花"动画。

具体操作方法如下。

◎ 光盘：素材文件\第12章\风中的荷花.fla

01 打开素材文件

打开"光盘：素材文件\第12章\风中的荷花.fla"文件。

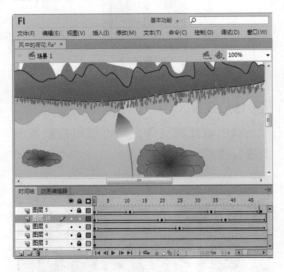

02 选择"测试场景"命令

选择"控制"｜"测试场景"命令。

03 测试场景

此时，将会弹出测试场景效果图。

04 测试影片

按【Ctrl+Enter】组合键，即可测试影片。

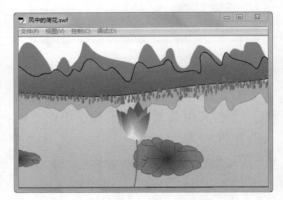

05 发布设置

①选择"文件"｜"发布设置"命令。②弹出"发布设置"对话框，选择

"HTML包装器"、"GIF图像"、"JPEG图像"和"PNG图像"复选框，并分别进行参数设置。③单击"发布"按钮。

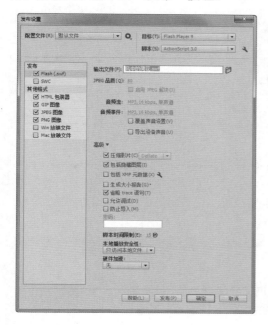

06 查看发布效果

打开发布文件，查看发布效果。

07 选择"导出影片"命令

选择"文件"｜"导出"｜"导出影片"命令，即可导出影片。

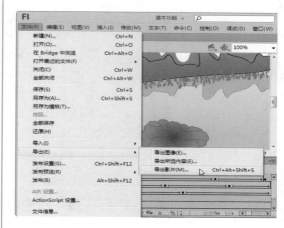

08 查看导出效果

双击影片文件，查看导出效果。

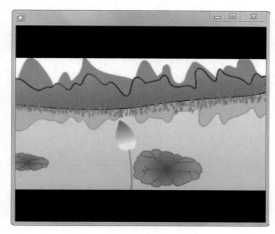

读书笔记

第 13 章

按钮、导航菜单动画制作

在实际制作Flash动画的过程中，经常需要制作按钮动画、网站菜单动画，以及网站导航动画等，以方便浏览者快速查看信息并获取服务。本章将通过3个典型的实例，引领读者快速掌握制作按钮动画、网站菜单动画，以及网站导航动画的方法与技巧。

13.1 制作按钮动画

按钮动画是一种常见的Flash动画，经常应用在网站页面或网络游戏中。下面将通过制作一个游戏按钮动画，引领读者学习并掌握此类动画的制作方法与技巧。

13.1.1 设计分析

本实例将制作一个开始游戏按钮动画。首先新建元件，导入相应的素材，然后制作相应的元件和动画，其中包含添加脚本、打开外部库拖入元件等，最后返回主场景，将制作好的动画的元件拖至场景中，即可完成动画制作，最终效果如下图所示。

13.1.2 制作过程

◎ 光盘：素材文件\第13章\制作按钮动画

下面开始制作"按钮"动画实例，具体操作方法如下。

01 新建文档

①启动Flash CS6，新建一个名为"按钮.fla"的文件。②单击"保存"按钮，保存文档。

02 设置舞台大小和颜色

打开"属性"面板，设置舞台大小和颜色。

03 导入素材图片

①选择"文件"|"导入"|"导入到舞台"命令，在弹出的对话框中导入"背景.jpg"文件。②单击"打开"按钮。

04 新建影片剪辑

①选择"插入"|"新建元件"命令。②在弹出的"创建新元件"对话框中修改名称和类型。③单击"确定"按钮。

05 导入素材图片

选择"文件"|"导入"|"导入到舞台"命令，在弹出的对话框中导入"按钮背景01.png"。

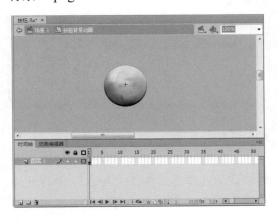

06 转化为元件

①选中舞台对象，按【F8】键。②弹出"转换为元件"对话框，修改名称并设置类型。③单击"确定"按钮。

07 设置高级属性

①分别在第70、80、120、140、175、185和200帧处插入关键帧。②选择第80帧上的元件，打开"属性"面板，设置高级属性。

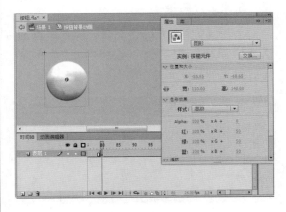

08 创建传统补间动画

①分别对第140和185帧中元件的高级属性进行设置。②分别在第70、80、120、140、175和185帧创建传统补间动画。

09 新建文字元件

①新建"图层2"图层，将素材文件"文字.png"导入到舞台中。②按【F8】键，在弹出的对话框中转换为名为"按钮文字"图形元件。③单击"确定"按钮。

10 新建影片剪辑

①按【Ctrl+F8】组合键，在弹出的对话框中新建一个名为"按钮背景2"的影片剪辑元件。②单击"确定"按钮。

11 将影片剪辑拖至舞台

①进入编辑状态，打开"库"面板。②将"按钮背景"影片剪辑拖至舞台中的合适位置。

12 设置高级属性

①在第20帧和第35帧处分别插入关键帧。②选择第20帧中的舞台对象，设置高级属性。

13 创建传统补间动画

分别创建第1、20和35帧之间的传统补间动画。

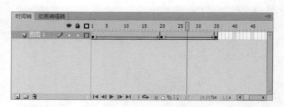

14 打开外部库

①新建"图层2"，在第2帧处插入关键帧。②选择"文件"|"导入"|"打开外部库"命令，在弹出的对话框中将影片剪

辑"光运动画"拖动舞台中的合适位置。

15 添加帧标签

①新建"图层3"图层,在第2帧处插入关键帧。②打开"属性"面板,添加帧标签为over。

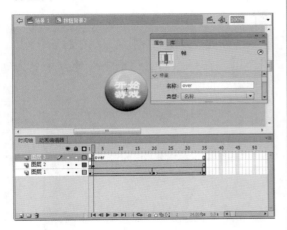

16 添加帧标签

①在第20帧处插入关键帧。②打开"属性"面板,添加帧标签为out。

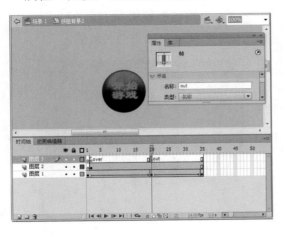

17 添加动作脚本

①新建"图层4"图层,在第1帧中添加动作脚本"stop();"。②在第20帧中添加动作脚本"stop();"。

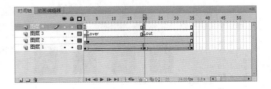

18 新建影片剪辑

按【Ctrl+F8】组合键,在弹出的对话框中新建一个名为"按钮动画"的影片剪辑,进入到编辑状态。

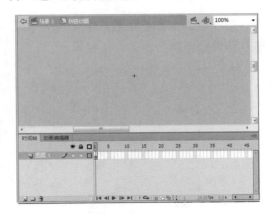

19 修改影片剪辑名称

①打开"库"面板,将"按钮背景2"影片剪辑拖至舞台中。②打开"属性"面板,修改实例名称为star。

20 导入素材

①新建"图层2"图层。②选择"文件"|"导入"|"打开外部库"命令，在弹出的对话框中导入"云动画.fla"素材。

21 导入影片剪辑

打开"外部库"面板，将"云动画"影片剪辑拖至舞台中的合适位置。

22 绘制圆

①新建"图层3"图层。②使用椭圆工具绘制一个圆。

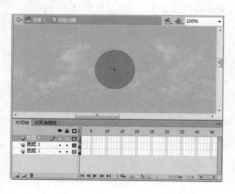

23 设置遮罩层

①将所有图层都延长到第20帧。②用鼠标右键单击"图层3"名称，在弹出的快捷菜单中选择"遮罩层"命令。

24 新建"按钮"元件

①新建"图层4"图层。②按【Ctrl+F8】组合键，在弹出的对话框中新建一个名为"按钮"的按钮元件。

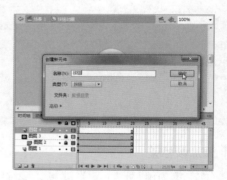

25 编辑按钮

进入"按钮"编辑状态，在"指针"和"按下"帧处添加空白关键帧。

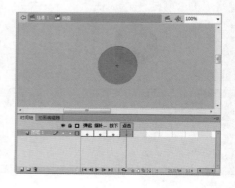

26 添加关键帧

①返回场景，打开"按钮动画"影片剪辑。②在"图层4"图层的第18帧处添加关键帧。

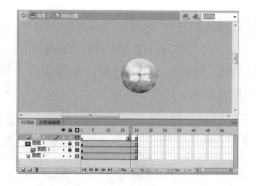

27 将元件拖至舞台

①新建"图层4"图层，在第18帧处插入关键帧。②打开"库"面板，将"按钮"元件拖至舞台中的合适位置。

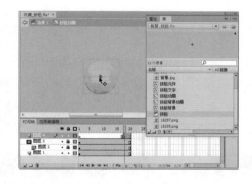

28 输入动作脚本

①选择"按钮"实例，按【F9】键。②打开"动作"面板，输入动作脚本。

29 添加动作脚本

①新建"图层5"图层，在第18帧处插入关键帧。②按【F9】键，打开"动作"面板，输入动作脚本"stop();"。

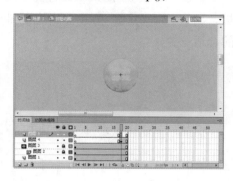

30 导入素材图片

①返回场景，新建"图层2"图层。②选择"文件"|"导入"|"导入到舞台"命令，在弹出的对话框中将素材"按钮背景02.png"导入到舞台中。

31 转换为元件

①选择"按钮背景02.png"实例。②按【F8】键，在弹出的对话框中将其转换为图形元件。③单击"确定"按钮。

32 将影片剪辑拖至舞台

①新建"图层3"图层。②打开"库"面板，将"按钮动画"影片剪辑拖至舞台中的合适位置。

34 测试影片

①按【Ctrl+S】组合键，保存动画。②按【Ctrl+Enter】组合键，测试影片，预览动画效果。

33 添加动作脚本

①将所有图层帧延长至第60帧。②新建"图层4"图层，在第60帧处插入关键帧，添加动作脚本"stop()"。

13.2 制作网站菜单动画

在一些专业、时尚的网站中经常可以看到动感的网站菜单动画，单击其中的菜单选项即可打开相应的网页，为用户提供了很大的便利。下面将综合运用前面所学的知识，制作一个网站菜单动画。

13.2.1 设计分析

下面将制作一个学习网站的菜单动画，首先新建元件，导入相应的素材图像，并制作抖动效果动画，然后制作标题弹出动画，最后返回主场景，拖入相应的元件，通过脚本语言控制动画，从而完成动画的制作，最终效果如下图所示。

 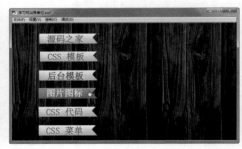

13.2.2　制作过程

◎ 光盘：素材文件\第13章\制作网站菜单动画

下面开始制作学习网站菜单动画，具体操作方法如下。

01　新建文档

①启动Flash CS6软件。②选择"新建"选项组中的ActionScript 2.0选项，新建一个Flash文档。

02　设置舞台大小

打开"属性"面板，设置舞台大小为751×410。

03　保存文档

①选择"文件" | "保存"命令。②弹出"另存为"对话框，修改名称为"学习网站菜单栏.fla"。③单击"保存"按钮。

04　导入素材图片

①选择"文件" | "导入" | "导入到舞台"命令。②在弹出的对话框中将"树木背景.png"文件导入到场景中，并放置到相应的位置。

05　新建图层

①修改"图层1"图层的名称为"背景"。②新建"源码之家"图层。

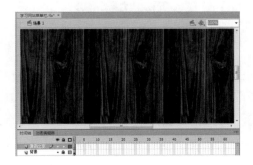

06　新建图形元件

　　①选择"插入"｜"新建元件"命令，弹出"创建新元件"对话框。②创建一个名为"源码之家"的图形元件。③单击"确定"按钮。

07　导入素材图片

　　①选择"文件"｜"导入"｜"导入到舞台"命令。②在弹出的对话框中将"源码之家.png"文件导入到场景中，并放置到相应的位置。

08　新建图形元件

　　①选择"插入"｜"新建元件"命令，弹出"创建新元件"对话框。②创建一个名为"源码之家位-1"的图形元件。③单击"确定"按钮。

09　导入素材图片

　　①选择"文件"｜"导入"｜"导入

到舞台"命令。②在弹出的对话框中将"源码之家-1.png"导入到场景中，并放置到相应的位置。

10　制作其他图形元件

　　按照步骤06和步骤07的操作方法制作其他图形元件，并依次命名为"CSS模板"、"图片图标"、"后台模板"、"CSS代码"和"CSS菜单"。

11　制作其他图形元件

　　按照步骤08和步骤09的操作方法制作其他图形元件，并依次命名为"CSS模板-1"、"图片图标-1"、"后台模板-1"、"CSS模板-1"、"CSS代码-1"和"CSS菜单-1"。

12 新建"遮罩"影片剪辑

①选择"插入"｜"新建元件"命令，弹出"创建新元件"对话框。②创建一个名为"遮罩"的影片剪辑。③使用矩形工具绘制矩形。

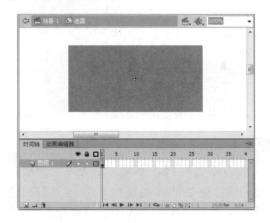

13 新建"反应区"影片剪辑

①选择"插入"｜"新建元件"命令，弹出"创建新元件"对话框。②创建一个名为"反应区"的影片剪辑。③使用矩形工具绘制矩形。

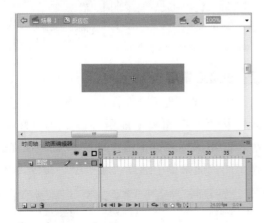

14 新建影片剪辑

①选择"插入"｜"新建元件"命令，弹出"创建新元件"对话框。②创建一个名为"源码之家动画"的影片剪辑。③打开"库"面板，将"反应区"影片剪辑拖至

舞台中的合适位置。

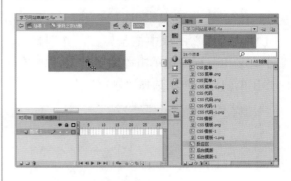

15 设置"反应区"属性

①打开"属性"面板，将"色彩效果"选项组中的Alpha值设置为0。②在第16帧处插入帧，选择该帧中的元件。③在"属性"面板中设置实例名称为bt。

16 将元件拖至舞台

①添加标尺，新建"图层2"图层。②选择第1帧，将"源码之家"元件从"库"面板中拖至舞台中的合适位置。

17 设置"遮罩"元件属性

①新建"图层3"图层,将"遮罩"元件从"库"面板中拖至舞台,并调整大小。②用鼠标右键单击"图层3"名称,在弹出的快捷菜单中选择"遮罩层"命令。

18 设置图层属性

①用鼠标右键单击"图层1"名称,在弹出的快捷菜单中选择"属性"命令。②在弹出的"图层属性"对话框中设置参数。③单击"确定"按钮。

19 添加动作脚本

①新建"图层4"图层,选择第1帧。②打开"动作"面板,输入"stop()"动作脚本。③按照同样的方法,制作其他元件。

20 新建并编辑影片剪辑

①按【Ctrl+F8】组合键,在弹出的快捷菜单中选择新建一个名为"源码之家动画-1"的影片剪辑。②打开"库"面板,将"反应区"影片剪辑拖至舞台中。③设置Alpha值为0,并设置该元件实例名称为bt。

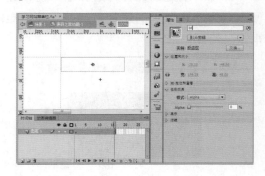

21 将元件拖至舞台

①添加标尺,新建"图层2"图层。②在第7帧处插入关键帧。③将"源码之家"元件从"库"面板中拖至舞台。

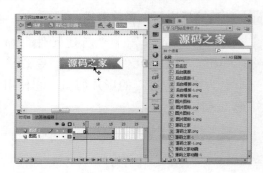

22 设置遮罩层

①新建"图层3"图层,将"遮罩"元件从"库"面板中拖至舞台,并调整大小。②用鼠标右键单击"图层3"名称,在弹出的快捷菜单中选择"遮罩层"命令。

23 添加动作脚本

①新建"图层4"图层，选择第1帧。②打开"动作"面板，输入动作脚本"**stop()**"。③按照同样的方法，制作出其他元件。

24 将影片剪辑分别拖至舞台

①选择"插入"｜"新建元件"命令，在弹出的对话框中新建一个名为move的影片剪辑。②打开"库"面板，将"源码之家动画-1"、"CSS模板动画-1"、"后台模板动画-1"、"图片图标动画-1"、"CSS代码动画-1"和"CSS菜单动画-1"影片剪辑分别新建图层，并拖至舞台中的合适位置。

25 输入脚本语言

①选中所有图层的第4帧并插入帧。②新建"图层7"图层，选择第1帧，打开"动作"面板，输入脚本语言。

26 输入脚本语言

①选择第4帧，插入关键帧。②打开"库"面板，输入脚本语言。

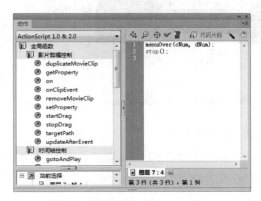

27 将影片剪辑分别拖至舞台

打开"库"面板，将"源码之家动画"、"CSS模板动画"、"后台模板动画"、"图片图标动画"、"CSS代码动画"和"CSS菜单动画"影片剪辑分别新建图层，并拖至合适位置。

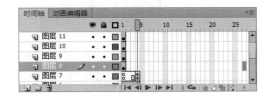

28 移动图层位置

①将所有帧延长到第4帧。②将"图层1~图层7"移至"图层8~图层13"之上。

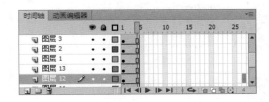

29 将影片剪辑拖至舞台

①返回场景，新建"菜单"图层。②打开"库"面板，将move影片剪辑拖至舞台中的合适位置。

30 输入文本

①新建"参考"图层。②使用文本工具输入文本。

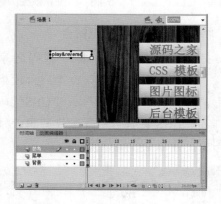

31 添加动作脚本

①按【F8】键，将文本转换为"参考"影片剪辑。②双击进入编辑状态，新建"图层2"图层。③选择第1帧，输入动作脚本。

```
1  this._visible = false;
2  MovieClip.prototype.overPlay = function (targetFrame)
3  {
4      if (targetFrame == null)
5      {
6          targetFrame = this._totalframes;
7      } // end if
8      this.onEnterFrame = function ()
9      {
10         if (targetFrame > this._currentframe)
11         {
12             this.nextFrame();
13         }
14         else
15         {
16             this.gotoAndStop(targetFrame);
17             this.onEnterFrame = null;
18         } // end if
19     };
20 };
21 MovieClip.prototype.reversePlay = function (targetFrame)
22 {
23     if (targetFrame == null)
24     {
25         targetFrame = 1;
26     } // end if
27     this.onEnterFrame = function ()
```

图层2 : 1
第15行（共40行），第7列

32 添加动作脚本

①返回场景，新建"图层4"图层。②选择第1帧，添加动作脚本。③在第2帧处插入关键帧，输入动作脚本"stop();"。④将所有图层帧延长到第2帧。

33 测试影片

①按【Ctrl+S】组合键，保存动画。②按【Ctrl+Enter】组合键，测试影片，预览动画效果。

13.3　制作网站导航动画

　　在网站构建过程中，导航起到了重要作用。一般网站导航中包括了网站中的所有内容，通过选择不同的导航标题，即可查看相关内容。下面将通过实例详细介绍制作网站导航动画的方法与技巧。

13.3.1　设计分析

　　下面将制作一个游戏网站导航动画。首先新建元件，导入相应的素材图像，并制作抖动效果动画，然后制作标题弹出动画，最后返回主场景，拖入相应的元件，通过脚本语言控制动画，从而完成动画的制作，最终效果如下图所示。

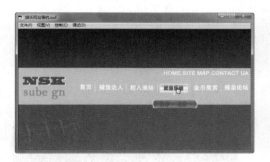

13.3.2　制作过程

◎ 光盘：素材文件\第13章\制作网站导航动画

　　下面开始制作游戏网站导航动画，具体操作方法如下。

01　新建文档

　　①启动Flash CS6软件。②选择"新建"选项组中的ActionScript 2.0选项，新建Flash文档。

02　设置舞台大小

　　打开"属性"面板，设置舞台大小为710×384。

03 保存文档

①选择"文件"｜"保存"命令。②弹出"另存为"对话框，修改名称为"娱乐网站导航.fla"。③单击"保存"按钮。

04 导入素材图片

①选择"文件"｜"导入"｜"导入到舞台"命令。②在弹出的对话框中将"导航栏.png"文件导入到场景中。

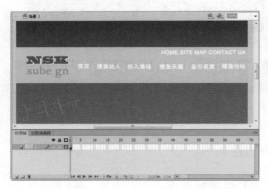

05 新建按钮元件

①选择"插入"｜"新建元件"命令。②弹出"创建新元件"对话框，修改名称为"公告"，将元件类型设置为"按钮"。③单击"确定"按钮。

06 输入并分离文本

①选择文本工具，设置属性，输入文字"公告"。②按【Ctrl+B】组合键，将其分离成图形。

07 添加关键帧

①在"指针经过"帧处添加关键帧，将"公告"修改为白色填充。②在"按下"帧处插入关键帧。

08 绘制矩形

①在"点击"帧处添加空白关键帧。②使用矩形工具绘制矩形。

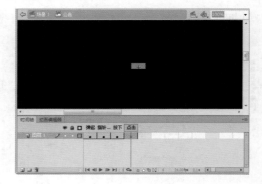

09 制作按钮

按照同样的方法制作"活动"、"下载"、"系统"、"配置"、"开始游戏"、"操作"和"场景"按钮。

10 导入素材图片

①新建"捕鱼达人move"影片剪辑。②打开01.png素材，调整其大小。

11 输入并分离文本

①新建"图层2"图层，输入文字。②按两次【Ctrl+B】组合键，将其分离成图形。

12 将影片剪辑拖至舞台

①新建"图层3"图层。②选择"文件"|"导入"|"打开外部库"命令，在弹出的对话框中打开"音符动画.fla"素材，将其拖至舞台中。

13 导入并调整素材图片

①新建"图层4"图层，在第3帧处插入关键帧。②导入素材图片"02.png"，调整其大小。

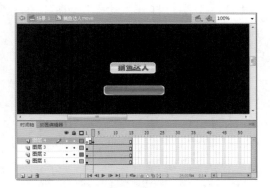

14 创建传统补间动画

①分别在第8帧和第10帧处插入关键帧，分别调整第3、8和10帧中的对象大小。②分别创建传统补间动画。

15 将按钮拖至舞台

①新建"图层5"图层，在第8帧处插入关键帧。②打开"库"面板，将"公告"按钮拖至舞台中的合适位置。

16 添加动作脚本

①选择舞台中的"公告"按钮实例。②按【F9】键，打开"动作"面板，输入动作脚本。

17 添加动作脚本

①新建"图层6"图层，并为"活动"按钮实例添加动作脚本。②新建"图层7"图层，在第15帧处添加关键帧，输入动作脚本"stop()"。

18 制作影片剪辑

按照同样的方法，制作"初入渔场move"和"捕鱼乐趣move"影片剪辑。

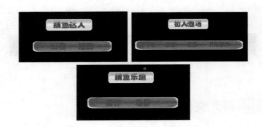

19 新建并导入影片剪辑

①新建"首页move"影片剪辑，将"01.png"文件从"库"面板中拖至舞台上。②打开"属性"面板，设置其宽度和高度值。

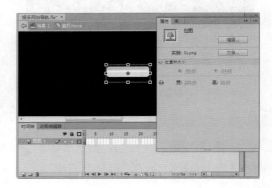

20 输入并分离文本

①新建"图层2"图层，使用文本工具输入文本。②按两次【Ctrl+B】组合键，将文字分离成图形。

21 **将影片剪辑拖至舞台**

①新建"图层3"图层。②将"音符动画"影片剪辑从"库"面板中拖至舞台上。

22 **制作影片剪辑**

按照同样的方法制作"金币奖赏move"和"捕鱼论坛move"影片剪辑。

23 **绘制矩形**

①新建"反应区"按钮，在"点击"帧处插入关键帧。②使用矩形工工具绘制矩形。

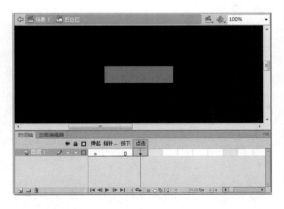

24 **将影片剪辑拖至舞台**

①返回场景，在"图层1"图层的第7帧处插入帧。②新建"图层2"图层，在第2帧处插入关键帧，将"首页move"影片剪辑拖至舞台中。

25 **将影片剪辑拖至舞台**

①在第3帧处插入空白关键帧。②将"捕鱼达人move"影片剪辑拖至舞台中的合适位置。

26 **将影片剪辑拖至舞台**

按照同样的方法，分别将"初入捕鱼move"、"捕鱼乐趣move"、"金币奖赏move"和"捕鱼论坛move"影片剪辑拖至舞台中。

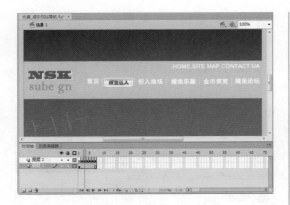

27 将"反应区"按钮拖至舞台

①新建"图层3"图层。②将"反应区"按钮从"库"面板中拖至舞台中的合适位置。

28 添加动作脚本

①选择"反应区"按钮实例。②按【F9】键，打开"动作"面板，输入动作脚本。

29 添加动作脚本

①按照同样的方法，制作"图层4"～"图层8"中的内容。②修改对应的动作脚本。

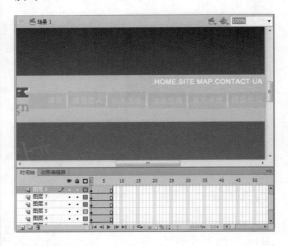

30 添加动作脚本

①新建"图层10"图层，在第2～7帧处分别添加关键帧。②分别添加动作脚本"stop();"。

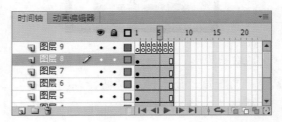

31 测试影片

①按【Ctrl+S】组合键，保存文档。②按【Ctrl+Enter】组合键，测试影片。

第 14 章

Flash动画制作综合实战

随着因特网技术的飞速发展，Flash动画在网络中的应用更加广泛，从简单的Flash动画广告到生动有趣的片头动画，再发展到长篇的Flash动画影片，为人们带来了全新的视听体验。本章将综合运用前面所学的知识，分别制作网站Flash广告和片头动画。

14.1 制作网站Flash广告

Flash动画广告具有生动、有趣及形象等特点，能给用户带来全新的视觉体验，具有很好的宣传效果，因此许多企业在不同的网站均发布了许多Flash广告，以便更好地推广自己企业的产品，树立自己企业的形象。

下面将综合运用前面所学的知识，制作一个网站Flash广告，具体操作方法如下。

◎ 光盘：素材文件\第14章\制作网站Flash广告

01 设置舞台

启动Flash CS6，新建一个名为"网站广告"的文件。打开"属性"面板，将舞台颜色设置为深灰色，将"大小"设置为700×400。

02 添加背景图片

①将"图层1"图层重命名为"背景"。②添加背景图片，并调整为合适大小。③将帧延长到200帧。

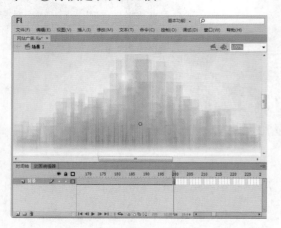

03 创建"星星闪"影片剪辑

新建"星星"图层，创建一个名为"星星闪"的"影片剪辑"元件。

04 绘制星星

新建"星星"图形元件，绘制星星。

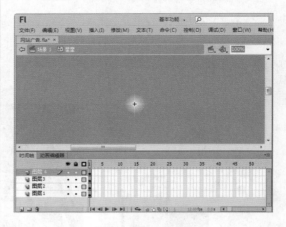

05 创建传统补间动画

返回影片剪辑中，为实例设置传统补间动画，由有到无再到有，设置其Alpha值为0。

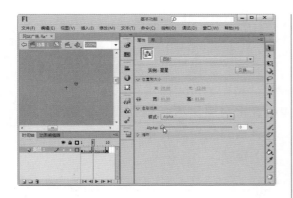

06 复制实例

返回场景，将"星星闪"影片剪辑拖至舞台中。按住【Ctrl】键复制多个实例。按【Ctrl+G】组合键，将其进行组合。

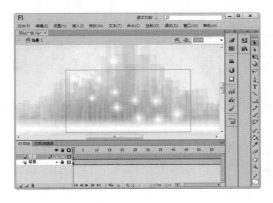

07 创建传统补间动画

①在第25帧处插入关键帧。②创建传统补间动画，使其由舞台右下角逐渐移到舞台左上角。③在第25帧处设置其效果Alpha的值为10。

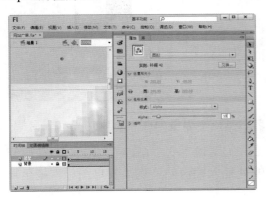

08 绘制光晕

新建"光晕"图层，创建"光晕"元件，绘制光晕。

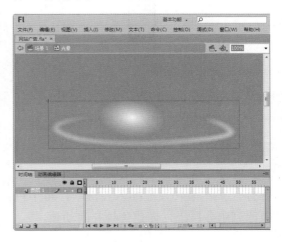

09 创建光晕动画

①在第10帧处插入关键帧。②将元件"光晕"拖至舞台合适位置。③在第30帧处插入关键帧，创建传统补间动画，并设置第10帧关键帧效果Alpha的值为0。

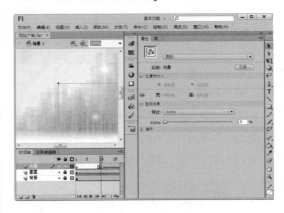

10 添加引导层

①新建"手机"图层，为其添加"引导层"。②在20帧处分别添加关键帧。③选中"手机"图层的第20帧，将元件"手机"拖至舞台。④选中"引导层"第20帧，使用椭圆工具绘制无填充椭圆。

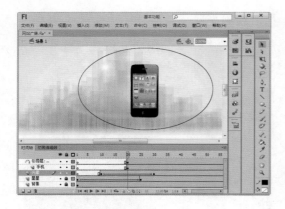

11 设置引导层动画

①使用橡皮擦工具擦除椭圆中的多余部分。②在第40帧处插入关键帧，将手机吸附到引导层上，创建传统补间动画。

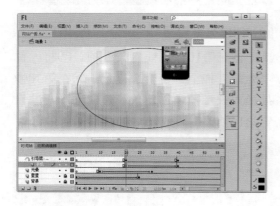

12 设置Alpha的值

①选择"手机"图层的第20帧，设置其效果Alpha的值为0。②设置第40帧实例"手机"的大小，移动播放头查看效果。

13 添加引导层

①新建mp4图层，为其添加引导层。②复制"手机"引导层的第20帧～第40帧，粘贴到mp4图层第40帧～第60帧。③在mp4图层第40帧处插入关键帧，把元件mp4拖至舞台中，并在第60帧处插入关键帧。

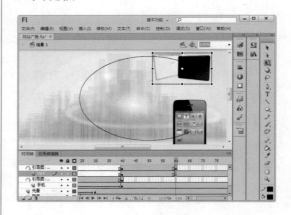

14 设置mp4引导层动画

①将"实例"吸附在"引导层"上，调整开始和结束位置。②创建传统补间动画。③将mp4图层和其"引导层"移到"手机"图层的下面。

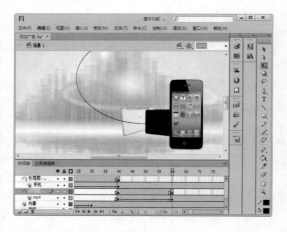

15 添加"安卓图标"实例

①新建"安卓图标"图层。②在第55帧处插入关键帧，将"安卓图标"拖至舞

台中的合适位置。

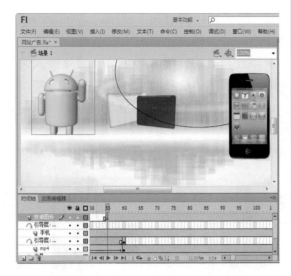

16 设置字体属性

①新建ANDROID影片剪辑。②选择文本工具，设置字体为Copperplate Gothic Bold，字号为72磅，填充色为绿色。

17 使用3D旋转工具

将ANDROID影片剪辑拖至舞台中的合适位置。使用3D旋转工具旋转Y轴至合适位置。按【Ctrl+G】组合键，将实例ANDROID和"安卓图标"进行组合。

18 创建传统补间动画

①在第70帧处插入关键帧，创建传统补间动画。②设置其由下到上的动画，选择第55帧，设置其效果Alpha的值为10。

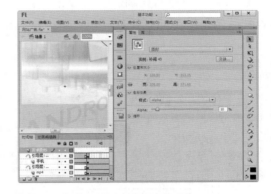

19 将"杂志盒"图片拖至舞台

①新建"杂志盒"图层。②在第70帧处插入关键帧，将素材"杂志盒"图片拖至舞台中。③在第80帧处插入关键帧。

20 创建实例"杂志盒"动画

①创建传统补间动画。②设置其由舞台外移动到舞台内的动画。③ 选择第70帧，设置其效果"Alpha"的值为0。

21 设置 "照片1" 图层动画

①新建"照片1"图层。②设置其从80帧到85帧传统补间动画。③选择第80帧，设置其效果"Alpha"的值为0。

22 设置 "照片2" 图层动画

①新建"照片2"图层。②设置其从85帧到90帧传统补间动画。③选择第85帧，设置其效果"Alpha"的值为0。

23 设置"背景光"图层动画

①新建"背景光"图层。②在第90帧处插入关键帧，将素材"背景光"图片拖至舞台合适的位置。③在第95帧处插入关键帧，创建传统补间动画，选择第90帧，设置其效果"Alpha"的值为0。

24 设置"01"图层动画

①新建"01"图层。②在第95帧处插入关键帧，将元件"01"拖至舞台中的实例"手机"里。③在第100帧处插入关键帧，将实例"01"移动到如下图所示的位置，创建传统补间动画。

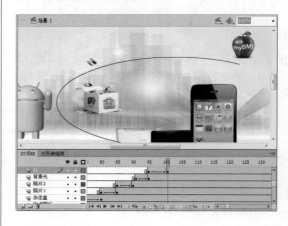

25 创建"01影片剪辑"

①在第101帧处插入空白关键帧。②创建"01影片剪辑"。

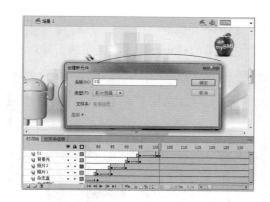

26 创建影片剪辑动画

①将元件"01"拖至影片剪辑中。②在第10帧处插入关键帧，创建传统补间动画。③在第5帧处插入关键帧，将实例"01"向下移动一点。

27 将影片剪辑"01"拖至舞台中

①选中"01"图层的第101帧，将影片剪辑"01"拖至舞台中，使其与第100帧中的实例"01"重合。

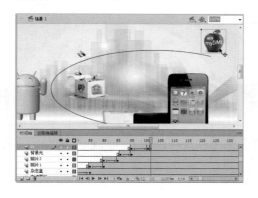

28 设置图层动画

按照上述操作方法，分别设置图层"02"、"03"、"04"、"05"、"06"和"07"的动画。

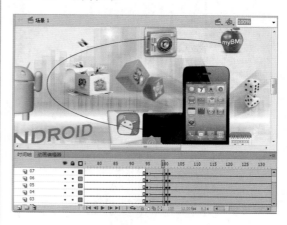

29 设置"08"图层动画

①新建"08"图层。②在第95帧处插入关键帧，将元件"08"拖至舞台中合适的位置。③在第100帧处插入关键帧，创建传统补间动画，将其图层移动到"光晕"图层下面。

30 为实例"手机"添加光效

①新建"光效"图层，在第70帧插入关键帧。②打开"库"面板，将"光效1"影片剪辑拖至舞台中的"手机"实例上。

31 移动播放头

将帧速设置为每秒12帧 12.00 fps ，移动
播放头，查看效果。

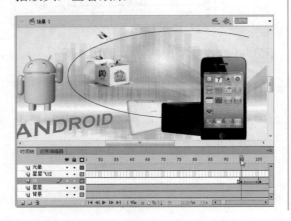

32 测试影片

按【Ctrl+Enter】组合键测试影片。

14.2 制作片头动画

片头动画上是在因特网上比较常见的一种Flash动画，大部分企业网站都会制作
一个片头动画，用来体现企业独特的形象。下面将以制作一个房地产片头动画为例
进行详细介绍。

◎ 光盘：素材文件\第14章\制作片头动画

14.2.1 制作动画片段

下面将制作一些简单动画片段，这些片段将在整个片头动画的制作过程中被当做素材
加入其中。

1. 制作logo动画

01 新建文档

①新建Flash文档，并将其保存为"show logo.fla"。②打开"属性"面板，设置文档属性。

02 导入logo图像

①按【Ctrl+R】组合键，弹出"导入"对话框，选择要导入的素材图像。②单击"打开"按钮。

03 转换为影片剪辑元件

选中图像，按【F8】键，将其转换为名为logo的影片剪辑元件。

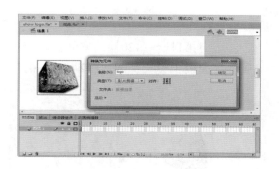

04 插入关键帧

①在"图层1"图层的第10、15、20帧处按【F6】键分别插入关键帧。②在各关键帧处分别调整logo图像的位置（4个关键帧的位置关系为下、上、下、上）。

05 创建传统补间动画

①选中第1帧～第20帧的中间帧并单击鼠标右键。②在弹出的快捷菜单中选择"创建传统补间"命令，即可创建出logo图案由下到上，然后由上到下，再由下到上的动画效果。

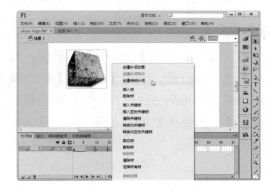

06 设置补间缓动

①选中第1帧~第20帧的中间帧。②在"属性"面板中设置补间"缓动"为50。

07 输入文本

①单击"新建图层"按钮,新建"图层2"图层。②在第15帧处按【F6】键,插入关键帧。③使用文字工具输入文字,并在"属性"面板中设置字符属性。

08 粘贴文本

①连续按两次【Ctrl+B】组合键,将文字分离为图形。②按【Ctrl+C】组合键复制图形。③在空白位置单击鼠标右键。④在弹出的快捷菜单中选择"粘贴到当前位置"命令。

09 微调图形

粘贴文字图形后,分别按【↓】和【→】键将图形向下、向右微微移动,这样会使文字看起来粗一些。

10 转换为影片剪辑元件

选中文字图形,按【F8】键,在弹出的对话框中将其转换为名为"logo文字"的"影片剪辑"元件。

11　设置实例属性

①在"图层2"图层的第30帧处按【F6】键，插入关键帧。②在第15帧的位置将文字稍微向下移动。③在"属性"面板中设置Alpha值为0%。

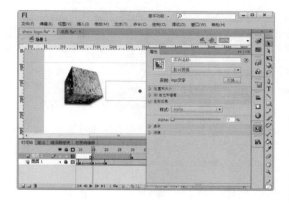

12　创建传统补间动画

①在"图层2"图层的第15帧～第30帧的任意一帧上单击鼠标右键。②在弹出的快捷菜单中选择"创建传统补间"命令，即可创建出文字由下到上淡出的效果。

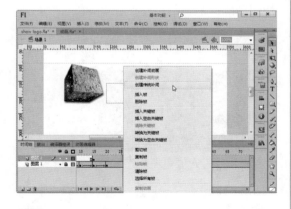

13　输入文字

①单击"新建图层"按钮，新建"图层3"。②在第25帧处按【F6】键，插入关键帧。③使用文字工具输入文字，并在"属性"面板中设置字符属性。

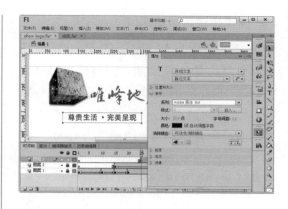

14　转换为影片剪辑元件

①连续按两次【Ctrl+B】组合键，将文字分离为图形。②按【F8】键，在弹出的对话框中将其转换名为"logo文字-2"的"影片剪辑"元件。

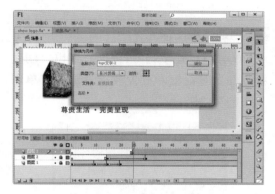

15　添加发光滤镜

①选择"logo文字-2"元件实例。②在"属性"面板中为其添加发光滤镜，并设置各项参数。

16 创建传统补间动画

①在"图层3"图层的第40帧处按【F6】键，插入关键帧。②调整第25帧文字图形的Alpha值为0%。③在第25帧～第40帧之间创建传统补间动画，并在"属性"面板中设置补间"缓动"为-100。

17 创建光线图形元件

①按【Ctrl+F8】组合键，弹出"创建新元件"对话框，设置各项参数。②单击"确定"按钮。

18 绘制矩形

①在工具箱中选择矩形工具，在"属性"面板中设置其属性。②在舞台上绘制一个矩形。

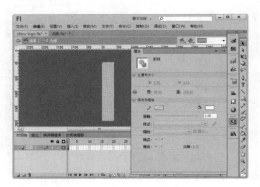

19 设置渐变填充

①选择矩形图形。②在"颜色"面板中设置其填充为白色的线性渐变，各色块的Alpha值分别为0%、75%和0%。

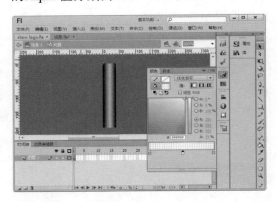

20 创建传统补间动画

①返回场景，并新建"图层4"图层。②在第45帧处按【F6】键，插入关键帧，并将前面创建的"光线"影片剪辑元件拖入舞台，调整实例的方向。③在第55帧处插入关键帧，并在第45帧～第55帧之间创建"光线"实例从左到右的传统补间动画。

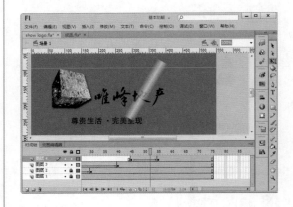

21 新建图层并粘贴文字图形

①新建"图层5"图层。②在第45帧处按【F6】键，插入关键帧。③将"图层2"图层中的"唯峰地产"文字图形复制到该帧，注意在粘贴图形时应选择"粘贴

到当前位置"命令。

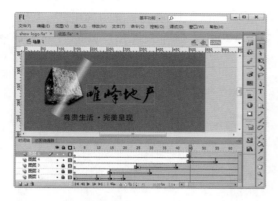

22　设置遮罩层

①用鼠标右键单击"图层5"图层。
②在弹出的快捷菜单中选择"遮罩层"
命令。

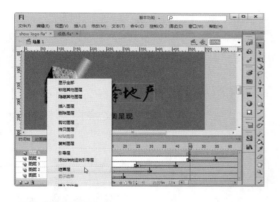

23　输入停止脚本

①新建"图层6"图层，并在第75帧处按
【F6】键，插入关键帧。②按【F9】键，打
开"动作"面板，输入停止脚本"stop();"。

24　测试动画

这时，logo显示动画已制作完毕。按
【Ctrl+Enter】组合键，测试动画。

2. 制作"文字1"动画

01　新建文档

①新建Flash文档，并将其保存为"文
字1.fla"。②打开"属性"面板，设置文
档属性。

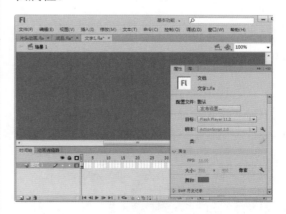

02　输入文字

①使用文本工具在舞台中输入所需
的文字。②在"属性"面板中设置字符
属性。

03 转换为元件

①连续按两次【Ctrl+B】组合键,将文字分离为图形。②按【F8】键,将文字图形转换为"影片剪辑"元件。

04 添加滤镜

①选中文字实例。②在"属性"面板中为其添加"发光"和"投影"滤镜。

05 创建传统补间动画

①在第120帧处按【F5】键,插入普

通帧。②在第20帧处插入关键帧,并将文字适当向左移动。③分别在第40、60、80、120帧处插入关键帧,并同时向左移动文字。④在各个关键帧间创建传统补间动画。

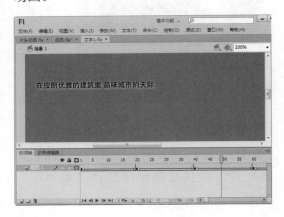

06 创建影片剪辑元件

①新建"图层2"图层,并在第10帧处插入关键帧。②输入所需的文字,并连续按【Ctrl+B】组合键,将文字分离为图形。③按【F8】键,将文字图形转换为"影片剪辑"元件。

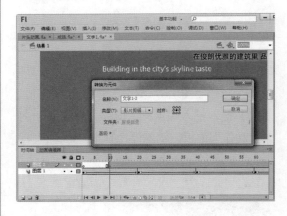

07 添加滤镜

①选中文字实例。②在"属性"面板中为其添加"发光"和"投影"滤镜。

08 创建传统补间动画

①在第20帧处插入关键帧。②在第10帧处将文字向左微移，并设置其Alpha值为0。③在两个关键帧之间创建传统补间动画，以制作从左向右淡出的效果。

09 创建传统补间动画

依次在第40、60、80、120帧处插入关键帧并同时向右移动文字，在各关键帧间创建传统补间动画。

10 复制帧

①选择动画的所有帧并单击鼠标右键。②在弹出的快捷菜单中选择"复制帧"命令。

11 粘贴帧

①按【Ctrl+F8】组合键，创建一个名为"文字1"的"影片剪辑"元件。②在其编辑状态下用鼠标右键单击第1帧。③在弹出的快捷菜单中选择"粘贴帧"命令。

12 添加停止脚本

新建图层，并在其120帧处插入关键帧。按【F9】键，打开"动作"面板，输入停止脚本"stop();"。

13 整理库

①按【Ctrl+L】组合键，打开"库"面板。单击"新建文件夹"按钮，将新建的文件夹重命名为"文字01"。②将"库"面板中的对象拖至该文件夹中。

3. 制作"文字2"动画

01 新建文档

①新建Flash文档，并将其保存为"文字2.fla"。②打开"属性"面板，设置文档属性。

02 输入文字

①使用文本工具在舞台中输入所需的文字。②在"属性"面板中设置字符属性。

03 转换为影片剪辑元件

①选中文字，连续按两次【Ctrl+B】组合键，将其分离为图形。②选中"自"字图形，按【F9】键，在弹出的对话框中将其转换为"影片剪辑"元件。

04 转换其他文字图形为元件

①将剩余的其他单个文字分别转换为影片剪辑元件，并从舞台上删除。②重命名图层为"自"。

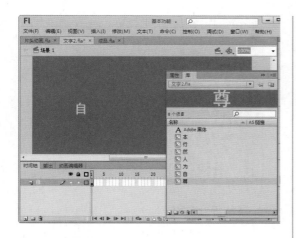

05 创建补间动画

①在第2帧处插入关键帧，同时将文字图形放大，并调整其Alpha值为0。②用相同的方法分别在第4、6、8、10、11帧处插入关键帧，同时将图像逐渐缩小，Alpha值逐渐变大。③在各关键帧之间创建传统补间动画。

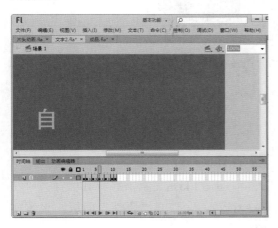

06 创建"然"的补间动画

①在第65帧处按【F5】键，插入普通帧，以延长动画。②新建图层，并将其重命名为"然"。③在第8帧处插入关键帧，并将"然"影片剪辑元件从"库"面板中拖至舞台中。④同样，创建"然"实例的传统补间动画。

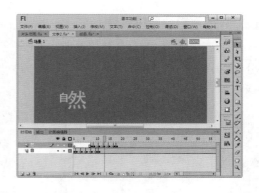

07 制作其他文字动画效果

①新建图层，并将其他文字元件拖入舞台中。②按照前面的方法制作文字由大变小、由透明变不透明的补间动画效果。

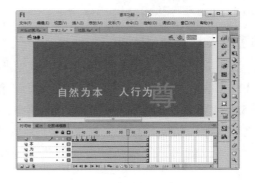

08 新建图层并粘贴文字图形

①将播放头移至第65帧，选择舞台上的所有文本，按【Ctrl+C】组合键复制文本。②新建图层，并将其重命名为"消失"。③在第66帧处插入关键帧。④在舞台的空闲位置单击鼠标右键，在弹出的快捷菜单中选择"粘贴到当前位置"命令。

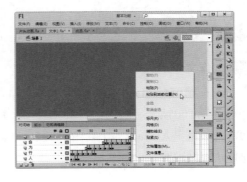

09 转换为影片剪辑元件

①连续按【Ctrl+B】组合键，将文字分类为图形。②按【F8】键，在弹出的对话框中将其转换为"影片剪辑"元件。

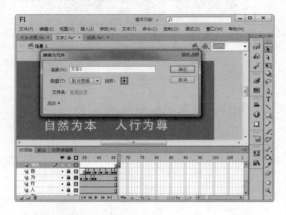

10 创建传统补间动画

①在"消失"图层的第100帧处按【F5】键，插入普通帧。②在第75帧和第85帧处插入关键帧。③选择第85帧中的文字实例，在"属性"面板中为其添加"发光"滤镜。④在两帧之间创建传统补间动画。

11 制作文字消失动画

①在第95帧和第100帧处插入关键帧。②选择第100帧文字实例，将其稍微向下移动，并设置其Alpha值为0。③在两帧之间创建传统补间动画，以制作文字消失效果。

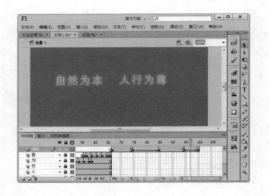

12 添加停止脚本

①新建图层并将其重命名为stop。②在第100帧处插入关键帧。③按【F9】键，打开"动作"面板，输入停止脚本代码"stop();"。

4．制作"文字3"动画

01 新建文档

①新建Flash文档，并将其保存为"文字3.fla"。②打开"属性"面板，设置文档属性。

02 输入文字

①使用文本工具在舞台中输入所需的文字。②在"属性"面板中设置字符属性。

03 转换为影片剪辑元件

①连续按两次【Ctrl+B】组合键，将文字分离为图形。②选择"听"文字图形，按【F8】键，在弹出的对话框中将其转换为"影片剪辑"元件。③同样将其他文字也都转换为影片剪辑元件，并从舞台上删除。

04 添加滤镜

①选择"听"实例。②在"属性"面板中为其添加"发光"和"投影"滤镜，并进行合适的参数设置。

05 另存为预设

①单击"滤镜"选项组下方的"预设"按钮 。②在打开的下拉菜单中选择"另存为"命令。

06 输入预设名称

①弹出"将预设另存为"对话框，输入名称。②单击"确定"按钮。

07 创建传统补间动画

①在第52帧处按【F5】键，插入普通帧。②在第6帧按【F6】键，插入关键帧。③选择第1帧，将实例稍微向上移动，并调整Alpha值为0。④在两个关键帧之间创建传统补间动画。

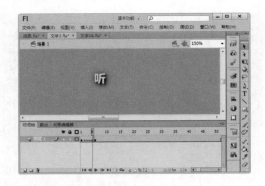

08 应用滤镜预设

①新建图层，在第3帧处按【F6】键，插入关键帧。②将"从"影片剪辑元件从"库"面板中拖至舞台中。③在"属性"面板中为"从"实例应用"文字3"滤镜预设。

09 制作其他文字的补间动画

①在"图层2"图层的第9帧处插入关键帧。②将第3帧实例向下移动，并设置Alpha值为0。③在两个关键帧之间创建传统补间动画。④用相同的方法设置其他文字的传统补间动画。

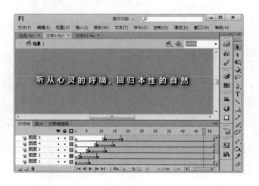

10 粘贴文字实例

①新建图层，并在第53帧处插入关键帧。②将播放头移至第52帧，选中并复制舞台上所有的文字实例。③将播放头移至第53帧，在舞台上单击鼠标右键，在弹出的快捷菜单中选择"粘贴到当前位置"命令，将文字实例粘贴到原位置。

11 创建传统补间动画

①在"图层16"图层的第110帧处按【F5】键，插入普通帧。②在第60帧处按【F6】键，插入关键帧。③将第60帧的文字实例向上移动。④在两个关键帧之间创建传统补间动画。

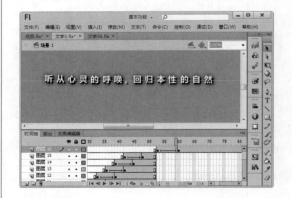

12 输入文字

①新建图层，在第60帧处插入关键帧。②使用文本工具在舞台中输入所需的文字。③在"属性"面板中设置字符属性。

13 转换为元件

①选择文字，并按两次【Ctrl+B】组合键，将文字分离为图形。②按【F8】键，在弹出的对话框中将文字图形转换为"影片剪辑"元件。

14 应用滤镜预设

①选择文字实例。②在"属性"面板中为其应用"文字3"滤镜预设。

15 创建传统补间动画

①在第70帧处按【F6】键，插入关键帧。②将第60帧处的文字实例向下移动，并设置Alpha值为0。③在两个关键帧之间创建传统补间动画。

16 制作其他文字的补间动画

新建图层，并输入所需的文字。按照上一步的方法创建文字自下到上的淡出动画效果。

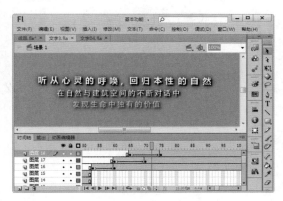

17 制作文字淡出效果

①在"图层16"图层的第99帧和第104帧处按【F6】键，插入关键帧。②将第140帧的文字实例向上移动，并设置Alpha值为0。③在两个关键帧之间创建传统补间动画，制作文字自下到上的淡出效果。

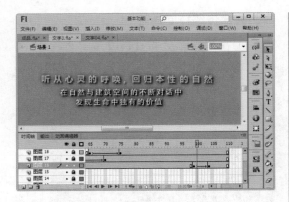

18 为其他文字制作淡出效果

同样为"图层17"和"图层18"图层中的文字实例创建淡出动画效果。

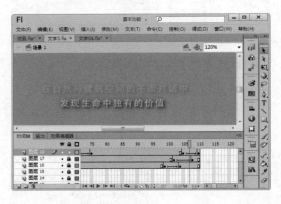

19 添加停止脚本

①新建图层，并在第110帧处按【F6】键，插入关键帧。②按【F9】键，打开"动作"面板，输入停止脚本代码"stop();"。

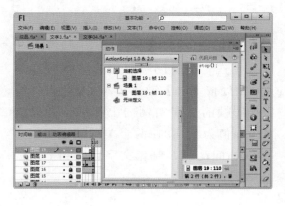

20 复制帧

①选择动画的所有帧并单击鼠标右键。②在弹出的快捷菜单中选择"复制帧"命令。

21 粘贴帧

①按【Ctrl+F8】组合键，新建"文字3"影片剪辑元件。②在其编辑状态下用鼠标右键单击第1帧，在弹出的快捷菜单中选择"粘贴帧"命令。

22 删除帧

粘贴帧后，发现"图层1"～"图层5"的第53帧～第100帧由空白帧转换成了普通帧。①选择这些普通帧并单击鼠标右键。②在弹出的快捷菜单中选择"删除帧"命令。

5．制作"文字4"动画

01 新建文档

①新建Flash文档，并将其保存为"文字4.fla"。②打开"属性"面板，设置文档属性。

02 绘制矩形

①使用矩形工具绘制矩形。②在"颜色"面板中设置线性渐变填充。③将"图层1"重命名为"矩形1"。

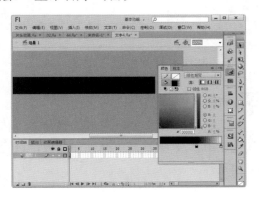

03 输入文字

①在"矩形1"图层的第140帧处按【F5】键，插入普通帧。②新建图层，并将其重命名为"文字1"。③使用文本工具输入所需的文字，连续按两次【Ctrl+B】组合键，将文字分离。

04 创建补间动画

①在"矩形1"图层的第40帧处按【F6】键，插入关键帧。②将第40帧上的矩形形状水平向右移动。③在两个关键帧之间创建补间形状。

05 设置遮罩层

①用鼠标右键单击"文字1"图层。②在弹出的快捷菜单中选择"遮罩层"命令。

06 创建遮罩动画

①新建"矩形2"和"文字2"图层。
②用同样的方法创建遮罩动画。

07 制作文字淡出动画

①在"矩形1"图层的第100帧和第110帧处插入关键帧。②将第110帧上的矩形形状向左水平移动。③在两个关键帧之间创建补间形状，以制作文字自右向左淡出动画。

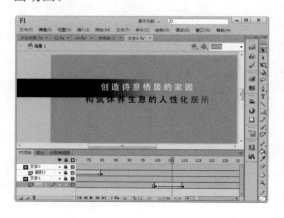

08 制作文字淡出动画

①在"矩形2"图层的第110帧和第120帧处插入关键帧。②将120帧上的矩形形状向左水平移动。③在两个关键帧之间创建补间形状。

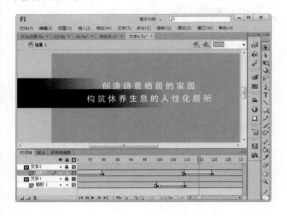

09 添加停止代码

①新建图层，并将其重命名为stop。②在第140帧按【F6】键，插入关键帧。③按【F9】键，打开"动作"面板，输入停止代码"stop();"。

6. 制作"林间别墅"动画

01 新建文档

①新建Flash文档，并将其保存为"林间别墅.fla"。②打开"属性"面板，设置文档属性。

02 导入素材图像

①按【Ctrl+R】组合键，弹出"导入"对话框，选择要导入的图片。②单击"打开"按钮。

03 转换为元件

①导入图片后，选择"修改"|"变形"|"水平翻转"命令，将图片进行翻转。②按【F8】键，在弹出的对话框中将其转换为"别墅03"的图形元件。

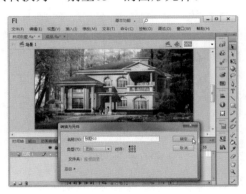

04 打开外部库

①选择"文件"|"导入"|"打开外部库"命令，弹出"作为库打开"对话框，选择素材"光照.fla"文件。②单击"打开"按钮。

05 拖入"光照"元件

①打开"外部库"面板，新建图层并将其重命名为"光照"。②将"库"面板中的"光照"影片剪辑元件拖入舞台中，并置于合适的位置。

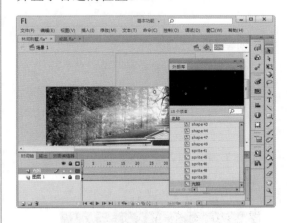

06 选择"水"区域

①双击"图层1"图层中的"别墅03"实例，进入元件编辑状态。②按【Ctrl+B】组合键，将图像分离。③使用套索工具选择有水的区域。

07 转换为影片剪辑元件

按【F8】键，在弹出的对话框中将所选对象转换为"影片剪辑"元件。

08 创建影片剪辑元件

①按【Ctrl+F8】组合键，在弹出的对话框中创建一个名为"水波"的"影片剪辑"元件。②在其编辑状态下将库中的"水"元件拖至舞台上。③在第500帧处按【F5】键，插入普通帧。

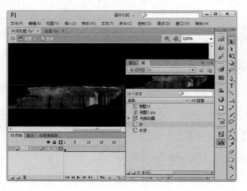

09 添加模糊滤镜

①选择"水"实例。②在"属性"面板中为其添加"模糊"滤镜。

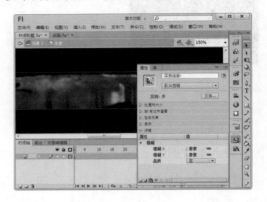

10 绘制矩形条

①新建"图层2"图层。②使用矩形工具绘制多个条状矩形块。③按【F8】键，将绘制的图形转换为图形元件。

11 创建传统补间动画

①在第500帧处按【F6】键，插入关键帧。②将矩形实例向下移动。③在两个关键帧之间创建传统补间动画。

12 创建遮罩层

①用鼠标右键单击"图层2"图层。②在弹出的快捷菜单中选择"遮罩层"命令。

13 创建"水波"图层

①返回场景中,并新建"水波"图层。②将"库"面板中的"水波"元件拖至舞台的合适位置。

14 测试动画

按【Ctrl+Enter】组合键,测试动画效果,即可看到光照和水波动画效果。

7. 制作"玫瑰花池"动画

01 新建文档

①新建Flash文档,并将其保存为"玫瑰花池.fla"。②打开"属性"面板,设置文档属性。

02 导入图片素材

①按【Ctrl+R】组合键,弹出"导入"对话框,选择要导入的图片。②单击"打开"按钮。

03 转换为元件

①将"图层1"图层重命名为"花池"。②在第110帧处按【F5】键,插入普通帧。③按【F8】键,在弹出的对话框中将图像转换为"影片剪辑"元件。

04 导入花瓣素材

①新建图层，并将其命名为"花瓣"。②按【Ctrl+R】组合键，在弹出的对话框中导入"花瓣"素材图像。③按【F8】键，在弹出的对话框中将其转换为"影片剪辑"元件。

05 创建引导层

①新建图层，并将其重命名为"路径"。②使用铅笔工具绘制路径。③用鼠标右键单击该图层，在弹出的快捷菜单中选择"引导层"命令。

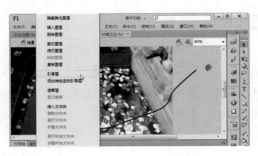

06 制作引导动画

①将"花瓣"图层拖入引导层中。②在第85帧处按【F6】键，插入关键帧。③将第1帧的实例拖至线条的起点，将第85帧的实例拖至线条的终点。④在两个关键帧之间创建传统补间动画，继续插入其他关键帧，以调整花瓣的方向。

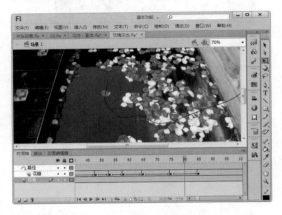

07 新建"水波"图层

在"花池"图层上新建"水波"图层。在第85帧处按【F6】键，插入关键帧。

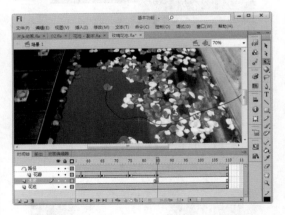

08 打开外部库

①选择"文件"|"导入"|"打开外部库"命令，弹出"作为库打开"对话框，选择"水波.fla"文件。②单击"打开"按钮。

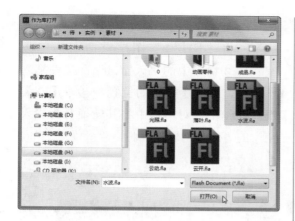

09 导入"水波动画"元件

打开"外部库"面板,将"水波动画"元件拖至舞台的合适位置。

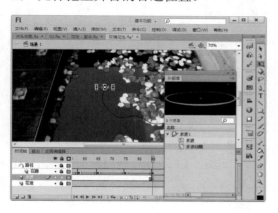

10 添加停止代码

①新建图层,并在第110帧处按【F6】键,插入关键帧。②按【F9】键,打开"动作"面板,输入停止代码"stop();"。

14.2.2 制作房地产片头动画

下面将介绍整个房地产片头动画的制作过程,具体操作方法如下。

01 新建文档

①新建Flash文档,并将其保存为"片头动画.fla"。②打开"属性"面板,设置文档属性。

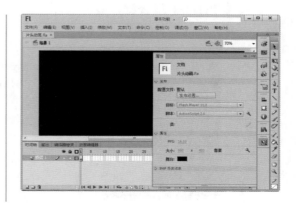

02 创建辅助线

①按【Ctrl+Alt+Shift+R】组合键，显示标尺。②拖动标尺，以舞台大小为基准创建4条辅助线。

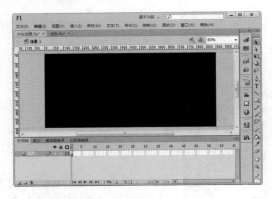

03 导入素材图片

①选择"文件"|"导入"|"导入到库"命令，弹出"导入到库"对话框，选择要导入的素材图片。②单击"打开"按钮。

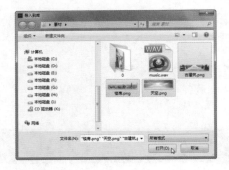

04 打开"库"面板

按【Ctrl+L】组合键，打开"库"面板，查看导入的素材图片。

05 转换为元件

①将"图层1"图层重命名为"天空"。②将库中的"天空.png"文件拖入舞台中，并置于合适的位置。③按【F8】键，在弹出的对话框中将其转换名为"天空"的"影片剪辑"元件。

06 制作"古建筑"元件

①新建图层，并将其重命名为"古建筑"。②将"库"面板中的"古建筑.png"文件拖入舞台中，并置于合适的位置。③按【F8】键，在弹出的对话框中将其转换名为"古建筑"的"影片剪辑"元件。

07 插入关键帧

选中两个图层的第25帧，按【F6】键，插入关键帧。

08 调整第1帧的图像

①选择"天空"图层的第1帧，将其中的图像稍微调小，并稍微向上移动。②在"属性"面板中设置Alpha为0。③用相同的方法改变"古建筑"图层第1帧的图像（图像稍微变大并向下微移，Alpha为0）。

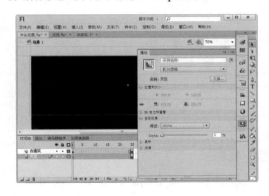

09 创建传统补间

①选中两个图层的中间帧并单击鼠标右键。②在弹出的快捷菜单中选择"创建传统补间"命令，这样就能创建出由无到有、天空由小变大，古建筑是由大变小的动画效果。

10 新建"楼房1"图层

①在"天空"图层上面新建图层，并将其重命名为"楼房1"。②选择第20帧，按【F6】键，插入关键帧。

11 转换为元件

①将"库"面板中的"楼房.png"文件拖入舞台中，并置于合适的位置。②按【F8】键，在弹出的对话框中将其转换名为"楼房1"的"影片剪辑"元件。

12 延长帧并插入关键帧

①在3个图层的第115帧处按【F5】键，插入普通帧。②在"楼房1"图层的第30帧处按【F6】键，插入关键帧。③在"属性"面板中调整Alpha值为40%。

13 调整"楼房1"实例属性

①选择"楼房1"图层的第20帧。②向下移动楼房图像。③在"属性"面板中调整Alpha值为0%。

14 创建传统补间

①在"楼房1"图层的第20帧～第30帧之间单击鼠标右键。②在弹出的快捷菜单中选择"创建传统补间"命令，这时拖动播放头就会看到随着天空和古建筑的出现，楼房从下向上逐渐淡出的动画。

15 创建"显现logo"影片剪辑元件

①按【Ctrl+F8】组合键，在弹出的对话框中创建一个名为"显现logo"的"影片剪辑"元件。②单击"确定"按钮，即可进入元件编辑状态。

16 打开素材文件

①按【Ctrl+O】组合键，弹出"打开"对话框，选择前面制作的"show logo.fla"文件。②单击"打开"按钮。

17 复制帧

①选择动画中所有的帧并单击鼠标右键。②在弹出的快捷菜单中选择"复制帧"命令。

18 粘贴帧

①在"显现logo"影片剪辑编辑状态

下用鼠标右键单击"时间轴"面板的第1帧。②在弹出的快捷菜单中选择"粘贴帧"命令。

19　查看"显现logo"影片剪辑

这时，即可将"show logo.fla"文件中的动画粘贴到"显现logo"影片剪辑中。

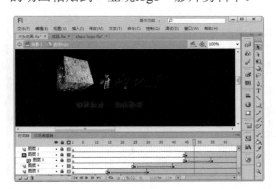

20　创建"显现logo"实例

①返回场景中，并新建logo图层。②在第35帧处插入关键帧。③将"库"面板中的"显现logo"影片剪辑元件拖入舞台中，创建其实例。

21　创建传统补间动画

①在logo图层的第45帧处插入关键帧。②将第35帧的图像稍微上移，并调整其Alpha值为0。③在两帧之间创建传统补间动画。

22　创建logo消失动画

①将动画长度延长到第140帧。②在logo图层的第115帧和第125帧处插入关键帧，并将第125帧实例的Alpha值设置为0。③在两帧之间创建传统补间动画，以制作logo消失动画。

23　创建图像消失动画

用相同的方法在"天空"、"楼房1"和"古建筑"图层的第135帧和140帧处插入关键帧，并创建图像消失的传统补间动画。

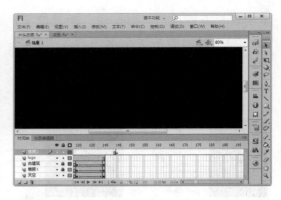

24 整理库

①按【Ctrl+L】组合键，打开"库"面板，单击"新建文件夹"按钮，并将新建立的文件夹重命名为"开始"。②将"库"面板中的对象拖至"开始"文件夹中。在后面的操作中制作出一些动画后，应及时整理"库"面板。

25 创建"楼房2"图层

①新建图层，并将其重命名为"楼房2"。②在第145帧处按【F6】键，插入关键帧。③在第265帧处按【F5】键，插入普通帧，延长动画。

26 导入素材图像

①按【Ctrl+R】组合键，弹出"导入"对话框，选择要导入的素材图片。②单击"打开"按钮。

27 转换为影片剪辑元件

选中图片，按【F8】键，在弹出的对话框中将其转换为"影片剪辑"元件。

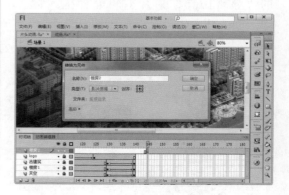

28 调整图像色调

①在第160帧处按【F6】键，插入关键帧。②在"属性"面板中调整图像的色调。

29 创建传统补间动画

①在第145帧将图像稍微放大，并向上和向左微移，设置Alpha值为0。②在第145帧~第160帧之间创建传统补间动画。

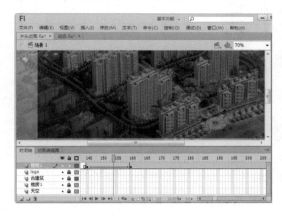

30 创建传统补间动画

①在第215帧处插入关键帧，并适当缩小图像，向下向右移动图像。②在第255帧处插入关键帧，并适当放大图像，向下向右移动图像。③在各关键帧之间创建传统补间动画。

31 新建"云开"图层

①新建图层，并将其重命名为"云开"。②在第145帧处按【F6】键，插入关键帧。

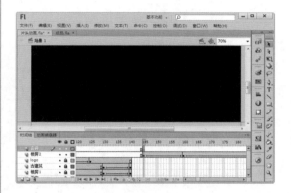

32 打开外部库

①选择"文件"|"导入"|"打开外部库"命令，弹出"作为库打开"对话框，选择要打开的文件。②单击"打开"按钮。

33 拖入"云开动画"

打开"外部库"面板，将"外部库"面板中的"云开动画"影片剪辑元件拖入舞台中，并置于合适的位置。

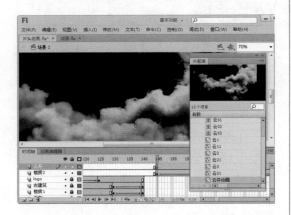

34 创建传统补间动画

①在第160帧处按【F6】键，插入关键帧。②在第145帧设置"云开动画"实例的Alpha值为0。③在两帧之间创建"云开动画"实例淡入传统补间动画。

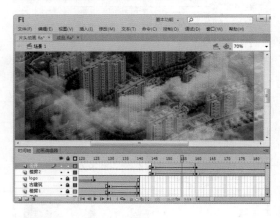

35 新建"文字1"图层

①新建图层，并将其重命名为"文字1"。②在第180帧处按【F6】键，插入关键帧。

36 打开外部库

①选择"文件"|"导入"|"打开外部库"命令，弹出"作为库打开"对话框，选择前面制作的"文字1.fla"文件。②单击"打开"按钮。

37 拖入"云开动画"元件

打开"外部库"面板，将其中的"文字1"影片剪辑元件拖入舞台中，并置于合适的位置。

38　创建传统补间动画

　　①在第185帧处按【F6】键，插入关键帧帧。②在第180帧处设置"文字1"实例的Alpha值为0，并将其向右微移。③在两帧之间创建"文字1"实例自右向左淡入的传统补间动画。

39　新建"山"图层

　　①新建图层，并将其重命名为"山"。②在第240帧处按【F6】键，插入关键帧。

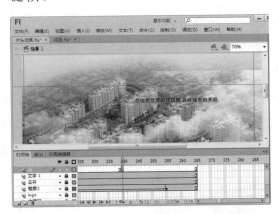

40　导入素材图像

　　①按【Ctrl+R】组合键，弹出"导入"对话框，选择要打开的图像。②单击"打开"按钮。

41　转换为影片剪辑元件

　　①选中图像。②按【F8】键，在弹出的对话框中将其转换为"影片剪辑"元件。

42　创建传统补间动画

　　①在第260帧处按【F6】键，插入关键帧。②将第245帧的图像稍微向上、向左移动，并稍微缩小图像，设置其Alpha值为0。③在两个关键帧之间创建传统补间动画。

43 创建传统补间动画

①依次在第340帧和第390帧处插入关键帧，并同时将图像稍微放大、向左移动。②在各关键帧之间创建传统补间动画。

44 新建"云动"图层

①新建图层，并将其重命名为"云动"。②在第260帧处按【F6】键，插入关键帧。

45 打开外部库

①选择"文件"|"导入"|"打开外部库"命令，弹出"作为库打开"对话框，选择素材"云动.fla"文件。②单击"打开"按钮。

46 拖入"云动动画"元件

打开"外部库"面板，将其中的"云动动画"影片剪辑元件拖入舞台中，并置于合适的位置。

47 复制帧

①打开前面制作好的"文字2.fla"文件，选择动画的所有帧并单击鼠标右键。②在弹出的快捷菜单中选择"复制帧"命令。

48 粘贴帧

①在主动画窗口中按【Ctrl+F8】组合键，在弹出的对话框中创建一个名为"文字-2"的"影片剪辑"元件。②进入元件编辑状态，用鼠标右键单击第1帧。③选择"粘贴帧"命令。

49 删除多余的帧

粘贴帧后，发现原"文字2"动画所有文字图层的第66帧~第100帧均为空白帧，粘贴帧后自动转换为了普通帧。①选择所有的普通帧并单击鼠标右键。②在弹出的快捷菜单中选择"删除帧"命令。

50 拖入"文字-2"元件

①新建图层，并将其重命名为"文字2"。②在第260帧处插入关键帧。③将"文字-2"元件从"库"面板中拖至舞台的合适位置。

51 新建"别墅1"图层

①新建图层，并将其重命名为"别墅1"。②在第375帧处按【F6】键，插入关键帧。③在第525帧处按【F5】键，插入普通帧。

52 转换为影片剪辑元件

①按【Ctrl+R】组合键，导入素材图像。②按【F8】键，在弹出的对话框中将其转换为"影片剪辑"元件。

53 创建实例淡入补间动画

①在第395帧处按【F6】键，插入关键帧。②在第375帧将实例微微左移，设置其Alpha值为0。③在两个关键帧之间创建传统补间动画，制作出实例自左到右的淡入效果。

54 创建传统补间动画

①分别在第415帧、第475帧和第495帧处插入关键帧，同时调整各关键帧上"别墅1"实例的位置及大小。②在各关键帧之间创建传统补间动画。

55 输入文字

①新建图层，并将其重命名为"别墅1-文本"。②在第400帧处按【F6】键，插入关键帧。③使用文本工具输入文字，并在"属性"面板中设置字符属性，添加"发光"滤镜。

56 转换为影片剪辑元件

①选中文字后按【F8】键，在弹出的对话框中将其转换名为"别墅1-文字"的"影片剪辑"元件。②双击舞台上的文字，进入元件编辑状态。

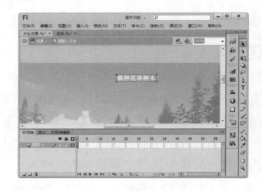

57 创建传统补间动画

①在第60帧处按【F5】键，插入普通帧。②在第30帧处按【F6】键，插入关键帧，将文字向右移动。③在两个关键帧之间创建传统补间动画。

58 转换为影片剪辑元件

①新建图层，在第5帧处按【F6】键，插入关键帧。②输入所需的文本，按【F8】键，在弹出的对话框中将其转换为"影片剪辑"元件。

59 创建传统补间动画

①在第15帧和第35帧处依次插入关键帧，同时向左移动实例。②在第5帧设置实例的Alpha值为0。③在各关键帧之间创建传统补间动画。

60 创建其他文本的补间动画。

①新建"图层3"和"图层4"图层，并输入所需的文本。②用相同的方法为文本创建传统补间动画。

61 添加停止脚本

①新建图层。并在第60帧处插入关键帧。②按【F9】键，打开"动作"面板，输入停止脚本代码"stop();"。

62 制作文字淡入动画

①单击"场景1"超链接，返回场景。在"别墅1-文字"图层的第410帧处按【F6】键，插入关键帧。②将第400帧的实例微微左移，并设置Alpha值为0。③在两个关键帧之间创建传统补间动画。

63 制作文字淡出动画

①在第495帧和第505帧处按【F6】键，插入关键帧。②将第505帧的实例微微下移，并设置Alpha值为0。③在两个关键帧之间创建传统补间动画。

64 创建传统补间动画

①在"别墅1"图层的第510帧和第525帧处按【F6】键，插入关键帧。②在"属性"面板中将第525帧实例的"亮度"设置为-100%。③在两个关键帧之间创建传统补间动画。

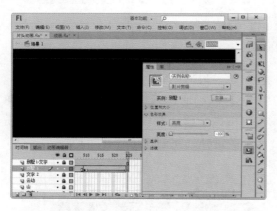

65 转换为元件

①新建"别墅2"图层，并在第530帧处按【F6】键，插入关键帧。②按【Ctrl+R】组合键，导入素材图像。③按【F8】键，在弹出的对话框中将其转换为"影片剪辑"元件。④在第770帧处按【F5】键，插入普通帧。

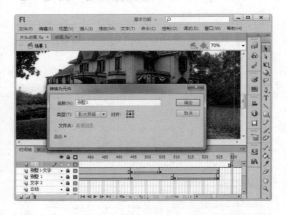

66 绘制圆形

①新建图层，并将其重命名为"遮罩"。②在第530帧处按【F6】键，插入关键帧。③使用椭圆工具绘制圆形。

67 创建形状补间动画

①在第545帧、第565帧、第580帧、第590帧、第605帧、第615帧和第625帧处插入关键帧，同时调整形状的位置和大小。②在各关键帧间创建形状补间动画（选中第545帧和第625帧的中间所有帧并单击鼠标右键，在弹出的快捷菜单中选择"创建形状补间"命令即可）。

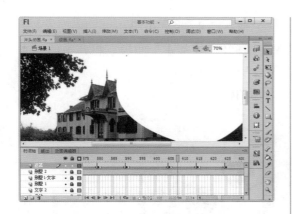

68 创建遮罩层

①用鼠标右键单击"遮罩"图层。②在弹出的快捷菜单中选择"遮罩层"命令。

69 创建传统补间动画

①在"别墅2"图层的第620帧、第720帧和第750帧处插入关键帧，同时将实例向上移动、放大实例。②在各关键帧之间创建传统补间动画。

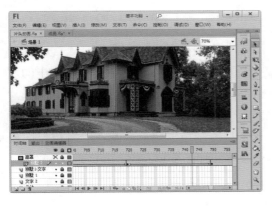

70 新建"落叶"图层

①新建图层，并将其重命名为"落叶"。②在第620帧处按【F6】键，插入关键帧。

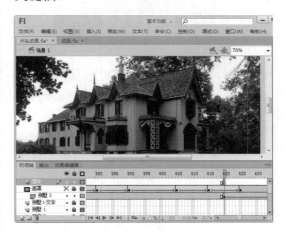

71 打开外部库

①选择"文件"|"导入"|"打开外部库"命令，弹出"作为库打开"对话框，选择素材文件"落叶.fla"。②单击"打开"按钮。

72 拖入"落叶动画"元件

打开"外部库"面板，将其中的"云动动画"影片剪辑元件拖入舞台中，并置于合适的位置。

73 新建文字图层

①新建图层，并将其重命名为"文字3"。②在第630帧处按【F6】键，插入关键帧。

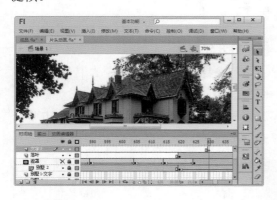

74 打开外部库

①选择"文件"|"导入"|"打开外部库"命令，弹出"作为库打开"对话框，选择前面制作好的"文字3.fla"文件。②单击"打开"按钮。

75 拖入"文字3"元件

打开"外部库"面板，将其中的"文字3"影片剪辑元件拖入舞台中，并置于合适的位置。

76 制作"别墅2"实例消失动画

①在第770帧处按【F6】键，插入关键帧。②设置该帧上的实例Alpha值为0。③在第750帧～第770帧之间直接创建传统补间动画。

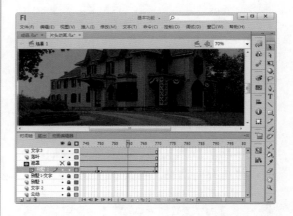

77 创建"切换01"元件

①按【Ctrl+F8】组合键，在弹出的对话框中新建一个名为"切换01"的"影片剪辑"元件。②在其编辑状态下，使用矩形工具绘制矩形图形。③在"颜色"面板中设置线性渐变填充。

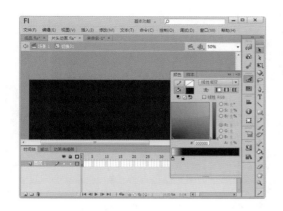

78　转化为影片剪辑元件

①选中绘制的矩形。②按【F8】键，在弹出的对话框中将其转化为"影片剪辑"元件。

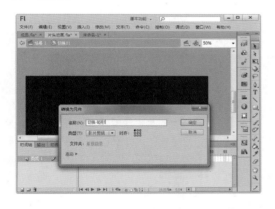

79　将"切换01"元件拖至舞台中

①在"文字3"图层的第745帧处按【F7】键，插入空白关键帧。②将"切换01"影片剪辑元件拖至舞台的合适位置。

80　复制并翻转实例

①双击"切换01"实例，进入其编辑状态。②新建"图层2"图层，并将"图层1"图层中的实例复制到"图层2"图层中。③将"图层2"图层中的实例进行垂直翻转，并置于合适的位置。

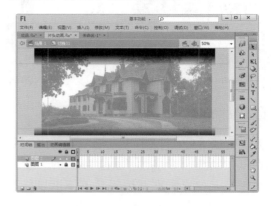

81　创建传统补间动画

①在两个图层的第25帧处按【F6】键，插入关键帧。②在"图层1"图层中创建实例从下到上的传统补间动画。③在"图层2"图层中创建实例从上到下的传统补间动画。

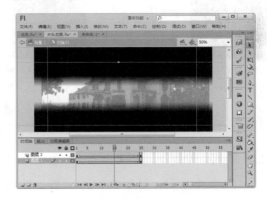

82　复制帧

①打开前面制作好的"林间别墅.fla"文件，选择动画的所有帧并单击鼠标右键。②在弹出的快捷菜单中选择"复制帧"命令。

83 粘贴帧

①按【Ctrl+F8】组合键，在弹出的对话框中新建一个名为"别墅-3"的"影片剪辑"元件。②在其编辑状态下用鼠标右键单击第1帧。③在弹出的快捷菜单中选择"粘贴帧"命令。

84 新建"别墅3"图层

①新建图层，并将其重命名为"别墅3"。②在第775帧处按【F6】键，插入关键帧，在第985帧处按【F5】键，插入普通帧。③将"别墅-3"影片剪辑元件拖入舞台，并置于合适的位置。

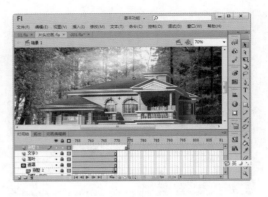

85 制作"别墅3"淡出效果

①在第790帧处按【F6】键，插入关键帧。②将第775帧的实例Alpha值设置为0。③在两个关键帧之间创建传统补间动画，以制作图像的淡出效果。

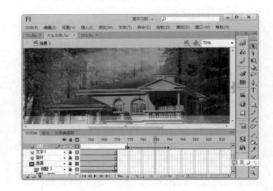

86 创建传统补间动画

①在第800帧、第830帧、第870帧和第940帧处分别插入关键帧，同时调整实例的大小和位置。②在各关键帧之间创建传统补间动画。

87 新建"别墅3-文字"图层

①新建图层，并将其重命名为"别墅3-文字"。②在第800帧处按【F6】键，插入关键帧。

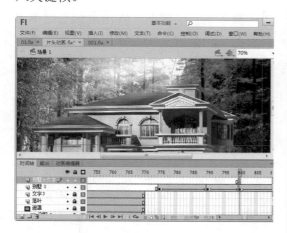

88 输入文本

①使用文本工具输入所需的文字。②按【F8】键，在弹出的对话框中将其转化名为"别墅3-文字"的"影片剪辑"元件。

89 转换为"影片剪辑"元件

①连续按两次【Ctrl+B】组合键，将文字分离为图形。②选择"房"字，按【F8】键，在弹出的对话框中将其转换名为"房"的"影片剪辑"元件。

90 添加发光滤镜

①将其他文字分别转换为"影片剪辑"元件，并从舞台上删除。②将"图层1"图层重命名为"房"。③选择"房"实例，在"属性"面板中为其添加"发光"滤镜，并将滤镜保存为"别墅3-文字"预设。④在第45帧处按【F5】键，插入普通帧。

91 创建传统补间动画

①在第6帧处按【F6】键，插入关键帧。②将第1帧的实例向右移动，并设置其Alpha值为0。③在两个关键帧之间创建传统补间动画，以制作从右到左的淡入效果。

92 制作"在"字动画

①新建图层，并将其重命名为"在"。②在第3帧处按【F6】键，插入关键帧，并将"在"影片剪辑元件拖至舞台，并为该实例添加前面保存的"别墅3-文字"滤镜预设。③同样，制作"在"字的淡入动画。

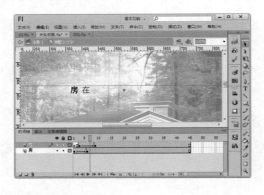

93 制作其他文字动画

用同样的方法，制作其他文字的淡入动画效果。

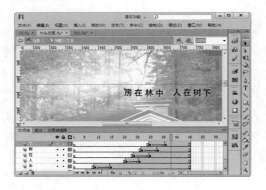

94 粘贴实例

①将播放头置于第45帧，全选舞台上的文字实例并按【Ctrl+C】组合键复制实例。②在"下"图层的第46帧处按【F7】键，插入空白关键帧。③用鼠标右键单击舞台的空白位置。④在弹出的快捷菜单中选择"粘贴到当前位置"命令。

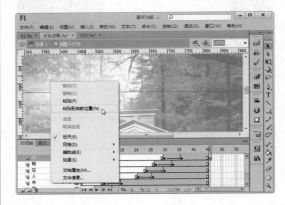

95 转换为"影片剪辑"元件

①选择第46帧的文字实例。②按【F8】键，在弹出的对话框中将其转化为"影片剪辑"元件。

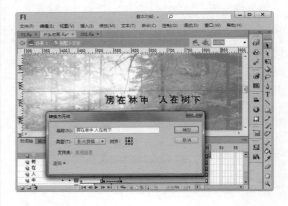

96 制作文字消失动画

①在第55帧处按【F6】键，插入关键帧。②将该帧的实例放大，并设置Alpha值为0。③在两个关键帧之间创建传统补间动画，以制作文字消失动画。

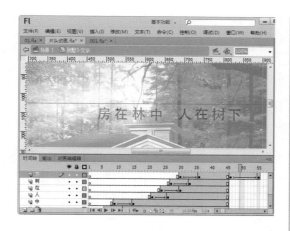

97 输入文字

①新建图层，并将其重命名为"和谐生活"。②在第70帧处按【F6】键，插入关键帧。③使用文本工具输入所需的文字。④按【Ctrl+B】组合键，将文字分离，按【F8】键，在弹出的对话框中将其转换为"影片剪辑"元件。

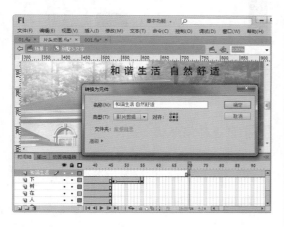

98 制作文字淡入动画

①选择文字实例，在"属性"面板中为其添加"别墅3-文字"预设滤镜。②在第80帧处按【F6】键，插入关键帧，并将该帧的实例放大。③在两个关键帧之间创建传统补间动画，以制作文字淡入效果。

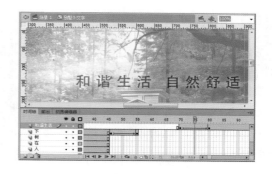

99 创建传统补间动画

①在第130帧处按【F6】键，插入关键帧，调整该帧实例的位置。②在第140帧处插入关键帧，将实例放大，并设置Alpha值为0。③在各关键帧之间创建传统补间动画。

100 添加停止脚本

①新建图层，并将其重命名为stop。②在第140帧处按【F6】键，插入关键帧。③按【F9】键，打开"动作"面板，输入代码"stop();"。

101 制作实例消失动画

①返回场景，在"别墅3"图层的第970帧和第985帧处按【F6】键，插入关键帧。②将第985帧上实例的"亮度"调整为-100%。③在两个关键帧之间创建传统补间动画，以制作"别墅-3"实例消失动画。

102 新建"别墅 4"图层

①新建图层，并将其重命名为"别墅4"。②在第990帧处按【F6】键，插入关键帧。③在第1275帧处按【F5】键，插入普通帧。

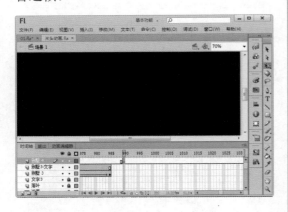

103 转换为"影片剪辑"元件

①按【Ctrl+R】组合键，将素材导入到舞台中。②按【F8】键，在弹出的对话框中将其转换为"影片剪辑"元件。

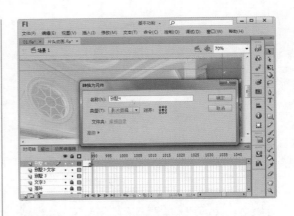

104 新建"别墅4-遮罩"图层

①新建图层，并将其重命名为"别墅4-遮罩"。②在第990帧处按【F6】键，插入关键帧。③使用矩形工具绘制矩形。

105 创建补间形状

①在第1000帧处按【F6】键，插入关键帧。②将第990帧的形状缩小。③在两个关键帧之间创建补间形状。

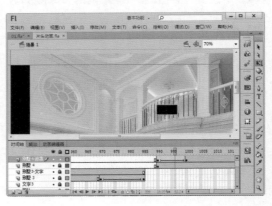

106 创建补间形状

①在第1005帧和第1020帧处按【F6】键插入关键帧，同时调整调整形状的大小。②在关键帧之间创建补间形状。

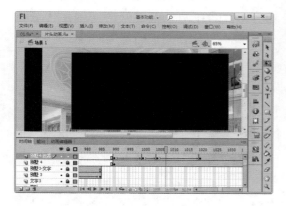

107 新建"边框"图层

①新建图层，并将其重命名为"边框"。②在第1020帧处按【F6】键，插入关键帧。③剪切"别墅4-遮罩"图层第1020帧形状的边框，并将其粘贴到"边框"的1020帧。④选择边框，按【F8】键，在弹出的快捷菜单中将其转换为"影片剪辑"元件。

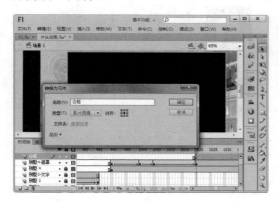

108 设置遮罩层

①用鼠标右键单击"别墅4-遮罩"图层。②在弹出的快捷菜单中选择"遮罩层"命令。

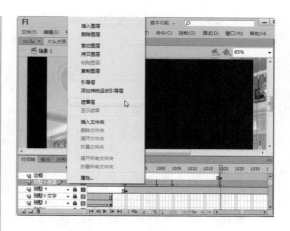

109 创建传统补间动画

①在"别墅4"图层的第1050帧、第1130帧、第1190帧、第1260帧和1275帧处按【F6】键，插入关键帧，同时设置各关节帧上实例的位置和大小。②设置第1275帧上实例的Alpha值为0。③在各关键帧之间创建传统补间动画。

110 新建"舍得"图层

①新建图层，并将其重命名为"舍得"。②在第1040帧处按【F6】键，插入关键帧。③使用文本工具输入文字"舍得"。④按【F8】键，在弹出的对话框中将其转换为"影片剪辑"元件。

111 创建传统补间动画

①在"属性"面板中为实例添加"发光"和"模糊"滤镜。②在第1055帧处按【F6】键,插入关键帧,并将第1040帧上的实例进行模糊(即在"属性"面板中调整"模糊"滤镜参数),将Alpha值设置为0。③在两个关键帧之间创建传统补间动画,以制作文字的淡入效果。

112 制作文字淡入动画

①新建"用心"和"创新"图层。②按照前几步的方法制作文字的淡入效果。

113 制作文字消失动画

①在"舍得"图层的第1190帧和第1205帧处按【F6】键,插入关键帧。②将第1205帧上的实例进行放大,将Alpha值设置为0。③在两个关键帧之间创建传统补间动画,以制作文字的消失动画。

114 制作其他文字消失动画

用同样的方法,制作"用心"和"创新"图层上文字的消失动画。

115 创建传统补间动画

①在"边框"图层的第1260帧和第1275帧按【F6】键,插入关键帧。②将1275帧上实例的Alpha值设置为0。③在两个关键帧之间创建传统补间动画。

116　新建"别墅5"图层

①新建图层，并将其重命名为"别墅5"。②在第1280帧处按【F6】键，插入关键帧。③在第1495帧处按【F5】键，插入普通帧。

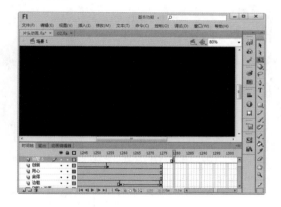

117　转换为元件

①按【Ctrl+R】组合键，在弹出的对话框中将素材导入到舞台中。②按【F8】键，在弹出的对话框中将其转换名为"别墅5"的"影片剪辑"元件。

118　新建"别墅5-遮罩"图层

①新建图层，并将其重命名为"别墅5-遮罩"。②在第1280帧处按【F6】键，插入关键帧。③使用矩形工具绘制矩形条。

119　创建补间形状

①在第1290帧处按【F6】键，插入关键帧。②将第1280帧的形状的高度缩小为1像素。③在两个关键帧之间创建补间形状。

120　继续创建形状补间动画

①在第1295帧、第1305帧、第1315帧、第1320帧和第1330帧处插入关键帧。②调整各关键帧中形状的高度。③在关键帧间创建形状补间。

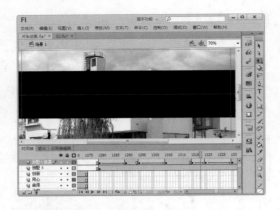

121 创建"辅助线"图层

①新建图层，并将其重命名为"辅助线"。②在第1305帧处按【F6】键，插入关键帧，并将"别墅5-遮罩"图层第1305帧中的形状复制到该帧中。③在第1315帧处按【F6】键，插入关键帧。④在第1316帧处按【F7】键，插入空白关键帧。

122 设置遮罩层

①用鼠标右键单击"别墅5-遮罩"图层。②在弹出的快捷菜单中选择"遮罩层"命令。

123 创建传统补间动画

①在"别墅5"图层的第1315帧、第1395帧、第1480帧和第1495帧处按【F6】键，插入关键帧。②调整各帧中实例的大小和位置。③将第1495帧上实例的Alpha值设置为0。④在各关键帧间创建传统补间动画。

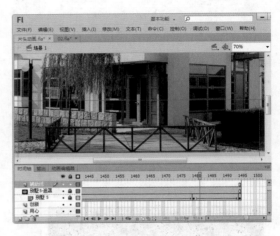

124 复制帧

①打开前面制作好的"文字4.fla"文件，选择动画的所有帧并单击鼠标右键。②在弹出的快捷菜单中选择"复制帧"命令。

125 粘贴帧

①在主文档窗口中按【Ctrl+F8】组合键，在弹出的对话框中创建一个名为"文

字4"的"影片剪辑"元件。②在其编辑状态下用鼠标右键单击第1帧。③在弹出的快捷菜单中选择"粘贴帧"命令。

126 新建"别墅5-文字"图层

①新建图层,并将其重命名为"别墅5-文字"。②在第1330帧处按【F6】键,插入关键帧。③将"文字4"元件从"库"面板中拖至舞台的合适位置。

127 新建"别墅6"图层

①新建图层,并将其重命名为"别墅6"。②在第1505帧处按【F6】键,插入关键帧。③在第1650帧处按【F5】键,插入普通帧。

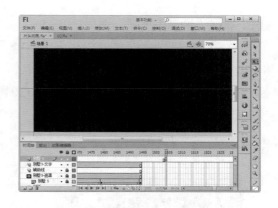

128 导入别墅6图像

①按【Ctrl+R】组合键,在弹出的对话框中导入素材图像。②按【F8】键,在弹出的对话框中将其转换名为"别墅6"的"影片剪辑"元件。

129 创建传统补间动画

①在"属性"面板中为"别墅6"添加"模糊"滤镜。②在第1520帧处按【F6】键,插入关键帧。③将第1505帧上实例的Alpha值设置为0。④在两个关键帧之间创建传统补间动画。

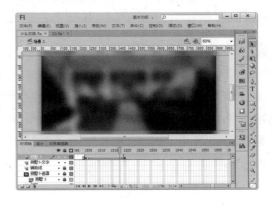

130 新建"别墅6-清晰"图层

①新建图层，并将其重命名为"别墅6-清晰"。②在第1535帧处按【F6】键，插入关键帧，并将"别墅6"图层第1520帧上的实例复制到该帧上。

131 新建"别墅6-遮罩"图层

①新建图层，并将其重命名为"别墅6-遮罩"。②在第1535帧处按【F6】键，插入关键帧。

132 创建"矩形遮罩"元件

①使用辅助线将舞台分为6等份。②使用矩形工具在左上的方框中绘制矩形。③按【F8】键，在弹出的对话框中将其转换名为"矩形遮罩"的"影片剪辑"元件。

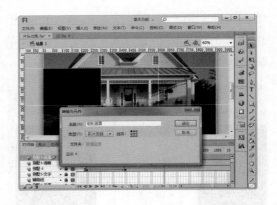

133 创建补间形状

①双击"矩形遮罩"元件，进入其编辑状态。②在第6帧处按【F6】键，插入关键帧，在第30帧处按【F5】键，插入普通帧。③将第1帧中的形状缩小为一点，在两个关键帧之间创建补间形状。

134 制作其他形状补间

新建图层，并按照上一步的方法制作其他矩形块的补间形状动画。

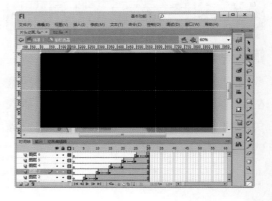

135 添加停止代码

新建图层，并在第30帧处按【F6】键，插入关键帧。按【F9】键，打开"动作"面板，输入停止代码"stop();"。

136 制作别墅6动画效果

①返回场景，在"别墅6"和"别墅6-遮罩"图层的第1580帧处按【F7】键，插入空白关键帧。②在"别墅6-清晰"图层的第1580帧、第1640帧和第1650帧处插入关键帧，同时调整实例的大小和Alpha值。③在各关键帧之间创建传统补间动画，以制作实例慢慢变大然后消失的动画效果。

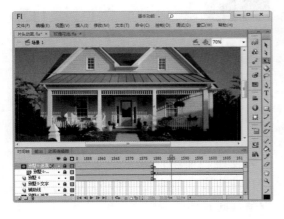

137 复制帧

①打开前面制作好的"玫瑰花池.fla"文件，选择动画的所有帧并单击鼠标右

键。②在弹出的快捷菜单中选择"复制帧"命令。

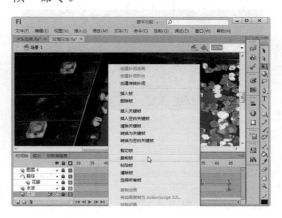

138 粘贴帧

①在主文档窗口中，按【Ctrl+F8】组合键，在弹出的对话框中新建一个名为"玫瑰花池"的"影片剪辑"元件。②在其编辑状态下用鼠标右键单击第1帧。③在弹出的快捷菜单中选择"粘贴帧"选项。

139 新建"花池"图层

①返回场景，新建图层，并将其重命名为"花池"。②在第1640帧处按【F6】键，插入关键帧，在第1770帧处按【F5】键，插入普通帧。

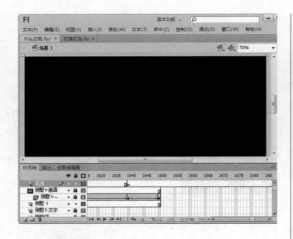

140 制作花池淡入动画

①将"玫瑰花池"元件从"库"面板中拖到舞台上，并置于合适的位置。②在第1660帧处按【F6】键，插入关键帧。③将第1640帧上实例调大，并设置Alpha值为0。④在两个关键帧之间创建传统补间动画。

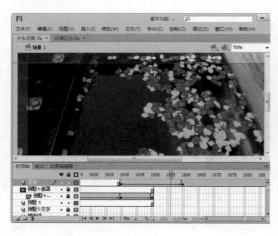

141 创建传统补间动画

①在"花池"图层的第1750帧和第1770帧处按【F6】键，插入关键帧，同时调整关键帧上的实例的位置和Alpha值。②在各关键帧之间创建传统补间动画。

142 新建"花池-文字"图层

①新建图层，并将其重命名为"花池-文字"。②在第1680帧处按【F6】键，插入关键帧。③使用文本工具输入所需的文字。④按【F8】键，在弹出的对话框中将文本转换为名为"花池文字"的"影片剪辑"元件。

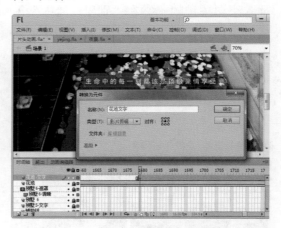

143 制作文字动画

①在"属性"面板中为文字实例添加发光滤镜。在第1690帧、第1700帧、第1730帧和第1735帧处按【F6】键，插入关键帧，同时调整调整文字的大小、位置及Alpha值。②在各关键帧之间创建传统补间动画，以制作文字逐渐变大然后消失的动画效果。

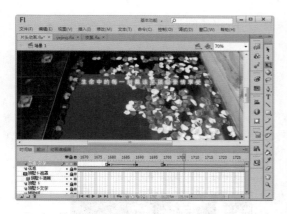

144 新建"别墅7"图层

①新建图层，并将其重命名为"别墅7"。②在第1775帧处按【F6】键，插入关键帧。③在第1985帧处按【F5】键，插入普通帧。

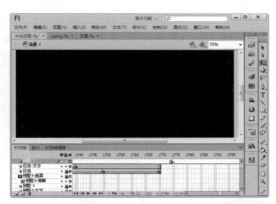

145 导入"别墅7"素材图像

①按【Ctrl+R】组合键，在弹出的对话框中导入"别墅7"素材图像。②按【F8】键，在弹出的对话框中将其转换名为"别墅7"的"影片剪辑"元件。

146 制作"别墅7"淡入动画

①在"属性"面板中调整"别墅7"实例的"亮度"为-65%。②在第1790帧处按【F6】键，插入关键帧。③将第1775帧上实例的Alpha值设置为0。④在两个关键帧之间创建传统补间动画。

147 新建"别墅7-副本"图层

①新建图层，并将其重命名为"别墅7-副本"。②在第1800帧处按【F6】键，插入关键帧，并将"别墅7"图层第1790帧上的实例复制到该帧。③在"属性"面板中将色彩效果设置为"无"。

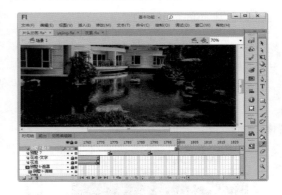

148 新建"别墅7-遮罩"图层

①新建图层，并将其重命名为"别墅7-遮罩"。②在第1800帧处按【F6】键，插入关键帧，使用矩形工具绘制一个带有白色线条的矩形。

149 创建"辅助线"图层

①新建图层，并将其重命名为"辅助线"。②在第1800帧处按【F6】键，插入关键帧，并将"别墅7-遮罩"图层第1800帧处矩形形状上的线条剪切到该帧上。

150 创建补间形状

①同时选择"别墅7-遮罩"和"辅助线"图层的第1825帧，按【F6】键，插入关键帧。②使用方向键同时移动这两个图层上的图形到右侧。③在两个关键帧之间创建补间形状。

151 创建补间形状

①同时选择"别墅7-遮罩"和"辅助线"图层的第1840帧，按【F6】键，插入关键帧。②使用方向键同时移动这两个图层上的图形到舞台的中部。③在两个关键帧之间创建补间形状。

152 新建"闪烁块"图层

①新建图层，并将其重命名为"闪烁块"。②在第1840帧处按【F6】键，插入关键帧。③将"别墅7-遮罩"图层第1840帧上的矩形形状复制到该帧。④在"属性"面板中调整形状填充颜色的"不透明度"。

153 制作"闪烁块"动画

①依次在第1840帧后续的帧上插入关键帧。②调整各帧上填充颜色的"不透明度"。③在第1851帧处按【F7】键，插入空白关键帧。

154 创建补间形状

①在"别墅7-遮罩"和"辅助线"图层的第1850帧和第1860帧处按【F6】键，插入关键帧。②同时调整两个图层上在第1860帧上图形的大小。③在两个关键帧之间创建补间形状。

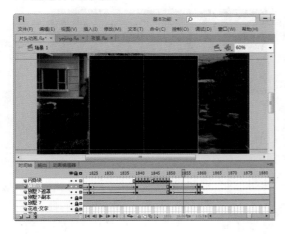

155 设置遮罩层

①在"别墅7-遮罩"和"辅助线"图层的第1861帧处按【F7】键，插入空白关键帧。②在"别墅7"图层的第1860帧处插入空白关键帧。③用鼠标右键单击"别墅7-遮罩"图层。④在弹出的快捷菜单中选择"遮罩层"命令。

156 创建传统补间动画

①在"别墅7-副本"图层的第1860帧和第1920帧上按【F6】键，插入关键帧。②调整第1920帧上实例的大小和位置。③在两个关键帧间创建传统补间动画。

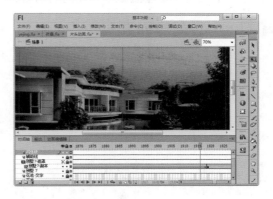

157 打开外部库

①选择"文件"|"导入"|"打开外部库"命令，弹出"作为库打开"对话框，选择"飞鸟.fla"文件。②单击"打开"按钮。

158 导入"飞鸟动画"元件

①新建图层，并将其重命名为"飞

鸟"。②在第1920帧处按【F6】键，插入
关键帧。③将"外部库"面板中的"飞鸟
动画"元件拖至舞台的合适位置。

159 制作飞鸟淡入效果

①双击舞台上的"飞鸟动画"实例，
进入其元件编辑状态。②在下面3个图层的
第19帧处按【F6】键，插入关键帧。③调
整第1帧中实例的Alpha值为0，以制作飞鸟
淡入效果。

160 制作别墅7图像消失动画

①返回场景，在"别墅7-副本"图层
的第1970帧和第1985帧处按【F6】键，插
入关键帧。②调整第1985帧上实例的位置
及设置Alpha值为0。③在两个关键帧之间
创建传统补间动画。

161 新建"别墅8"图层

①新建图层，并将其重命名为"别墅
8"。②在第1980帧处按【F6】键，插入
关键帧，在第2060帧处按【F5】键，插入
普通帧。

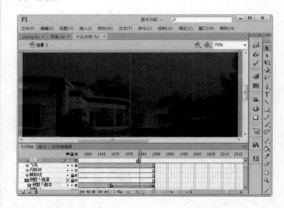

162 导入素材图像

①按【Ctrl+R】组合键，在弹出的
对话框中导入"别墅8"素材图像。②按
【F8】键，将其转换名为"别墅8"的
"影片剪辑"元件。

163 制作"别墅8"的传统补间动画

①在第1990帧、第2000帧、第2045帧和第2060帧处按【F6】键，插入关键帧，同时调整各帧上实例的大小、Alpha值和位置等。②在各关键帧之间创建传统补间动画，以制作实例由淡入到向下移动，再到淡出的动画效果。

164 新建"别墅9"图层

①新建图层，并将其重命名为"别墅9"。②在第2065帧处按【F6】键，插入关键帧，在第2300帧处按【F5】键，插入普通帧。

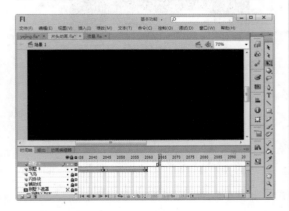

165 导入"别墅9"素材

①按【Ctrl+R】组合键，在弹出的对话框中导入"别墅9"素材图像。②按【F8】键，在弹出的对话框中将其转换名为"别墅9"的"影片剪辑"元件。

166 制作"矩形集合"元件

①新建图层，并将其重命名为"别墅9-遮罩1"。②在第2065帧处按【F6】键，插入关键帧。③使用矩形工具绘制多个竖条形矩形图形。④选择绘制的图形，按【F8】键，将其转换名为"矩形集合"的"影片剪辑"元件。

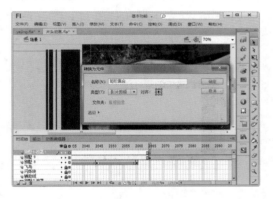

167 创建传统补间动画

①在"别墅9-遮罩1"图层的第2085帧处按【F6】键，插入关键帧。②将"矩形集合"实例平移到右侧。③在两个关键帧之间创建传统补间动画。

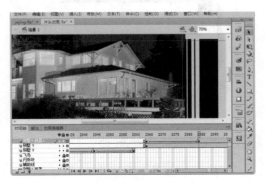

168 绘制矩形

①在第2086帧处按【F6】键，插入关键帧。②使用矩形工具在"矩形集合"实例右侧绘制一个长宽大于舞台的矩形。

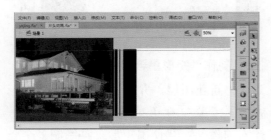

169 创建传统补间动画

①在第2105帧处按【F6】键，插入关键帧。②将该帧上的实例及矩形形状同时向右平移，以完全覆盖住舞台。③在两个关键帧之间创建传统补间动画。

170 设置遮罩层

①用鼠标右键单击"别墅9-遮罩1"图层。②在弹出的快捷菜单中选择"遮罩层"命令。

171 创建传统补间动画

①在"别墅9"图层的第2115帧和第

2155帧处按【F6】键，插入关键帧。②将第2155帧上的实例向下垂直移动，并将实例进行放大。③在两个关键帧帧之间创建传统补间动画。

172 新建"流星"图层

①新建图层，并将其重命名为"流星"。②在第2160帧处按【F6】键，插入关键帧。

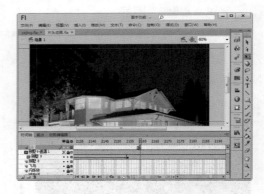

173 导入"流星动画"元件

①按【Ctrl+Shift+O】组合键，将前面制作好的"流星.fla"文件以"外部库"面板的形式打开。②单击"打开"按钮。③将"流星动画"元件拖至合适的位置，并进行旋转。

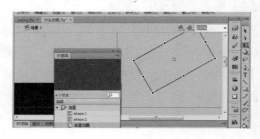